全国地层多重划分对比研究

（10）

华北区区域地层

主　　编：陈晋镳　武铁山
副 主 编：张鹏远　游文澄
编　　者：武铁山　张鹏远　游文澄
　　　　　鲍亦冈　杨智溥　裴　放
技术指导：艾宪森　张成基

中国地质大学出版社

内 容 简 介

本书以华北各省(市、自治区)地层多重划分对比研究成果为基础,运用现代地层学、沉积学新理论,按自然断代在大区范围内进行了地层划分对比研究。书中系统地阐述了各断代岩石地层的岩石组合类型及主要特征,完善了各地层分区的岩石地层单位序列,分析了区内岩石地层单位的年代属性,揭示了某些岩石地层单位的穿时现象,探讨了各断代岩石地层的沉积特征、时空分布规律及其形成演化的地球动力学机制。该书是一部具一定深度和广度的区域地层学专著,对广大区调、勘查、科研及教学人员不失为一部重要的参考书。

图书在版编目(CIP)数据

华北区区域地层/陈晋镳,武铁山主编.—武汉:中国地质大学出版社有限责任公司,1997.12(2012.9 重印)

〔全国地层多重划分对比研究(10)〕

ISBN 978-7-5625-1272-1

Ⅰ.①华…

Ⅱ.①陈…②武…

Ⅲ.①区域地层-华北地区

Ⅳ.①P535.22

中国版本图书馆 CIP 数据核字(2012)第 226778 号

华北区区域地层

〔全国地层多重划分对比研究(10)〕

陈晋镳　武铁山　主编

责任编辑:张晓红　　责任校对:杨　霖

出版发行:中国地质大学出版社有限责任公司(武汉市洪山区鲁磨路 388 号)　邮政编码:430074

电　话:(027)67883511　传真:67883580　E-mail:cbb @ cug.edu.cn

经　销:全国新华书店　http://www.cugp.cug.edu.cn

开本:787 毫米×1092 毫米 1/16　字数:362 千字　印张:13.125　插页:8

版次:1997 年 12 月第 1 版　印次:2012 年 9 月第 2 次印刷

印刷:武汉教文印刷厂　印数:801—1 300 册

ISBN 978-7-5625-1272-1　定价:42.00 元

序

100多年来，地层学始终是地质学的重要基础学科的支柱，甚至还可以说是基础中的基础，它为近代地质学的建立和发展发挥了十分重要的作用。随着板块构造学说的提出和发展，地质科学正经历着一场深刻的变革，古老的地层学和其他分支学科一样还面临着满足社会不断进步与发展的物质需要和解决人类的重大环境问题等双重任务的挑战。为了迎接这一挑战，依靠现代科技进步及各学科之间相互渗透，地层学的研究范围将不断扩大，研究途径更为宽广，研究方法日趋多样化，并萌发出许多新的思路和学术思想，产生出许多分支学科，如生态地层学、磁性地层学、地震地层学、化学地层学、定量地层学、事件地层学、气候地层学、构造地层学和月球地层学等等，它们的综合又导致了“综合地层学”和“全球地层学”概念的提出。所有这一切，标志着地层学研究向高度综合化方向发展。

我国的地层学和与其密切相关的古生物学早在本世纪前期的创立阶段，就涌现出一批杰出的地层古生物学家和先驱，他们的研究成果奠定了我国地层学的基础。但是大规模的进展，还是从1949年以后，尤其是随着全国中小比例尺区域地质调查的有计划开展，以及若干重大科学计划的执行而发展起来的。正像我国著名的地质学家尹赞勋先生在第一届全国地层会议上所讲：“区域地质调查成果的最大受益者就是地层古生物学。”1959年召开的中国第一届全国地层会议，总结了建国十年来所获的新资料，制定了中国第一份地层规范（草案），标志着我国地层学和地层工作进入了一个新的阶段。过了20年，地层学在国内的发展经历了几乎十年停滞以后，于1979年召开了中国第二届全国地层会议，会议在某种程度上吸收学习了国际地层学研究的新成果，还讨论制定了《中国地层指南及中国地层指南说明书》，为推动地层学在中国的发展，缩小同国际地层学研究水平的差距奠定了良好基础。这次会议以后所进行的一系列工作，包括应用地层单位的多重性概念所进行的地层划分对比研究、区域地层格架及地层模型的研究，现代地层学与沉积学相结合所进行的盆地分析以及1：5万区域地质填图方法的改进与完善等，都成为我国地层学进一步发展的强大推动力。为此，地质矿产部组织了一项“全国地层多重划分对比研究（清理）”的系统工程，在30个省、直辖市、自治区（含台湾省，不含上海市）范围内，自下而上由省（市、区）、大区和全国设立三个层次的课题，在现代地层学和沉积学理论指导下，对以往所建立的地层单位进行研究（清理），追溯地层单位创名的沿革，重新厘定单位含义、层型类型与特征、区域延伸与对比，消除同物异名，查清同名异物，在大范围内建立若干断代岩石地层单位的时空格架、编制符合现代地层学含义的新一代区域地层序列表，并与地层多重划分对比研究工作同步开展了省（市、区）和全国两级地层数据库的研建，对巩固地层多重划分对比研究（清理）成果，为地层学的科学化、系统化和现代化发展打下了良好基础。这项研究工作在部、省（市、区）各级领导的支持关怀下，全体研究人员经过5年的艰苦努力已圆满地完成了任务，高兴地看到许多成果已陆续要出版了。这项工作涉及的范围之广、参加的单位及人员之多、文件的时间跨度之长，以及现代科学理论与计算机技术的应用等各方面，都可以说是在我国地层学工作不断发展中具有里程碑意义的。这项研究中不同层次成果的出版问世，不仅对区域地质调查、地质图件的编测、区域矿产普查与勘查、地质科研和教学等方面都具有现实的指导作用和实用价值，而且对我国地层学的发展和科学化、系统化将起到积极的促进作用。

首次组织实施这样一项规模空前的全国性的研究工作，尽管全体参与人员付出了极大的辛勤劳动，全国项目办和各大区办进行了大量卓有成效和细致的组织协调工作，取得了巨大的成绩，但由于种种原因，难免会有疏漏甚至失误之处。即使这样，该系列研究是认识地层学真理长河中的一个相对真理的阶段，其成果仍不失其宝贵的科学意义和巨大的实用价值。我相信经过广大地质工作者的使用与检验，在修订再版时，其内容将会更加完美。在此祝贺这一系列地层研究成果的公开出版，它必将发挥出巨大社会经济效益，为地质科学的发展做出新的贡献。

程裕淇

前　言

地层学在地质科学中是一门奠基性的基础学科，是基础地质的基础。自从19世纪初由W史密斯奠定的基本原理和方法以来的一个半世纪中，地层学是地质科学中最活跃的一个分支学科，对现代地质学的建立和发展产生了深刻的影响，作出了不可磨灭的贡献，特别是在20世纪60年代由于板块构造学说兴起引发的一场“地学革命”，其表现更为显著。随着板块构造学的确立，沉积学和古生态学的发展，地球历史和生物演化中的灾变论思想的复兴和地质事件概念的建立，使地层学的分支学科，如时间地层学、生态地层学、地震地层学、同位素地层学、气候地层学、磁性地层学、定量地层学和构造地层学等像雨后春笋般地蓬勃发展，这种情况必然对地层学、生物地层和沉积地层等的传统理论认识和方法提出了严峻的挑战。经过20年的论战，充分体现当代国际地质科学先进思想的《国际地层指南》（英文版）于1976年见诸于世，之后在不到20年的时间里又于1979、1987、1993年连续三次进行了修改补充，陆续补充了《磁性地层极性单位》、《不整合界限地层单位》，以及把岩浆岩与变质岩等作为广义地层学范畴纳入地层指南而又补充编写了《火成岩和变质岩岩体的地层划分与命名》等内容。

国际地层学上述重大变革，对我国地学界产生了强烈冲击，十年动乱形成的政治禁锢被打开，迎来了科学的春天，先进的科学思潮像潮水般涌来，于是在1979年第二届全国地层会议上通过并于1981年公开出版了《中国地层指南及中国地层指南说明书》，其中阐述了地层多重划分概念。于1983年按地层多重划分概念和岩石地层单位填图在安徽区调队进行了首次试点。1985年《贵州省区域地质志》中地层部分吸取了地层多重划分概念进行撰写。1986年地质矿产部设立了“七五”重点科技攻关项目——“1∶5万区调中填图方法研究项目”，把以岩石地层单位填图，多重地层划分对比，识别基本地层层序等现代地层学和现代沉积学相结合的内容列为沉积岩区区调填图方法研究课题，从此拉开了新一轮1∶5万区调填图的序幕，由试点的贵州、安徽和陕西三省逐步推向全国。

1∶5万区调填图方法研究试点中遇到的最大问题是如何按照现代地层学的理论和方法来对待与处理按传统理论和方法所建立的地层单位？如果维持长期沿用的按传统理论建立的地层单位，虽然很省事，但是又如何体现现代地层学和现代沉积学相结合的理论与方法呢？这样就谈不上紧跟世界潮流，迎接这一场由板块构造学说兴起所带来的“地学革命”。如果要坚持这一技术领域的革命性变革，就要下决心花费很大力气克服人力、财力和技术性等方面的重重困难，对长期沿用的不规范化的地层单位进行彻底的清理。经过反复研究比较，我们认识到科学技术的变革也和社会经济改革的潮流一样是不可逆转的，只有坚持改革才能前进，不进则退，否则就将被历史所淘汰，别无选择。在这一关键时刻，地质矿产部和原地矿部直管局领导作出了正确决策，从1991年开始，从地勘经费中设立一项重大基础地质研究项目——全国地层多重划分对比研究项目，简称全国地层清理项目，开始了一场地层学改革的系统工程，在全国范围内由下而上地按照现代地层学的理论和方法对原有的地层单位重新明确其定义、划分对比标准、延伸范围及各类地层单位的相互关系，与此同时研建全国地层数据库，巩固地层清理成果，推动我国地层学研究和地层单位管理的规范化和现代化，指导当前和今后一个时期1∶5万、1∶25万等区调填图等，提高我国地层学研究水平。1991年地质矿产部原直管局将地层清理作为部指令性任务以地直发(1991)005号文和1992年以地直发(1992)014号文下发了《地矿部全国地层多重划分对比（清理）研究项目第一次工作会议纪要》，明确了各省（市、自治区）地质矿产局（厅）清理研究任务，并于1993年2月补办了专项地勘科技项目合同（编号直科专92-1），并明确这一任务分别设立部、大区和省（市、自治区）三级领导小组，实行三级管理。

部级成立全国项目领导小组

组长	李廷栋	地质矿产部副总工程师
副组长	叶天竺	地质矿产部原直管局副局长
	赵　逊	中国地质科学院副院长

成立全国地层清理项目办公室，受领导小组委托对全国地层清理工作进行技术业务指导和协调以及经常性业务组织管理工作，并设立在中国地质科学院区域地质调查处（简称区调处）。

项目办公室主任	陈克强	区调处处长，教授级高级工程师
副主任	高振家	区调处总工，教授级高级工程师
	简人初	区调处高级工程师
专家	张守信	中国科学院地质研究所研究员
	魏家庸	贵州省地质矿产局区调院教授级高级工程师
成员	姜　义	区调处工程师
	李　忠	会计师
	周统顺	中国地质科学院地质研究所研究员

大区一级成立大区领导小组，由大区内各省（市、自治区）局级领导成员和地科院沈阳、天津、西安、宜昌、成都、南京六个地质矿产研究所各推荐一名专家组成。领导小组对本大区地层清理工作进行组织、指导、协调、仲裁并承担研究的职责。下设大区办公室，负责大区地层清理的技术业务指导和经常性业务技术管理工作。在全国项目办直接领导下，成立全国地层数据库研建小组，由福建区调队和部区调处承担，负责全国和省（市、自治区）二级地层数据库软件开发研制。

各省（市、自治区）成立省级领导小组，以省（市、自治区）局总工或副总工为组长，有区调主管及有关处室负责人组成，在专业区调队（所、院）等单位成立地层清理小组，具体负责地层清理工作，同时成立省级地层数据库录入小组，按照全国地层数据库研建小组研制的软件及时将本省清理的成果进行数据录入，并检验软件运行情况，及时反馈意见，不断改进和优化软件。在全国地层清理的三个级次的项目中，省级项目是基础，因此要求各省（市、自治区）地层清理工作必须实行室内清理与野外核查相结合，清理工作与区调填图相结合，清理与研究相结合，地层清理与地层数据库建立相结合，“生产”单位与科研教学单位相结合，并强调地层清理人员要用现代地层学和现代沉积学的理论武装起来，彻底打破传统观点，统一标准内容，严格要求，高标准地完成这一历史使命。实践的结果，凡是按上述五个相结合去做的效果都比较好，不仅出了好成果，而且通过地层清理培养锻炼了一支科学技术队伍，从总体上把我国区调水平提高到一个新台阶。

三年多以来，参加全国地层清理工作的人员总数达400多人，总计查阅文献约24 000份，野外核查剖面约16 472.6 km，新测剖面70余条约300 km，清理原有地层单位有12 880个，通过清查保留的地层单位约4721个（还有省与省之间重复的），占总数36.6%，建议停止使用或废弃的单位有8159个（为同物异名或非岩石地层单位等），占总数63.4%，清查中通过实测剖面新建地层单位134个。与此同时研制了地层单位的查询、检索、命名和研究对比功能的数据库，通过各省（市、自治区）数据录入小组将12 880个地层单位（每个单位5张数据卡片）和10 000多条各类层型剖面全部录入，首次建立起全国30个（不含上海市）省（市、自治区）基础地层数据库，为全国地层数据库全面建成奠定了坚实的基础。从1994年7月—11月，分七个片对30个省（市、自治区）地层清理成果报告及数据库的数据录入进行了评审验收，到1994年底可以说基本上完成了省一级地层清理任务。1995—1996年将全面完成大区和总项目的清理研究任务。由此可见，这次全国地层清理工作无论是参加人数之多，涉及面之广，新方法新技术的应用以及理论指导的高度和研究的深度都可以堪称中国地层学研究的第三个里程碑。这一系统工程所完成的成果，不仅是这次直接参加清理的400多人的成果，而且亦应该归功于全国地层工作者、区域地质调查者、地层学科研与教学人员以及为地层工作做过贡献的普查勘探人员。全国地层清理成果的公开出版，必将对提高我国地层学研究水平，统一岩石地层划分和命名指导区调填图，加强地层单位的管理以及地质勘察和科研教学等方面发挥重要的作用。

鉴于本次地层清理工作和地层数据库的研建是过去从未进行过的一项研究性很强的系统工程，涉及的范围很广，时间跨度长达100多年，参加该项工作的人员多达300～400人，由于时间短，经费有限，人员水平不一，文献资料掌握程度等种种主客观原因，尽管所有人员都尽了最大努力，但是在本书中少数地层单位的名称、出处、命名人和命名时间等不可避免地存在一些问题。本书中地层单位名称出现的“岩群”、“岩组”等名词，是根据1990年公开出版的程裕淇主编的《中国地质图（1：500万）及说明书》所阐述的定义。为了考虑不同观点的读者使用，本书对有“岩群”、“岩组”的地层单位，均暂以（岩）群、（岩）组处理。如鞍山（岩）群、迁西（岩）群。总之，本书中存在的错漏及不足之处，衷心地欢迎广大读者提出宝贵意见，以便今后不断改正和补充。

在30个省（市、自治区）地层清理系统成果即将公开出版之际，我代表全国地层清理项目办公室向参加30个省（市、自治区）地层清理、数据库研建和数据录入的同志所付出的辛勤劳动表示衷心的感谢和亲切的慰问。在全国地层清理项目立项过程中，原直管局王新华、黄崇轲副局长给予了大力支持，原直管局局长兼财务司司长现地矿部副部长陈洲其在项目论证会上作了立项论证报告，在人、财、物方面给予过很大支持；全国地层委员会副主任程裕淇院士一直对地层清理工作给予极大的关心和支持，并在立项论证会上作了重要讲话；中国地质大学教授、全国地层委员会地层分类命名小组组长王鸿祯院士是本项目的顾问，在地层清理的指导思想、方法步骤及许多重大技术问题上给予了具体的指导和帮助；中国地质大学教授杨遵仪院士对这项工作热情关心并给以指导；中国地质科学院院长、部总工程师陈毓川研究员参加了第三次全国地层清理工作会议并作了重要指示与鼓励性讲话；部科技司姜作勤高工，计算中心邬宽廉、陈传霖，信息院赵精满，地科院刘心铸等专家对地层数据库设计进行评审，为研建地层数据库提出许多有意义的建议。中国科学院地质研究所，南京古生物研究所，中国地质科学院地质研究所，天津、沈阳、南京、宜昌、成都和西安地质矿产研究所，南京大学，西北大学，中国地质大学，长春地质学院，西安地质学院等单位的知名专家、教授和学者，各省（市、自治区）地矿局领导、总工程师、区调主管、质量检查员和区调队、地研所、综合大队等单位的区域地质学家共600余人次参加了各省（市、自治区）地层清理研究成果和六个大区区域地层成果报告的评审和鉴定验收，给予了友善的帮助；各省（市、自治区）地矿局（厅）、区调队（所、院）等各级领导给予地层清理工作在人、财、物方面的大力支持。可以肯定，没有以上各有关单位和部门的领导和众多的专家教授对地层清理工作多方面的关心和支持，这项工作是难以完成的。在30个省（市、自治区）地层清理成果评审过程中一直到成果出版之前，中国地质大学出版社，特别是以褚松和副社长和刘粤湘编辑为组长的全国地层多重划分对比研究报告编辑出版组为本套书编辑出版付出了极大的辛苦劳动，使这一套系统成果能够如此快地、规范化地出版了！在全国项目办设在区调处的几年中，除了参加项目办的成员外，区调处的陈兆棉、其和日格、田玉莹、魏书章、刘凤仁多次承担地层清理会议的会务工作，赵洪伟和于庆文同志除了承担会议事务还为会议打印文稿，于庆文同志还协助绘制地层区划图及文稿复印等工作。

在此，向上面提到的单位和所有同志一并表示我们最诚挚的谢意，并希望继续得到他们的关心和支持。

全国地层清理项目办公室（陈克强执笔）

目录

Content

第一章

绪 论

一、目的和任务

为迎接板块构造学说带来的"地学革命",地质矿产部和地矿部原直管局领导决策,按照现代地层学的理论和方法,开展全国地层清理,彻底清理几十年来按传统理论和方法所建立的地层单位。1991 年地矿部原直管局将"全国地层多重划分对比研究(清理)"作为一项重大基础地质研究项目列入指令性任务,以地直发(91)005 号文和(92)014 号文,下发给各省(市、自治区)地矿局(厅),并明确这一项目分别设立部、大区和省(市、自治区)三级课题。

根据全国项目总体设计和时间安排,作为全国地层清理项目的基础——省级项目已经完成。华北大区各省、市(北京、天津、河北、山西、山东、河南、辽宁)及有关省、自治区(吉林、内蒙古、江苏、安徽、宁夏、陕西等)的省级地层清理成果已于 1994 年 7~10 月先后进行了评审验收。在此基础上,华北大区组织专人编写了《华北区区域地层》。

编写大区报告的目的是:在各省(市、自治区)地层清理报告的基础上,运用现代地层学理论,总结出规律性的认识,以提高本区地层学研究水平,并对今后区调、科研、勘查起指导和促进作用。其具体任务:

(1) 严格审查华北各省(市、自治区)的岩石地层单位是否符合岩石地层划分、命名原则;解决(或处理)各省岩石地层单位在统一划分和命名上存在的不一致或有争议的问题;建立和完善全区的岩石地层序列。

(2) 按自然断代进行大区范围的地层多重划分对比。

(3) 对各断代的沉积类型、沉积体系、地层时空分布规律等进行较深入的分析和探讨。

(4) 以地球动力学观点探讨各时代地层的空间分布及形成演化规律等。

二、华北区的地理范围

华北(工作研究)区,主要指华北地层大区的晋冀鲁豫地层区(V_4),同时包括秦祁昆地层区(V_1)的中部(河南省和安徽省境内部分)和东部(郯庐断裂以东的江苏、山东省境内部分),以及华南地层大区的南秦岭-大别山地层区(VI_3)的大部分(陕西、四川、青海省部分除外)。这样,华北区的北界在白云鄂博—赤峰—桦甸一线,南界在房县—襄樊—黄石一线,东界在庐江—泗洪—响水一线,西界在杭锦后旗—素海图—查汉池(北段)和头道湖—青铜峡—平凉(南段)一线。在行政区划上包括:北京市、天津市、山西省、山东省、河南省的全部，河北省、辽宁省的绝大部分和宁夏回族自治区、陕西省、内蒙古自治区、吉林省、江苏省、安徽省、湖北省的部分地区。

三、区域地层总结的思路和方法

(1) 对大区区域地层形成和演化规律进行总结，必须以各省（市、自治区）岩石地层单位的正确划分和涵义统一为基础。为此，必须首先审核、修正各省（市、自治区）岩石地层单位，以达到划分和涵义的统一。

(2) 由于华北各断代岩石地层的沉积类型和形成环境的差异，以及各省清理程度的不同，因此大区清理总结的侧重点亦有所不同。其中：中、晚元古代，早、晚古生代和早中生代（三叠纪）是清理的重点，这些断代地层的形成，有统一的或联系紧密的地质背景，所以大区总结强调了岩石地层单位划分和涵义的统一，并重点探讨其空间上的变化规律和时间上的穿时特征；中、晚中生代和第三纪地层形成的背景有明显的差异，甚至形成于各个孤立的、互不相连的沉积盆地中，故总结的重点在于寻找不同地层分区岩石地层单位发展的阶段性和同一发展阶段的共性；而中晚太古代、早元古代和第四纪的地层，因大多省（市、自治区）未进行清理，所以大区总结只能是方向性、探讨性的。

(3) 此次地层清理总结的重点是岩石地层单位，但精华在于多重划分对比。没有时间的概念和空间的对比，就谈不上规律性的认识。对比是总结规律性认识的重要手段，具体的对比手段是制作贯穿全区的地层多重划分柱状对比图、地层区划图及地层序列表，表现形式是岩石地层格架图（或横剖面图）和年代地层划分表（或图）。

四、参加人员及分工

华北区地层清理总结是在全国项目办和华北大区地层清理领导小组组织领导下，由《华北区区域地层》成果编写组承担完成的。

华北大区地层清理领导小组由艾宪森任组长，陈晋镳、张成基任副组长；地层清理办公室主任由张成基兼任，成员为张鹏远、杨智溥、游文澄、曹芳等。

《华北区区域地层》成果编写组由艾宪森、张成基任技术指导，陈晋镳、武铁山任主编，张鹏远、游文澄任副主编。研究报告编写分工：第一、二、六、十章武铁山，第三、四章张鹏远，第五章杨智溥，第七章鲍亦冈①，第八章游文澄，第九章裴放，参考文献和附录由曹芳汇总整理，最后由主编、副主编统编成书。

本书付印出版之前，全国项目办高振家、陈克强、魏家庸会同中国地质大学出版社对全书进行了审阅。

陈晋镳主编在《华北区区域地层》修定稿提交全国项目办审核，并送交中国地质大学（武汉）出版社出版之前不幸病逝。本书今已面世，谨以此告慰陈先生。

全国项目办主任陈克强、副主任高振家在成果验收前后，乃至交付出版的全过程，一直给予指导、协调和审核；技术指导艾宪森、张成基在报告编写过程中始终给予悉心指导和大力支持；华北大区各省（市、自治区）地矿局（厅）领导及地层清理组在工作上给予关心和帮助。在此一并致以诚挚的谢意。

---

① 刘振锋参加了本章部分编写工作。

第二章

地层综合区划及岩石地层序列

一、岩石地层综合区划

根据“全国地层多重划分对比研究”项目办公室（1994）编制的“全国岩石地层综合区划”，华北（工作）区范围包括的地层区划见表 2－1、图 2－1。

表 2－1　华北（工作）区岩石地层综合区划表

Table 2－1　Comprehensive lithostratigraphic regionolization for North China（working）region

华北地层大区（V）															华南地层大区（VI）		
秦祁昆地层区（V_1）	晋冀鲁豫地层区（V_4）														南秦岭-大别山地层区（VI_3）		
祁连-北秦岭地层分区（V_1^2）	华北西缘地层分区（V_4^1）	华北北缘地层分区（V_4^2）	阴山地层分区（V_4^3）	鄂尔多斯地层分区（V_4^4）	山西地层分区（V_4^5）	豫陕地层分区（V_4^6）	燕辽地层分区（V_4^7）	华北平原地层分区（V_4^8）	辽东地层分区（V_4^9）	鲁西地层分区（V_4^{10}）	鲁东地层分区（V_4^{11}）	徐淮地层分区（V_4^{12}）	华北南缘地层分区（V_4^{13}）	迭部-旬阳地层分区（VI_3^1）	十堰-随州地层分区（VI_3^3）	桐柏-大别山地层分区（VI_3^4）	

二、岩石地层序列

经过华北区各省及大区的清理研究，总结出华北地层大区晋冀鲁豫地层区岩石地层序列总表（表 2－2）和秦岭-大别山造山带（华北地层大区秦祁昆地层区及华南地层大区南秦岭-大别山地层区）岩石地层划分表（表 2－3）。

三、分区地层发育特征

（一）晋冀鲁豫地层区（V_4）

晋冀鲁豫地层区是华北地层大区的主体，岩石地层发育主要特征是：①发育除志留纪、泥

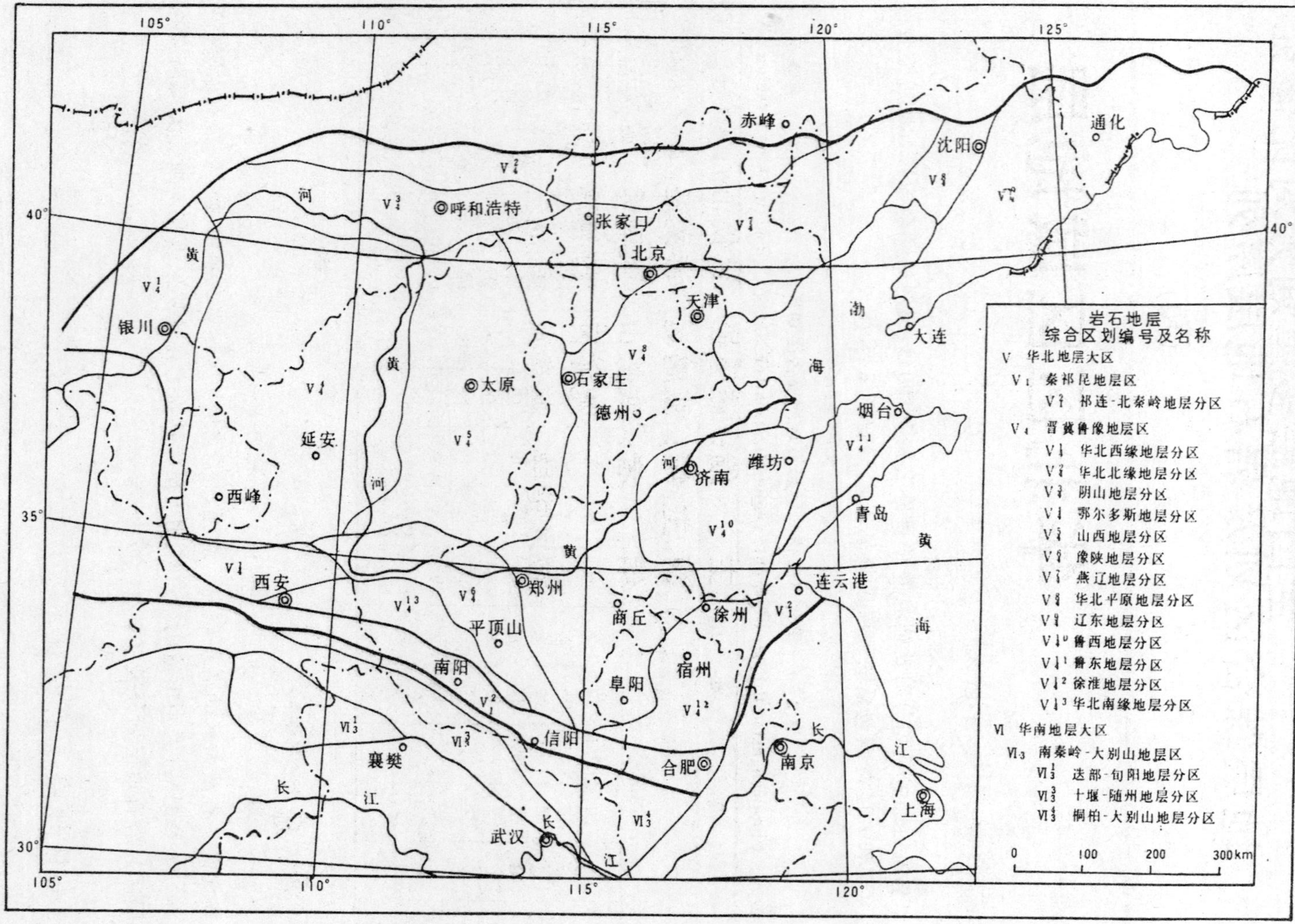

图 2-1 华北(工作)区岩石地层综合区划图

Fig. 2-1 Comprehensive lithostratigraphic regionalization for North China(working)region

表 2-2　华北晋冀鲁豫地层区岩石地层单位序列总表

Table 2-2　The general table for lithostratigraphic unit sequences in Shanxi - Hebei - Shandong - Henan stratigraphic region, North China

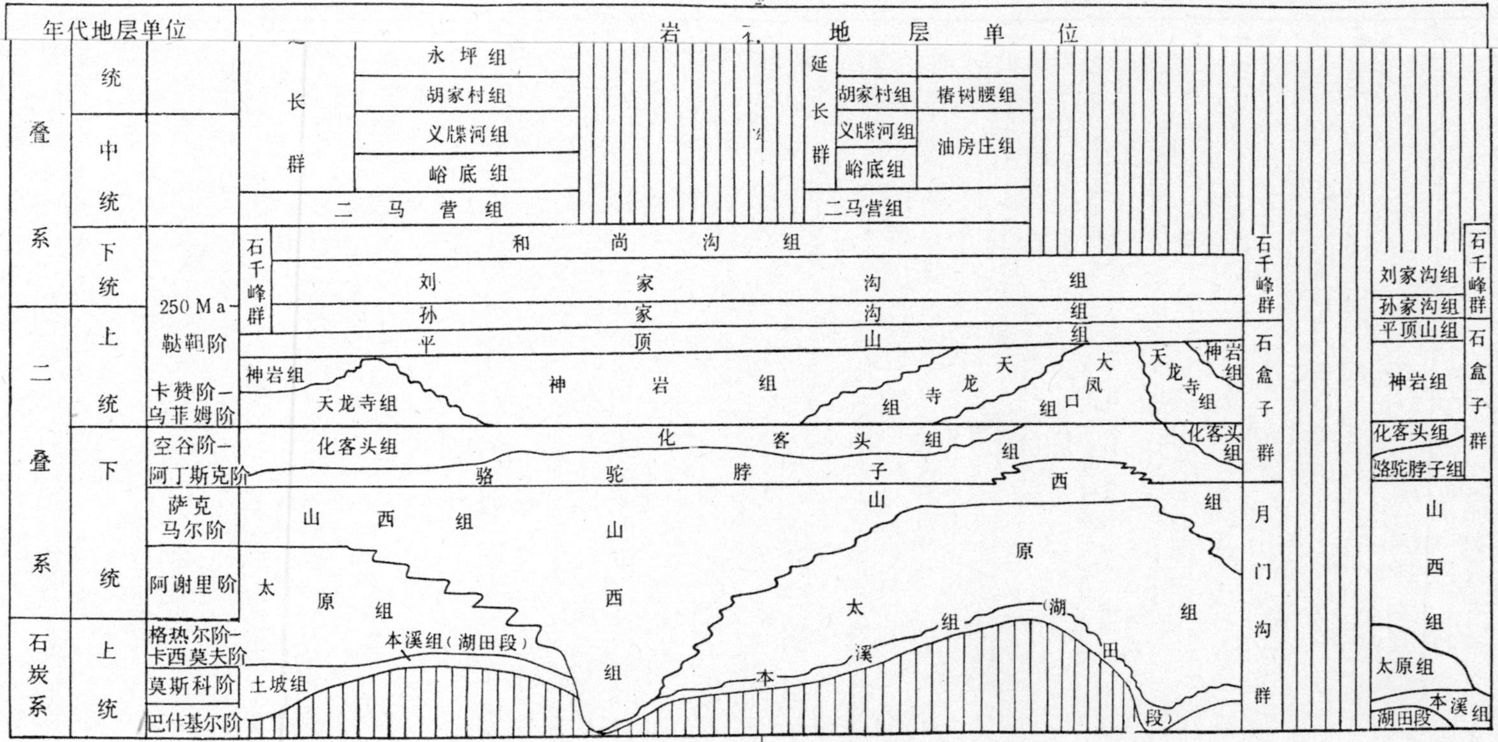

表 2-3　秦岭-大别山造山带岩石地层单位序列总表

Table 2-3　The general table for lithostratigraphic unit sequences in Qinling - Dabeshan Orogenic zone

年代地层 \ 地层区划				华南地层大区									华北地层大区		
				南秦岭-大别山地层区									秦祁昆地层区		
				迭部-旬阳地层分区	十堰-随州地层分区			桐柏-大别地层分区					祁连-北秦岭地层分区		
					随州小区	丹江小区	淅川小区								
古生界	下古生界	志留系	上统						周进沟(岩)组				歪庙(岩)组	二郎坪群	火神庙组
			中统	竹溪组											
			下统	梅子垭组	雷公尖组		张湾组								
				大贵坪组											
		奥陶系	上统		兰家畈组		蛮子营组						石门冲(岩)组		
			中统				岞岫组								大庙组
			下统	权河口组	高家湾组		牛尾巴山组								
				高桥组		秀子沟组	白龙庙组								
		寒武系	上统	黑水河组	立秋湾组		石瓮子组								
			中统	八卦庙组	双尖山组	习家店组	岳家坪组								
				毛坝关组		冯家凹组									
			下统	箭竹坝组	余家冲组	庄子沟组	水沟口徂								
				鲁家坪组	杨家堡组	杨家堡组									
元古宇	上元古界	震旦系	上统	灯影组											
				陡山沱组											
			下统	耀岭河组											
		青白口系										龟山(岩)组	峡河(岩)群		
	中元古界	蓟县长城系		武当山(岩)群					红安(岩)群	宿松(岩)群	海州(岩)群			宽坪(岩)群	
	下元古界							陡岭(岩)群					秦岭(岩)群		
太古宇								桐柏山(岩)群	大别山(岩)群		胶南(岩)群				

续表 2-3

年代地层 \ 地层区划				华南地层大区				华北地层大区		
				南秦岭-大别山地层区				秦祁昆地层区		
				迭部-旬阳地层分区	十堰-随州地层分区	桐柏-大别地层分区		祁连-北秦岭地层分区		
新生界		上第三系	N	沙坪组	凤凰镇组					
		下第三系	E_3	上寺组	上寺组					
			E_2	核桃园组 大仓房组	核桃园组 大仓房组					
			E_1	玉皇顶组	玉皇顶组					
中生界		白垩系	上统		寺沟组 马家村组 高沟组	公安寨组		未分组		周家湾组
			下统		白湾组			马市坪组		陈棚组
		侏罗系	上统					南召组		段集组
			中统							朱集组
			下统							
		三叠系	上统					太子山组 太山庙组		
			中统							
			下统							
古生界	上古生界	二叠系	上统						柿树园组	
			下统							
		石炭系	上统		三关垭组					杨小庄组
			中统		梁沟组					胡油房组
			下统		下集组			抱树坪组		道人冲组 杨山组 花园墙组
		泥盆系	上统		葫芦山组 王冠沟组	南湾组	佛子岭群			
			中统		白山沟组			小寨组		
			下统							

盆纪之外的各时代地层；②早前寒武纪（太古宙—早元古代）地层发育，且出露较广泛，构成华北的结晶基底；③中元古代—晚元古代早期地层发育不均衡，但已属克拉通化的未变质或轻微变质的沉积盖层；④晚元古代震旦纪地层发育不广泛；⑤寒武纪、奥陶纪地层主要为一套较稳定的、以碳酸盐岩为主的陆表海沉积；⑥石炭纪、二叠纪地层主要为一套含煤的近海三角洲—泛滥平原沉积；⑦中生代地层主要为大型盆地—小型山间盆地陆相沉积，侏罗纪期间东部陆相火山岩发育；⑧第三纪地层主要为发育在下辽河—华北平原大型坳陷中的含可燃有机岩及海相夹层的大陆裂谷沉积和鄂尔多斯周边裂陷中以红色碎屑岩为主的陆相盆地堆积；⑨第四纪除盆地中继续发育河湖相堆积外，在盆地和山地丘陵的边缘以及广袤的黄土高原，普遍覆盖了著名的黄土堆积。

华北地层大区晋冀鲁豫地层区划分为七个三级地层分区，各分区岩石地层发育特征如下。

(1) 山西地层分区（V_4^5） 位居华北中央部位，以各时代地层发育较齐全为特征。五台群、滹沱群为华北早前寒武纪的典型地层之一；中元古代保留有长城纪地层，虽仅见于太行山地区，但却是蓟县型与豫西型中元古代地层对比的纽带；早古生代地层完全可与山东层型相对比，其西部地区底部尚发育有穿时的霍山砂岩；连续广泛出露的月门沟群、石盒子群、石千峰群、二马营组是华北晚古生代—早中生代的层型所在；中生代侏罗纪的大同组、云岗组、天池河组在华北也颇具代表性；新生代缺少老第三纪沉积，新第三纪岩石地层单位包括下土河组、小白组，第四纪为土状堆积的保德红土、静乐红土、午城黄土、离石黄土及河流阶地堆积的匼河组、丁村组等，其中土状堆积在华北同类型地层中具代表性。

(2) 阴山地层分区（V_4^3）、华北北缘地层分区（V_4^2） 以中、晚太古代和中生代地层发育为特征，以时代有争议的渣尔泰山群发育为特色，中元古代发育有可与高于庄组对比的什那干群；早古生代地层厚度巨大，但保存零星；晚古生代月门沟群缺少太原组，仅发育山西组，且砂砾岩层特别发育；侏罗纪、白垩纪和整个华北一样，西部煤层发育，东部火山岩层发育，新第三纪汉诺坝组玄武岩广泛分布。

(3) 燕辽地层分区（V_4^7） 以早太古代和中、晚元古代以及中、晚中生代地层发育为最大特征。曹庄（岩）群为我国年代最古老的（岩）群；蓟县剖面为我国中、晚元古代的层型，常州沟组—铁岭组的地层发育齐全，厚度大；早古生代三山子组白云岩不发育，晚古生代地层分布零星、太原组厚度小，与华北其他地层分区有别；中、晚中生代，以晚侏罗世火山岩发育和含时代有争议的热河动物群而驰名。

(4) 华北西缘地层分区（V_4^1） 以早、晚古生代地层厚度大、岩性变化大及马家沟组之上多发育有一套以克里摩里组、龙门洞组、背锅山组为代表的闭塞海湾泻湖—大陆斜坡相的沉积为最大特征；早前寒武纪地层出露少，中、晚元古代地层不发育，中生代地层与鄂尔多斯地层分区较为接近，新生代以发育一套河湖相碎屑沉积为特征。

(5) 鄂尔多斯地层分区（V_4^4） 大多被第四纪土状堆积和中生代侏罗纪、白垩纪地层覆盖，除边缘地区外，地表见不到古生代及其以下地层出露，但井下资料表明该地层分区以晚古生代地层沉积晚、厚度薄，马家沟组发育有厚度很大的盐岩层和中生代三叠纪含油的延长群发育为特征。

(6) 鲁西地层分区（V_4^{10}） 以早古生代地层广泛分布为特征，是华北寒武纪地层的层型所在；闻名的晚太古代泰山（岩）群发育且广泛分布；早元古代发育有济宁（岩）群，中元古代地层缺失，晚元古代地层分布局限；晚古生代地层保存零星，中生代、新生代地层主要分布于郯庐断裂带及其两侧，并分别以含古脊椎动物的王氏群和含山旺动物群的临朐群而颇负盛名。

(7) 鲁东地层分区（V_4^{11}） 该地层分区特征为：早前寒武纪地层发育；晚元古代蓬莱群遭受轻微变质，类似复州湾地区；早、晚古生代地层全部缺失；中生代白垩纪地层分布广泛，与鲁西地层分区大致相同。

(8) 辽东地层分区（V_4^9） 以中晚太古代、早元古代和晚元古代地层发育，古生代和中生代地层呈零星残留，晚古生代月门沟群发育本溪组为特征；晚太古代鞍山（岩）群以含鞍山式铁矿而著名，辽河群分布广泛，大部分地区缺失中元古代地层，而太子河、辽东半岛发育的细河群、五行山群、金县群可作为华北晚元古代地层的典型。

(9) 豫陕地层分区（V_4^6） 该区地层特征为：晚太古代太华（岩）群、登封（岩）群和早元古代嵩山群以及中元古代熊耳群、汝阳群均颇具特色；早古生代底部辛集组、朱砂洞组发育，上部三山子组白云岩化层位低；晚古生代月门沟群太原组开始沉积晚、灰岩层数多，石盒子群为主要含煤岩系。

(10) 华北南缘地层分区（V_4^{13}） 以中元古代熊耳群、高山河群大面积出露为特征，中、晚元古代以发育巨厚的官道口群及其上的栾川群（变质）为特色。

(11) 徐淮地层分区（V_4^{12}） 各时代地层多有发育，但出露均较零星。其中早前寒武纪和古生代地层与豫陕地层分区较为相近，而晚元古代、中生代地层与辽东地层分区较为一致。

(12) 华北平原地层分区（V_4^8） 以发育巨厚的新生代松散堆积及前新生代地层被大面积覆盖为特征。

（二）秦祁昆地层区（V_1）

华北（工作）区仅包括该地层区祁连-北秦岭地层分区（V_1^2）的中段（河南、安徽境内部分）、东段（江苏、山东境内部分）。其地层发育特征：最古老地层为早元古代活动陆缘沉积的秦岭（岩）群，中元古代有陆缘裂谷沉积宽坪（岩）群和陆缘沉积峡河（岩）群；早古生代主要发育有弧后裂陷盆地沉积二郎坪群类蛇绿岩套；晚古生代有二郎坪群南侧的浊流沉积小寨组、抱树坪组，二郎坪群北侧的复理石沉积柿树园组，大别山北坡发育有山间断陷盆地石炭纪沉积；区内零星分布有三叠纪、侏罗纪—白垩纪断陷盆地河、湖相沉积，大别山区有白垩纪火山岩。第三纪盆地陆相碎屑沉积零星分布，第四系为河-湖相堆积及冲-洪积层。

（三）南秦岭-大别山地层区（VI_3）

该地层区为华南地层大区的北部边缘部分，中元古代地层已普遍遭受区域变质，震旦纪发育有属南方型震旦系的陡山沱组、灯影组，特别是发育有志留纪、泥盆纪地层，因而明显地不同于华北地层大区。

(1) 桐柏-大别山地层分区（VI_3^4） 特征是最古老的地层为太古宙—早元古代早期的大别山（岩）群、桐柏山（岩）群变质火山-沉积岩系以及郯庐断裂东侧的胶南（岩）群，为该地层分区最古老的岩层；早元古代晚期（可延至中元古代）地层十分发育，多为活动陆缘沉积，包括红安（岩）群、宿松（岩）群、陡岭（岩）群，以及郯庐断裂东侧的海州（岩）群，晚元古代发育浊流沉积龟山（岩）组、泥盆纪发育有南湾组和佛子岭群；白垩系分布零散，第三系甚少，第四系为冲-洪积层。

(2) 十堰-随州地层分区（VI_3^3） 缺少早元古代及其以前沉积，中元古代有陆内裂谷沉积的武当山（岩）群，晚元古代发育活动陆缘沉积耀岭河组，以及浅海相陡山沱组、灯影组；早古生代活动型海相地层比较发育，可分为三个小区（淅川小区发育寒武系—下志留统，丹江小区发育寒武系—下奥陶统，随州小区发育寒武系—中志留统）；晚古生代仅有泥盆纪—石炭纪海相沉积，白垩系仅分布在几个盆地内，第三系零星分布，第四系为冲-洪积层，局部有古文化层。

（3）迭部-旬阳地层分区（VI_3^1） 中元古代—早古生代地层与十堰-随州地层分区有较大相似性，但该分区寒武纪地层与扬子区具有过渡性，缺少晚古生代沉积，白垩系零星分布，第三系不发育，第四系为冲-洪积层。

第三章

早前寒武纪（太古宙—早元古代）

构成华北陆台结晶基底的太古宙—早元古代变质岩层，出露面积约占全华北的20%，堪称全国之首，广泛出露于陆台北缘的阴山—燕山、辽宁—吉南等地区；南缘的秦岭—大别山地区；中部的吕梁山、恒山—五台山—太行山地区；东缘的鲁西—鲁东—徐淮地区（图3-1）。

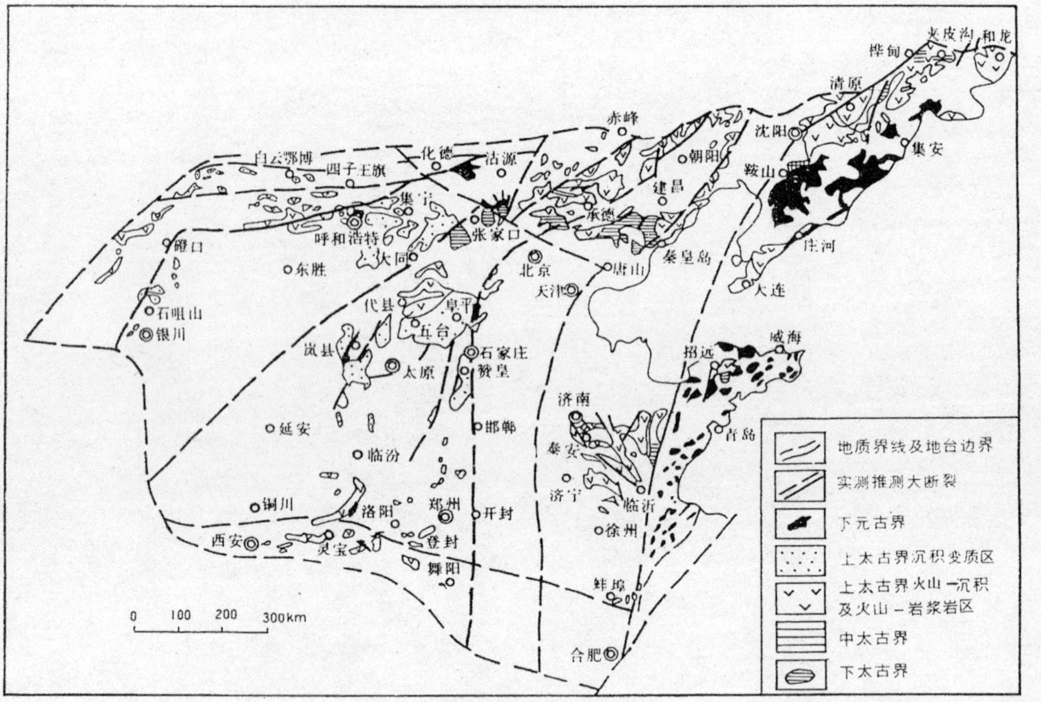

图3-1 华北晋冀鲁豫地层区早前寒武纪岩石地层分布图

Fig.3-1 Early Precambrian lithostratigraphic unit distribution in Shanxi - Hebei - Shandong - Henan stratigraphic region, North China

以上变质岩系为探讨华北晋冀鲁豫地层区早前寒武纪（吕梁运动前）的地层划分和地壳演化，提供了重要的地质记录和信息。其百余年的研究历史，确曾经历了一个不断积累和逐步深化的过程。跨入本世纪80年代以来，同位素地质年代学和岩石地球化学取得了新的突破性进展，给变质岩区的研究，带来了理论上、方法上的更新。现代变质和构造理论，尤其是板块构造理论在前寒武纪地质领域里的渗透，使得我国前寒武纪地壳演化这一具有重大理论和实际意义命题的研究，跨上了一个新的台阶。近年来，涌现了一大批好的研究成果，包括专著、论文和反映现代水平的变质岩区地质图等，成为华北陆台早前寒武纪地壳演化研究和岩石地层单位划分十分珍贵的资料和依据。

一、华北陆台结晶基底

（一）早前寒武纪的划分

早前寒武纪结晶基底，包容了高级变质强烈变形的麻粒岩相—角闪岩相和少量强变形绿片岩相的表壳岩；出露面积不大的变质基性—超基性岩侵入体。尽管这一复杂的构造岩浆岩综合体原始的物态、形态和位态难以识别和判定，但相互制约、互为因果关系的构造体制、岩浆事件和变质作用等，在早前寒武纪地壳演化历程中，皆显示了不可逆的阶段性。80年代以来，一系列可靠同位素年龄数据的问世，都为早前寒武纪地壳演化阶段的合理划分和地质年代格架的确立，提供了地质和年龄的依据，并可与全球对比。据此，目前早前寒武纪阶段可进行四分，即早太古代（>3 500 Ma）、中太古代（3 500～2 900 Ma）、晚太古代（2 900～2 500 Ma）和早元古代（2 500～1 850 Ma）。这一划分方案已为多数研究者认同（表 3 - 1）。

（二）典型地区岩石地层单位及特征

1. 早太古代岩石地层

曹庄（岩）群　李志忠、白益良、顾德林 1980 年创名于河北省迁安县曹庄—杏山一带。现指出露于冀东曹庄—杏山的高角闪岩相叠加麻粒岩相，由斜长角闪岩、细粒矽线黑云片麻岩、黑云变粒岩、磁铁石英岩、钙硅酸盐岩和大理岩等组成的表壳岩。其原岩主要为泥砂质、不纯的钙质沉积岩夹基性火山岩和条带状铁建造（BIF）稳定浅水沉积。历经早太古代和晚太古代英云闪长岩的侵位，混合岩化作用强烈。变质表壳岩多呈大小不等的捕虏体（或称包体）散布于英云闪长岩和花岗岩中，没有明确的顶底界线。同斜紧闭褶皱和韧性剪切带为其变形特征。

取自曹庄一带的斜长角闪岩 Sm - Nd 全岩等时线年龄值为 3 470±107 Ma（江博明等，1988)、3 500±80 Ma（黄萱等，1986)、3 495±15 Ma（乔广生等，1987)；斜长角闪岩角闪石 ^{39}Ar -^{40}Ar法 3 600 Ma（王松山等，1985)；铬云母石英岩中碎屑锆石 U - Pb 最大年龄为 3 720～3 650 Ma（刘敦一等，1990)，见表 3 - 2。

上述同位素测年数值，已有定评。目前中国最古老的基底，当首推冀东曹庄（岩）群。

2. 中太古代岩石地层

迁西（岩）群　河北省第二区测队 1979 年创名，典型地点在河北省迁西县三屯营—太平寨一带。现在定义指出露于冀东的一套角闪岩—麻粒岩相变质表壳岩系，由二长斜长麻粒岩、紫苏麻粒岩夹石榴石浅粒岩、紫苏斜长片麻岩、磁铁石英岩、紫苏黑云斜长片麻岩夹斜长二辉麻粒岩、斜长透辉麻粒岩、二辉斜长角闪岩和磁铁石英岩组成。其原岩为一套火山岩—沉积岩系，岩石类型主要为拉斑玄武岩、英安岩及杂砂岩、高铝质岩和巨厚 BIF。由于紫苏花岗岩、英云闪长岩和花岗岩的侵入活动，变质的表壳岩呈包体散布其中。这套变质岩历经早、晚两期麻粒岩相变质。其变形样式以与底辟作用有关的英云闪长岩、花岗片麻岩穹隆及与之相

表 3-1 华北晋冀鲁豫地层区早前寒武纪岩石地层单位划分及对比简表

Table 3-1 Schematic table for division and correlation of Early Precambrian lithostratigraphic units in Shanxi-Hebei-Shandong-Henan stratigraphic region, North China

年代地层			地质年代(Ma)	阴山		吕梁山—五台山—太行山: 吕梁山	吕梁山—五台山—太行山: 五台山太行山	冀东	辽东	吉南	鲁西	鲁东	徐淮	豫陕	中条山	陕西洛南
元古宇	下元古界		1 850–2 500		二道洼群	黑茶山群 野鸡山群 岚河群	滹沱群	朱杖子群 双山子群	榆树砬子群 辽河群	老岭群 集安群	济宁(岩)群	芝罘群 粉子山群 荆山群	凤阳群	嵩山群	担山石群 中条群	铁铜沟组
太古宇	上太古界	上部	2 500–2 600	色尔腾山群	乌拉山(岩)群	吕梁(岩)群	五台群	单塔子(岩)群(下部)				?	五河(岩)群	?	绛县群	?
太古宇	上太古界	下部	2 600–2 900	上集宁(岩)群	乌拉山(岩)群	界河口(岩)群	阜平(岩)群	遵化(岩)群	鞍山(岩)群 上部	夹皮沟(岩)群	泰山(岩)群	胶东(岩)群		登封(岩)群		太华(岩)群
太古宇	中太古界		2 900–3 500	下集宁(岩)群				迁西(岩)群	鞍山(岩)群 下部	龙岗(岩)群	沂水(岩)群	胶东(岩)群				
太古宇	下太古界		>3 500					曹庄(岩)群								

表3-2 华北（工作）区早前寒武纪主要岩石地层单位同位素年龄数据表

Table 3-2 Isotopic age data for main lithostratigraphic units of Early Precambrian in North China (working) region

编号	层位	同位素年龄	资料来源
1	二道洼群	全岩 Rb-Sr 等时线年龄 2 389.9±4.5 Ma	内蒙古区调队，1992
2	乌拉山（岩）群	麻粒岩全岩 Rb-Sr 年龄 2 609.55$^{+326}_{-337}$ Ma	天津地矿所同位素室，1985
3	集宁（岩）群	麻粒岩全岩 Pb-Pb 等时线年龄 3 462$^{+63}_{-65}$ Ma	夏毓亮等，1989
4	滹沱群	锆石 U-Pb 一致线年龄 2 366$^{+103}_{-94}$ Ma	伍家善等，1986
5	五台群	单颗粒锆石 U-Pb 法年龄 2 607±36 Ma	白瑾等，1991
6	阜平（岩）群	锆石 U-Pb 一致线年龄 2 800$^{+230}_{-150}$ Ma	刘敦一等，1984
7	双山子群	单颗粒锆石蒸发法年龄 2 497±2 Ma	沈其韩等，1990
8	遵化（岩）群	斜长角闪岩全岩 Sm-Nd 年龄 2 756±177 Ma	张桂存等，1989
9	迁西（岩）群	麻粒岩中锆石 U-Pb 一致线年龄 2 960$^{+135}_{-115}$ Ma	沈其韩等，1992
10	曹庄（岩）群	单颗粒锆石 U-Pb 年龄 3 550—3 850 Ma	刘敦一等，1991
11	鞍山（岩）群上部	斜长角闪岩全岩 Sm-Nd 年龄 2 729±245 Ma	乔广生等，1990
12	鞍山（岩）群下部	麻粒岩中斜长角闪岩角闪石 $^{40}Ar/^{39}Ar$ 年龄 2 986±10 Ma	王松山等，1987
13	鞍山（岩）群下部	眼球状片麻岩中单颗粒锆石离子探针 U-Pb 年龄 3 804±5 Ma	Allen Nutman，*et al.*，1993
14	老岭群、集安群	斜长角闪岩 Sm-Nd 等时线年龄 2 214.2±55.86 Ma	白瑾等，1993
15	夹皮沟（岩）群	斜长角闪岩全岩 Rb-Sr 等时线年龄 2 214.2±266 Ma	戴薪义，1990
16	龙岗（岩）群	Rb-Sr 等时线年龄 2 981±206 Ma	乔广生等，1990
17	泰山（岩）群	Sm-Nd 等时线年龄 2 800—2 685 Ma	引自王世进，1993
18	沂水（岩）群	Sm-Nd 全岩等时线年龄 2 997±78 Ma	沈其韩等，1992
19	粉子山群	U-Pb 一致线上交年龄 2 019 Ma	纪壮义，1993
20	荆山群	单颗粒锆石 U-Pb 一致线年龄 2 804±24 Ma、2 182±6 Ma	纪壮义，1993
21	胶东（岩）群	侵入胶东群中老灵山花岗岩体的单颗粒锆石年龄 2 831 Ma	沈其韩等，1992
22	登封（岩）群	变粒岩单颗粒锆石离子探针 U-Pb 年龄 2 511±4 Ma	Kröner 等，1988
23	太华（岩）群	单颗粒锆石 U-Pb 蒸发法年龄 2 840 Ma	Kröner，1988
24	大别（岩）群	锆石 U-Th-Pb 法年龄 2 570 Ma	沈其韩等，1992

伴的复杂的边缘褶皱束为主要特征。

据半崖山粉红色花岗岩锆石 U－Pb 法不一致年龄值为 $2\ 960^{+135}_{-115}$ Ma（伍家善等，1991）、单颗粒锆石蒸发法 2 980 Ma（刘敦一等，1990）和滦河大桥附近的紫苏花岗岩中变粒岩包体锆石年龄值为 3 047 Ma 分析，迁西（岩）群变质年龄应大于 3 000 Ma。

阴山的下集宁（岩）群、辽东的鞍山（岩）群下部、吉南的龙岗（岩）群和鲁西的沂水（岩）群，其同位素年龄分别为 $3\ 462^{+63}_{-65}$ Ma、2 986±10 Ma、2 981±206 Ma 和 2 997±78 Ma。根据同位素年龄结果，上述各地区的相关岩群，均可划归中太古代。中太古代岩层比较集中地分布于冀东—冀北、辽东—吉南和鲁西三个地区（图 3－1）。虽然它们在原岩岩石组合和形成环境方面相似，但不同地区仍各具特色（表 3－3）：在基性火山活动方面，冀东和辽东地区强烈，冀北—内蒙古东部和吉南地区则较为逊色；火山岩建造之上的陆源沉积物，冀东和辽东地区发育，其他地区则不甚发育。

3. 晚太古代岩石地层

华北陆台晚太古代岩层广泛发育，多次重大地质事件在此阶段频频发生，仅就以上两点而言，晚太古代堪称太古宙地壳形成和演化历程中的关键时期。

华北陆台晚太古代地壳就其物质来源、原岩建造和岩浆活动等特征，大致可划分为沉积型和火山-岩浆型（马杏垣等，1987；伍家善等，1991）。沉积型地壳原岩以富含铝质、碳质和钙质的沉积岩组合为主体，中酸性为主的岩浆活动微弱；火山-岩浆型原岩建造以火山岩、火山碎屑岩为主，常具“双峰式”特征，上部沉积岩渐趋增多，显示绿岩带的组合特点，酸性岩浆活动强烈。两种类型的划分，对早前寒武纪地壳形成和演化的研究，具有重要意义。

广布于华北陆台西部的晚太古代沉积变质岩有五台山—太行山区的阜平（岩）群，吕梁山区的界河口（岩）群，内蒙古的上集宁（岩）群、乌拉山（岩）群等。

火山-岩浆型地壳有冀东地区的遵化（岩）群，辽宁的鞍山（岩）群上部、夹皮沟（岩）群，鲁西的泰山（岩）群，鲁东的胶东（岩）群，豫西的登封（岩）群和五台山—太行山区的五台群，陕西的太华（岩）群等。

上述两类岩群的空间分布显示了一定的规律性，即沉积型地壳分布区多集中在华北陆台的中部和西部；岩浆型地壳分布区多集中在华北陆台的东部和南部。

以阜平（岩）群和五台群作为不同类型的代表概述如下：

(1) 阜平（岩）群　杨杰 1937 年创名。典型地点在河北阜平县一带。其延伸范围包括河北西部（唐县、平山、赞皇等县）与山西（盂县、五台、繁峙、灵丘）的交接地带，出露面积达 20 000 km^2。该岩群下部为麻粒岩相，中上部为角闪岩相，属高、中温区域动力热流变质。变质岩石主要为黑云斜长片麻岩、黑云二长片麻岩、二辉麻粒岩、含矽线石浅粒岩、斜长角闪岩、大理岩夹少量磁铁石英岩等。其原岩下部以杂砂岩为主的含 BIF 陆源碎屑沉积；中部为碳酸盐岩沉积；上部为富铝质碎屑岩。有花岗岩、花岗闪长岩侵入。混合岩化中等，基性脉岩群发育。其变形样式表现为穹隆复合褶皱构造。

在阜平（岩）群下部长英质副片麻岩中测得 $2\ 800^{+230}_{-150}$ Ma 锆石 U－Pb 年龄（刘敦一，1984）。

以阜平（岩）群为代表的晚太古代沉积变质岩群，具有大体相同的沉积建造序列，即下部以陆源碎屑岩建造为主；中部为碳酸盐岩建造；上部为富铝质碎屑岩建造。总体特征反映其形成于大陆边缘。

(2) 五台群　德国人 Richithofen 1871 年创名。以五台山区发育最佳，广布于五台山及太行山区。百余年来，中外学者对其层序和时代归属曾提出种种方案，但“绿片岩为其主体”则是公认的。五台群有两点值得关注的新认识，其一，否定“甘泉不整合”，确认两群之间为一沉积间断；其二，过去所称的五台群板峪口组，实系滹沱群下部地层的构造叠体。现定义的五台群，指历经了绿片岩相—角闪岩相多期变质作用的火山-沉积岩系。中下部以变质基性火山岩为主，以磁铁石英岩为特征；上部以变质泥质岩系为主，属浊流沉积。划分为由沉积间断与不整合面隔开的石咀亚群、台怀亚群与高繁亚群。其上与滹沱群呈不整合接触，其下以韧性断层与阜平（岩）群接触。

五台群历经多期岩浆活动，主要有早、晚两期，早期为TTG岩套，晚期为钾质花岗岩。其褶皱变形特征主要表现为平卧褶皱、紧闭弯滑褶皱，韧性剪切带发育。年龄资料见表3-2。

以五台群为代表的晚太古代火山—岩浆型各岩群，其原岩建造大多以基性火山岩为主，BIF亦较发育（表3-3）。

4. 早元古代岩石地层

早元古代的到来，标志着地球早期地壳演化步入了一个重大变革的历史时期。它的最大特征就在于出现了体现刚性克拉通裂解和太古宙硅铝基底再造作用，形成于稳定地块之间和克拉通内部及其边缘的构造活动带，以及由此导致的构造沉积环境的分异。另一值得注意的是构成生物圈主体的原核生物的大量繁衍以及红层的出现，这都是太古宙未曾出现过的充满生机的多彩景观。

华北陆台同样出现了不同性质的构造活动带（胶辽、青—滦、阴山—燕山、晋豫和秦岭—大别）与刚性地块并存的构造格局（白瑾，1993）。历经地块碰撞、大陆增生等，走完吕梁运动这最后一程，华北陆台又焊接为一体，并有所增长。

华北陆台早元古代地层，主要分布于北缘、东缘、南缘和陆台中南部，陆台西端仅零星出露。

出露于北缘内蒙古大青山、河北承德—张北一带的早元古代地层称二道洼群；出露于冀东地区的早元古代地层称双山子群、朱杖子群；出露于东缘辽宁、吉南和山东的早元古代地层分别称辽河群—榆树砬子群、集安群—老岭群和荆山群—粉子山群；分布于南缘秦岭—大别山地区西段和东段的早元古代地层分别称秦岭（岩）群和红安（岩）群；分布于中南部吕梁山区、五台山区、太行山区、中条山区和嵩山地区的早元古代地层分别称岚河群—野鸡山群—黑茶山群、滹沱群、中条群—担山石群和嵩山群等。还有鲁西地区的济宁（岩）群。

早元古代地层或形成于克拉通块体之间的碰撞带，或形成于大陆边缘的增生带，或形成于克拉通内部的裂陷带，构造环境的分异必然导致它们在原岩建造、变质作用和变质程度、岩浆活动和构造变形等方面产生较大的差异。尽管如此，仍可大致归纳为两大类：一类称沉积型，发育在陆台内部，以形成于晋豫裂陷带的滹沱群为代表；另一类为火山-沉积型，发育在陆台周边，以辽宁的辽河群为代表。二者的区别见表3-3。

滹沱群顶底接触关系清楚、层序完整，简述如下：

(1) 滹沱群　德国人Richithofen 1874年创名。典型地点在山西五台山，广布于五台山—太行山区。

滹沱群以粗碎屑岩、泥质岩和碳酸盐岩为主体，夹少量基性火山岩组合而成多旋回，厚逾万米的低绿片岩相变质岩系。由下而上划分为南台、豆村、东冶和郭家寨4个亚群［滹沱群创名后，其含义和划分屡经变更，50年代以来才渐趋明朗。1957年马杏垣等自下而上将其划分为变质砾岩、南台石英岩、豆村板岩、东冶灰岩四个岩石地层单位；1967年山西区调队

表 3-3 华北晋冀鲁豫地层区早前寒武纪岩石地层特征及其演化表

Table 3-3 Early Precambrian lithostratigraphic characteristics and evolution in Shanxi - Hebei - Shandong - Henan stratigraphic region, North China

年代地层		岩石地层（典型）	原岩组合及形成环境	岩浆作用和混合岩化作用	变质作用	构造变形特征	地壳演化阶段
元古宇	早元古界	滹沱群	滹沱群：下部杂砂岩、砂岩、粉砂质页岩（局部含火山岩）；中部白云质碳酸盐岩；上部砾岩及砂岩	基性脉岩群，少量花岗岩	低绿片岩相（区域低温动力变质作用）	同斜倒转—直立紧闭褶皱	陆壳破裂和焊接阶段
元古宇	早元古界	辽河群	辽河群：下部火山岩、火山碎屑岩夹泥砂质沉积和少量镁质碳酸盐岩；上部巨厚陆源碎屑岩和巨厚碳酸盐岩	花岗岩。早期主体属 S 型，与下部火山岩系共生；晚期规模小，I 型花岗岩具碰撞型花岗岩特点	下部为角闪岩相；上部一般为绿片岩相，局部角闪岩相（区域中温动力变质作用）	多期褶皱变形叠加。平卧→直立、斜歪→倾竖褶皱，韧性剪切带发育	陆壳破裂和焊接阶段
太古宇	上太古界	阜平（岩）群	阜平（岩）群：下部以杂砂岩为主的含 BIF 陆源碎屑沉积；中部为碳酸盐岩沉积；上部为富铝质碎屑岩。属大陆边缘沉积	基性脉岩群、花岗岩及花岗闪长岩，混合岩化中等	下部麻粒岩相，中、上部为角闪岩相（高中温区域动力热流变质作用）	组成片麻岩穹隆及复合褶皱群	陆壳增生和陆壳拼贴阶段
太古宇	上太古界	五台群	五台群：以火山沉积为主。下部以基性超基性火山岩为主，具旋回性，为超基性-基性-酸性火山沉积岩系；上部为杂砂岩、粉砂岩，具浊流沉积性质。相当活动大陆边缘或岛弧环境	多期深成岩浆作用形成的英云闪长岩、紫苏花岗岩、花岗闪长岩、钾质花岗岩，具有不同成因、不同期次、不同成分的深成岩综合作用的特点	绿片岩相至低角闪岩相（区域动力热流变质作用）	同斜倒转、紧闭弯滑褶皱。韧性剪切带发育	陆壳增生和陆壳拼贴阶段
太古宇	中太古界	迁西（岩）群	基性火山岩、中酸性火山岩及中基性、中酸性凝灰质、粘土质、半粘土质陆源沉积物，含 BIF，具旋回性。属火山盆地与大陆边缘浅水盆地过渡地区	英云闪长岩、花岗岩、花岗片麻岩、紫苏花岗岩发育。混合岩化作用强，具有花岗岩造壳性质，花岗岩浆主要来自地壳熔融作用	两期麻粒岩相变质作用（高温区域变质作用）	形成麻粒岩-片麻岩穹隆及弧形褶皱群	陆壳形成阶段
太古宇	下太古界	曹庄（岩）群	泥砂质、不纯钙质沉积岩夹基性火山岩和 BIF	英云闪长岩侵位，混合岩化作用强	高角闪岩相叠加麻粒岩相（高中温区域变质作用）	同斜紧闭褶皱，呈短轴背形，韧性剪切带发育	陆核（陆壳雏形）阶段

划分为豆村、东冶和郭家寨三个亚群；1987 年山西省地矿局沿用此划分方案，惟将滹沱群改称滹沱超群，并将所属各亚群升格为群。《山西省岩石地层》(1997) 仍沿用滹沱超群一名，自下而上划分为南台、豆村、刘定寺和郭家寨五个群。本次研究复称滹沱群，并将其分为南台、豆村、东冶和郭家寨四个亚群]。其间关系或为沉积间断或为不整合或为连续沉积。其与下伏五台群、上覆长城系皆为不整合接触。豆村和东冶两个亚群皆富含叠层石及简单原始的微生物化石，构成地壳演化的重要标志之一。

分布于五台山—太行山区的滹沱群区域构造样式，主要表现为线性褶皱与一系列逆冲断层。吕梁期花岗岩（后构造花岗岩）多为沿构造带侵入的小型岩体。发育在该群中部的变质玄武岩，据各项特征数值显示，整体属大陆拉斑玄武岩范畴。

据伍家善等（1986）$2\ 366^{+103}_{-49}$ Ma 的锆石 U－Pb 一致曲线年龄（采自变质玄武岩）、白瑾等（1990）$2\ 483\pm1$ Ma（2σ）单颗粒锆石 Pb－Pb 一致曲线年龄（取自侵位于滹沱群下部的变质花岗岩）和白瑾等（1992）$2\ 358\pm96$ Ma 锆石不一致线交点年龄（河边村组变质玄武岩），可判定滹沱群的底界年龄介于 2 400～2 500 Ma 之间。

与滹沱群相对比的吕梁山区岚河群、野鸡山群、黑茶山群，太行山区甘陶河群，内蒙古大青山一带二道洼群和豫西嵩山群等，皆属沉积型。

火山-沉积型地层以辽宁辽河群为代表，与其大致相对比的有吉南的集安群；山东的荆山群、粉子山群；秦岭—大别山地区的秦岭（岩）群等。

(2) 辽河群　日本人斋藤林次 1938 年创名辽河系，标准地点在辽宁营口、本溪一带。长春地质学院辽东区测大队于 1958～1960 年在辽东半岛进行 1：20 万区调时，将斋藤林次创名的辽河系更名为辽河群。

该群由下部的变质火山-沉积岩系和上部的变质碎屑岩-碳酸盐岩系组合而成，二者为整合接触关系。

下部岩系由角闪岩相变粒岩、浅粒岩、斜长角闪岩、钙硅酸盐岩等类岩石组成。其变质火山岩主要为基性和中酸性火山岩，基本上显示了双峰式岩套的特点。

上部岩系自下而上为巨厚的砂泥质—泥质岩沉积开始（有少量火山岩），以巨厚的碳酸盐岩沉积结束，显示浊流沉积的特点。其主要岩石类型为绿片岩相—角闪岩相（局部）的片岩、片麻岩、千枚岩、石英岩、石英片岩及大理岩等。

早期岩系可能形成于大陆边缘与洋盆的过渡部位；晚期岩系形成于较稳定的浅海环境。

岩浆活动总体有早、晚两期：早期为主体，属 S 型花岗岩；晚期规模较小，属 I 型花岗岩。

区域构造为多期褶皱变形叠加，表现为多种构造图象（表 3－3）。

据前人大量同位素测年资料，其下部岩系形成于 2 300～2 050 Ma 之间，上部岩系顶界年龄大约为 1 990 Ma（白瑾等，1995）。

与辽河群相对比的有陆台东缘的集安群、粉子山群，南缘的秦岭（岩）群等。

二、华北陆台基底的形成和演化

陆台基底的形成和地壳演化这一具有重大理论和实际意义的科学命题，长期以来一直为我国前寒武纪地质学家所关注，特别是近些年来，为之做了不懈的努力，并取得了举足轻重的成果。现在前人研究的基础上，仅做一概要的总结（表 3－3）。

（一）早、中太古代华北陆台基底的形成

华北陆台太古宙基底最早的硅铝质陆壳形成于 3 500 Ma 之前，现仅可见残存于冀东迁安地区出露面积不大的曹庄（岩）群。这一物质成分源自花岗岩质陆壳，并形成于浅水盆地的表壳岩的发现，为探讨华北陆台乃至全球早太古代陆壳的形成与演变，提供了十分重要的线索和信息。

3 500～2 900 Ma 为华北陆台太古宙基底发展演化的中期（迁西期），当今出露的多为 3 000～2 900 Ma 之间的岩石，它们呈近东西向断续出露于华北陆台北缘的不同部位。据其空间位置、变质特征、原岩建造和演化历程，可大致划分为东、西两区。

西区：由西而东包括内蒙古呼和浩特—集宁、冀北、北京密云和冀东地区的中太古代岩石地层，其代表性岩群有迁西（岩）群和下集宁（岩）群，其变质岩石类型主要由片麻岩和麻粒岩组成，属高温区域变质相系的麻粒岩相。其原岩为基性和中酸性火山岩—中基性、中酸性凝灰质、粘土质、半粘土质陆源沉积物，夹 BIF。具明显的旋回性。花岗质岩浆活动具造壳作用，当为壳源熔融的花岗岩，大多具片麻状构造，混合岩化作用亦相当强烈而普遍。当然，各地区亦不尽相同，冀东地区基性火山岩及火山沉积岩发育，有巨厚的 BIF 沉积；而冀北及内蒙古地区，基性火山岩甚少。

东区：包括辽东地区鞍山（岩）群下部和吉南地区龙岗（岩）群，其变质岩石类型以片岩、变粒岩、角闪岩为主，片麻岩和麻粒岩甚少；属于中温区域变质相系的角闪岩相（局部为麻粒岩相）。其原岩仍以基性火山岩为主，但泥质和铁硅质岩石为数甚少，深成岩则以奥长花岗岩、花岗闪长岩为主，且以晚太古代的居多。

上述各个地区所显示的种种差别，表明其形成于相互分离的独立陆核的边缘浅水盆地。

（二）晚太古代华北陆台基底的增生和拼贴

2 900～2 500 Ma 为华北陆台太古宙基底发展演化的晚期（阜平期），该时期由于多种地质事件的“协同”作用，导致了陆壳的增生和拼贴，因而成为华北陆台早前寒武纪地壳演化史上的一个极为重要的阶段。

晚太古代变质岩系分布面积较前有了显著的增大。形成环境分异为较稳定的大陆边缘和活动大陆边缘或岛弧，稳定区和活动带是该时期的基本格架。

形成于稳定大陆边缘的有分布于华北陆台西侧和西北部的阜平（岩）群、单塔子（岩）群、上集宁（岩）群等，其原岩以粉砂质、泥质及碳酸盐岩沉积为主，火山岩相对较少；形成于活动大陆边缘或岛弧环境的有分布于华北陆台东侧的泰山（岩）群、遵化（岩）群、鞍山（岩）群上部、夹皮沟（岩）群、登封（岩）群等，其原岩大多为基性、中基性火山岩与粉砂质及硅铁质岩建造，不含或少含泥质、碳酸盐岩类岩石。

太古宙晚期深成作用由 2 700 Ma 开始，一直延续到 2 450 Ma，因而中酸性侵入岩遍布各地，诸如冀东紫苏花岗岩；鲁西泰山 TTG 岩套以及由地幔派生的花岗闪长岩和闪长岩；冀东、五台山英云闪长岩、奥长花岗岩等。由于陆壳日趋稳定和增厚，陆壳熔融的富钾花岗岩发生了空前规模的侵位。

通过增生和拼贴，阜平运动使华北陆台完成了第一次克拉通化，又经五台运动，形成刚性的范围宽广的华北陆壳。

（三）早元古代华北陆台原始陆壳的破裂和焊接

太古宙终结，早元古代开始之际，历经陆核聚集形成的华北克拉通又行破裂，并由太古宙全活动体制转换为活动带和稳定地块并存的格局。在华北陆台边缘及其内部的活动带和裂陷槽中，分别发育了两类不同性质的原岩建造，吕梁运动导致的花岗岩、伟晶岩侵位和区域低温动力变质作用形成的线性构造带，与其两侧刚性地体焊接，最终完成了第二次克拉通化，华北陆台结为一体，形成统一的稳定的结晶基底。

上述表明，华北陆台演化的全过程具有明显的阶段性和连续性。

“2 500 Ma 之前，华北陆台基底由一些小型陆块拼合而成”的看法，似已成为众多学者的共识。但究竟由多少“小陆块”及以何种构造作用方式拼合而成，各家见解则明显不同。由于均未取得或未完全取得地球物理资料（特别是深地震测深资料）的支持和验证，因此，早前寒武纪地质的研究还有待于加强。

第四章

晚前寒武纪（中、晚元古代）

华北晚前寒武纪（中、晚元古代）地层，广泛发育在克拉通内部及其边缘不同构造性质的沉陷带内，其地理分布涉及晋冀鲁豫、京津、辽吉、苏皖、内蒙古、宁夏和豫陕南侧的秦岭—大别山区，堪称华北陆台特色地层之一。

区内晚前寒武纪地层不整合于早前寒武纪结晶基底之上，其上被早寒武纪或更新地层不整合或平行不整合覆盖。

一、岩石地层单位划分及特征

（一）地层划分简史

中国上前寒武系的研究，始于19世纪后半叶，最早者有Pumpelly（1867）和Richithofen（1882）。1922年前中央地质调查所和Grabou建议中国的中—上元古界称为"震旦系"（Sinian Systen）。中华人民共和国成立后，历经大规模的矿产勘查、区调填图和科研工作，终于查明南、北方"震旦系"的下限并不等时，于1975年暂称"震旦亚界"，包括南、北方原称的震旦系。1982年中国地层委员会召开"晚前寒武纪地层分类、命名会议"，决定废弃"震旦亚界"一名，将震旦系限用于以长江峡东剖面为标准的地层；以天津市蓟县剖面为标准的下部地层称中元古界（包括长城系和蓟县系），上部地层称青白口系。

区内广泛分布的中元古界长城系、蓟县系和上元古界青白口系、震旦系四个年代地层单位（中国地层委员会，1990），统称中、上元古界或非正式地层名称"上前寒武系"。

始于本世纪70年代后期，华北晚前寒武纪地层的研究进入了一个新的阶段，各地岩石地层单位的划分和命名渐趋规范，并基本定型。随着各岩石地层单位地质特征的深入研究及同位素年代地层和生物地层新成果的不断积累，华北各地晚前寒武纪地层的年代属性和相互间的年代对比关系，亦大体上取得了共识。但对某些地区岩石地层单位的年代属性和各地晚前寒武纪地层间的对比关系，至今仍存不同认识。要达到岩石地层单位的命名和使用在全区范围内的统一，还有待今后加强古生物学、同位素年代学及对活动带大地构造格架的深入研究。

（二）地层区划及地层分区特征

华北晋冀鲁豫地层区中、晚元古代地层分别形成于地台内部及其边缘性质不同的沉陷带内，主要填充了海相碎屑岩-碳酸盐岩建造。不同地区的区域构造环境决定了各地区岩石地层的发育状况、产出特征、地层序列和岩石组合特征的差异。据此，本地层区划分为燕辽、山西、豫陕、华北南缘、辽东、鲁东、鲁西、徐淮、鄂尔多斯、阴山和华北西缘11个地层分区。本断代岩石地层区划，与全区综合地层区划基本一致，但个别分区可进一步划分次一级的地层小区（表4-1）。

各地层分区晚前寒武纪地层特征如下：

(1) 燕辽地层分区　晚前寒武纪地层分布最为广泛，其分布范围西起晋东北的恒山、五台山，东达辽西的建平、朝阳、阜新一带，发育了自常州沟组—景儿峪组的全套地层。为我国蓟县中、上元古界层型剖面所在地。

(2) 山西地层分区　主要出露于太行山区的山西黎城、左权、和顺、昔阳和河北的武安、赞皇、井陉、获鹿、平山一带。发育常州沟组、串岭沟组、大红峪组及高于庄组，常州沟组之下还发育有大河组和赵家庄组，因而构成燕辽与豫陕两个地层分区晚前寒武纪地层的纽带。

(3) 豫陕地层分区　其分布范围自晋西南端的中条山、王屋山，跨越黄河、洛河，至嵩山汝阳、鲁山方城，直抵确山。该地层分区以发育晚前寒武纪最早期巨厚的熊耳群（中基性火山岩）及以碎屑岩为主体的汝阳群为最大特征。

(4) 华北南缘地层分区　晚前寒武纪地层广泛分布，构成该区地层的主体。区内以发育熊耳群及其上的高山河群和官道口群，以及经受区域动力变质的栾川群为特征。

(5) 辽东地层分区　晚前寒武纪地层较集中地分布于北、中、南三片，且各具特征。北部的辽宁铁岭一带发育了大致可与燕辽地层分区大红峪组—景儿峪组对比，且遭受轻微变质的"汎河群"；中部辽东太子河流域—吉南浑江流域，发育了以细河群为主的晚元古代地层；南部辽东半岛的复州湾、大连、旅顺一带，发育了细河群及其以上的五行山群、金县群。

(6) 鲁东地层分区　烟台一带发育了一套轻微变质的，大致与旅顺、大连一带细河群上部及五行山群下部相当的蓬莱群。

(7) 鲁西地层分区　沂沭河流域及鲁南一带发育了一套与旅顺、大连一带的细河群及五行山群下部相当的土门群。

(8) 徐淮地层分区　晚前寒武纪地层零星分布于淮南—淮北—徐州及苏鲁交界的广大地域内。其地层特征与辽东地层分区太子河—复州湾一带的晚前寒武纪地层颇相一致。总之，该分区以发育巨厚的晚元古代地层为特征。

(9) 鄂尔多斯地层分区　晚前寒武纪地层极不发育，仅在山西临县的汉高山极小范围内发育有可与熊耳群底部大古石组及许山组相对比的汉高山群。另据物探深部资料（孙枢等，1985）推断在宜川一带深部，古生代地层之下发育一套类似熊耳群或汉高山群的地层，但还有待证实。

(10) 阴山和华北北缘地层分区　渣尔泰山群分布较广。与燕辽地层分区高于庄组相当的什那干群零星分布于渣尔泰山南侧的达茂旗、四子王旗等地。

(11) 华北西缘地层分区　区内晚前寒武纪地层，由分布于贺兰山北段、同心县青龙山等地的黄旗口组（碎屑岩为主，夹少量碳酸盐岩）、王全口组（碳酸盐岩为主）和顶部冰积成因的正目观组三套地层构成。

（三）岩石地层单位地质特征

1. 燕辽地层分区

广泛出露于燕辽地区的中、晚元古代地层，以蓟县剖面为层型。其总体特征：与下伏早前寒武纪地层呈不整合接触，顶部为下寒武统所覆盖。其岩石组合以海相碳酸盐岩为主体，碎

表 4-1 华北晋冀鲁豫地层区中、晚元古代岩石地层单位划分及对比表

Table 4-1 The division and correlation of meso-late Proterozoic lithostratigraphic units in Shanxi-Hebei-Shandong-Henan stratigraphic region, North China

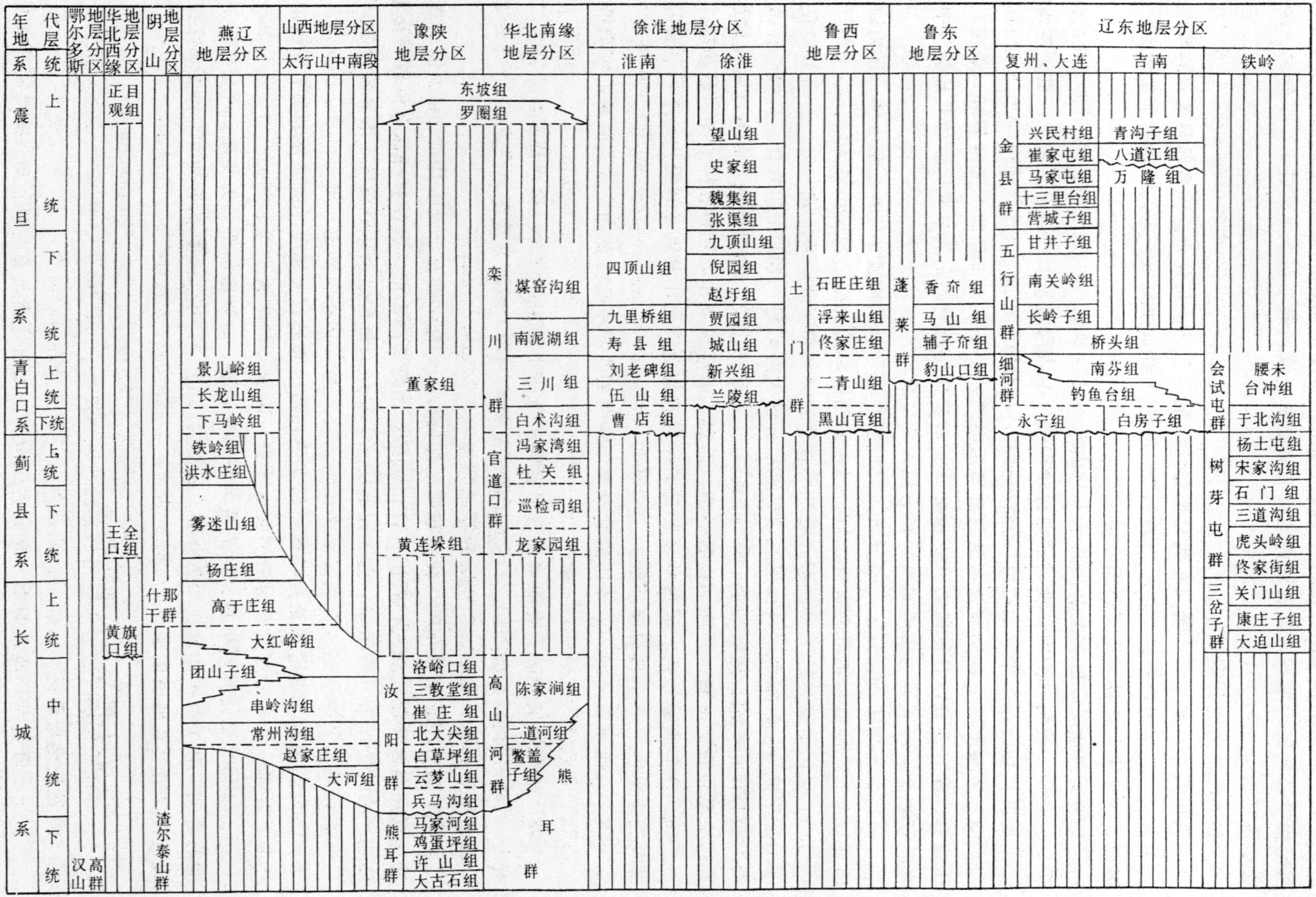

屑岩、粘土岩次之，局部发育超钾质火山岩。地层序列完整，厚近万米，旋回清晰，未变质或轻微变质，富含形态多样的微体化石和具指相意义的叠层石。上述特征，反映其为地台稳定型沉积。

（1）常州沟组（豫陕地层分区称北大尖组；华北南缘地层分区称鳖盖子组、二道河组）常州沟组系指底部不整合于太古宙片麻岩之上的一套碎屑岩组合。主要由砂砾岩和石英岩状砂岩组成，其次为粉砂岩、页岩。该组广泛分布于河北北部、辽宁西部，惟厚度变化较大。以蓟县为中心向西渐薄，并缺失部分层位；向东北方向则变厚，在宽城地区最大厚度可达1 390 m。辽西凌源地区厚度在128～1 600 m。与下伏地层诸如燕山地区的迁西（岩）群，朱杖子群，太行山中段的甘陶河群及辽西的建平群等皆呈不整合接触。

（2）串岭沟组（豫陕地层分区称崔庄组；华北南缘地层分区称陈家涧组）　该组岩石组合以页岩占优势，其次为少量碎屑岩和碳酸盐岩。其下与常州沟组呈整合接触。该组在区域上尚称稳定，但在承德一带，底部常见含铁砂岩，与宣化地区无异；昌平十三陵、宣化庞家堡地区，顶部普遍发育含叠层石礁体的白云岩。此外，在庞家堡一带，底部普遍分布宣龙式铁矿。各地厚度上的差异，与其所处的构造部位有关，如宽城（厚490 m）、凌源（厚270 m）一线，为呈北东向展布的槽形盆地。接近海盆边缘则含砂量增大，厚度变薄，如隆化（仅厚35 m以下）、昌平（厚49 m）、延庆（厚105 m）、庞家堡（厚62 m）、迁安（厚97 m以下）。广布于燕辽地区的串岭沟组，与下伏常州沟组呈整合接触。

（3）团山子组（豫陕地层分区称三教堂组和洛峪口组）　现指整合于串岭沟组之上的一套以含铁白云岩、粉砂质泥晶白云岩为主，其次为砂岩及少量粉砂质页岩的岩石组合。

该组遍布燕辽地区。辽西地区，其与串岭沟组分布范围相同，可分上、下两部分：下部以碳酸盐岩为主；上部以碎屑岩为主。厚度260～624 m。燕山地区西自兴隆（厚约500 m）、宽城（厚348 m）、平泉（厚210 m）一带，厚度由西向东渐薄，碳酸盐岩增多，碎屑岩减少。其底部广泛出露紫红色泥晶、粉晶白云岩。蓟县（厚518 m）以东的遵化、迁西、迁安（厚67～20 m）一带，亦为西厚东薄，但砂质增高。蓟县、兴隆、平谷一带，可见厚度不大的凝灰岩和基性火山熔岩，此乃团山子组一大特征。

蓟县、兴隆、平谷、昌平、延庆和宽城等地均出现叠层石。

（4）大红峪组（辽东地层分区铁岭一带称大迫山组和康庄子组；华北西缘地层分区贺兰山一带称黄旗口组）　现指整合于团山子组之上的一套火山-沉积岩系。包括石英岩状砂岩、长石石英砂岩、砾岩和白云岩，含叠层石白云岩、燧石岩以及富钾粗面岩、富钾凝灰岩等。

在区域上其厚度和岩性均显示多变的特点，与下伏团山子组一般呈整合接触，局部可见平行不整合关系。在河北滦县以东和辽宁的锦西、兴城、北镇等地则直接超覆在常州沟组和太古宇之上。燕山地区，平谷—兴隆—平泉（349～220 m）砂砾岩和燧石增多；蓟县—遵化—滦县（408～232 m）粗碎屑岩增多；八达岭（81 m）以碎屑岩和碳酸盐岩互层为特征，未见火山岩，在平谷火山岩则极为发育，厚达375 m；涿鹿—宣化（113 m）以石英砂岩、长石石英砂岩为主。辽西地区，大红峪组亦显示了厚度和岩性的多变；凌源厚达996 m，而其北东方向的建平（516 m）、朝阳（419 m）、锦西（511 m）、义县（474 m）、北镇（300 m）明显减薄。该组上部的白云岩夹层由西部的凌源（仅3～5 m）向东部的锦西、兴城、北镇等地明显增厚，甚至全部为白云岩。锦西葫芦岛一带又全部为碎屑岩。

（5）高于庄组（华北北缘—阴山地层分区称什那干群；辽东地层分区铁岭一带称关门山组）　现指平行不整合于大红峪组之上的一套以碳酸盐岩占绝对优势的地层。岩石组合以白云岩为主，下部富含叠层石，中部含锰，上部颇多形态各异的硅质和白云质结核。

该组在燕辽地区广为分布，其厚度和岩性均较稳定。燕山地区，蓟县、兴隆（二者均厚约1 600 m）、宽城（厚约800 m）、平泉（厚约600 m）一带，由西南而东北，厚度渐薄，砂岩增多；遵化、迁西（二者均厚约2 000 m）、迁安（厚约1 800 m）、滦县（厚约900 m），亦显示由西北而东南厚度变薄，砂岩增多。在涿鹿、宣化一带，局部可见沉积间断；隆化一带，与下伏大红峪组呈平行不整合接触；另在易县、完县一带（厚度较稳定，均在800 m左右），该组不整合超覆在晚太古代阜平（岩）群之上；头泉以南，高于庄组直接超覆在常州沟组之上。在辽西地区，该组伴随下伏之大红峪组在凌源（厚1 284 m）、朝阳（1 374 m）和义县（1 271 m）等地广布，厚度变化不大，岩性亦基本稳定，以白云岩为主体，仅在砂页岩夹层的多寡和厚度上有所差异。

(6) 杨庄组（辽东地层分区铁岭一带称佟家街组）　现指高于庄组之上，雾迷山组之下的一套紫红色含粉砂泥晶白云岩、白云岩、燧石白云岩、白云质灰岩及沥青质白云岩的泻湖相蒸发岩建造。其与下伏高于庄组呈连续沉积。

蓟县、遵化、迁西、滦县一带，岩相比较稳定，沉积相以醒目的紫红色为特征，但厚度由西向东变薄（700～180 m之间），含砂量渐增；再向东至凌源一带，则厚度又有回升（300余米）；颜色变为淡粉色，砂质增多；向西至昌平、涿鹿一带，厚度急剧减薄，仅数十米。唐山、滦县一带，底部可见砾岩层，与下伏高于庄组之间有明显的沉积间断。辽西地区，在凌源（厚541 m）、喀左（厚403 m）、朝阳（厚309 m）、锦西（厚334 m）、义县（厚321 m）、兴城（厚456 m）等地出露厚度和岩性变化不大，惟紫红色白云岩变化较显著，由南而北，由西到东明显减薄，如凌源厚266 m，而瓦房店仅厚26 m。

(7) 雾迷山组（华北南缘地层分区称龙家园组和巡检司组；华北西缘地层分区称王全口组；辽东地层分区铁岭一带称虎头岭组、二道沟组和石门组）　现指整合于杨庄组之上的一套富镁碳酸盐岩，夹少量碎屑岩和粘土岩。其岩石组合主要为页片状含砂内碎屑白云岩、燧石条带白云岩、巨厚层叠层石白云岩夹沥青质白云岩和硅质岩。该组以厚度巨大、岩相稳定、单岩类碳酸盐岩型韵律醒目和微生物大量繁衍为其主要特征。

雾迷山组广布于燕辽地区。蓟县、兴隆、宽城、平泉和凌源一带为厚度和岩相比较稳定地区。但近北部的承德、平泉一带，厚度变薄，仅厚700余米。昌平（厚2 000 m）、涿鹿（厚1 500 m）一带，由东向西变薄，易县（厚1 300余米）、完县（800～500 m）一带，由北向南变薄。上述表明，仅盆地边部的少数地区出现岩相和厚度上的差异。辽宁西部，在凌源、建昌、朝阳、喀左、义县、北镇和阜新等地均有出露，岩性基本稳定，以中一厚层白云质灰岩及燧石白云质页岩为主，与下伏杨庄组呈整合接触。其厚度变化较大，如朝阳厚达5 427 m，锦西、凌源均在3 000 m左右，而建平最薄，仅厚2 000 m。凌源该组产叠层石和微古植物。

(8) 洪水庄组（华北南缘地层分区称杜关组；辽东地层分区铁岭一带称宋家沟组）　现指整合于雾迷山组之上的一套灰黑色、灰绿色含硅质铁质石英粉砂的伊利石页岩。上部夹薄层石英岩状粉砂岩；下部夹微薄层白云岩。

该组在燕山地区时有缺失，其分布范围远小于雾迷山组。以涿鹿、怀来（均厚约80 m）、昌平（厚约100 m）、蓟县、兴隆（均厚约130 m）、平泉（厚约100 m）和宽城（厚约140 m）为该组发育的最佳地段，岩相和厚度均较稳定。宣化北部和西部，洪水庄组即告缺失；遵化以东亦因剥蚀而缺失。辽西凌源沉积厚度可达180余米，岩相与燕山无大差异，仅顶、底部碳酸盐岩相对增多。

(9) 铁岭组（华北南缘地层分区称冯家湾组；辽东地层分区铁岭一带称杨士屯组） 现指整合于洪水庄组之上的一套含盆屑、含锰白云岩，紫色、翠绿色页岩，含海绿石叠层石灰岩及白云质灰岩。以其一段顶部含钙质、铁质、锰质和二段上部群体生长的柱状叠层石发育为特征。

该组上、下段之间有明显的沉积间断面。在燕山分布区内，沿宣化、涿鹿、怀来（均厚约190 m）、昌平（约厚200 m）、蓟县（厚约300 m）、宽城（厚约200 m）一线，岩相、厚度尚称稳定。在分布区内唯独蓟县该组上部（老虎顶亚组）发育叠层石灰岩，被誉为"叠层石宝库"。在宣化、涿鹿和怀来一带，该组与洪水庄组及其上、下段之间均可见明显间断面。迁安、滦县一带，因剥蚀而缺失铁岭组。在辽西凌源，厚275 m，向东变化较大。值得注意的是朝阳瓦房子一带，白云岩富含锰，形成具工业价值的"瓦房子锰矿"。在北京昌平四海地区该组一段顶部赋存著名的"四海式铁矿"（铁锰矿层）。

(10) 下马岭组（辽东地层分区北部铁岭、吉南一带及华北南缘地层分区分别称于北沟组、白房子组和白术沟组，与辽东地层分区复州、大连一带永宁组相当） 现指位于铁岭组白云岩之上、长龙山组石英砂岩之下，以页岩为主的一套地层。其岩石组合主要为灰、灰绿、灰黑色页岩和粉砂岩。底部有赤铁矿（褐铁矿）扁豆体，铁质粉砂岩及底砾岩；中部夹饼状泥灰岩；上部含碳硅质页岩。与下伏铁岭组呈平行不整合接触关系。

该组分布面积与铁岭组略同。岩相基本稳定，厚度虽小但变化较大。涿鹿、怀来一带，层序最全（1～4段均有出露），厚度最大（537 m），第四段上部夹1～2层叠层石灰岩透镜体，燕山地区仅此一处。北京市门头沟青白口村则出露1～3段，厚约340 m；蓟县仅出露一段，厚约170 m；宽城出露1～3段，厚约240 m。燕山西部怀安和东部滦县青龙山均未接受沉积。由此可见其沉积中心已迁移至涿鹿、怀来一带。此外，辽西凌源，厚约130 m，向南变薄，向东缺失，岩相尚稳定。

(11) 长龙山组（辽东、鲁西、徐淮、鲁东、华北南缘、豫陕地层分区及辽东北部铁岭一带分别称钓鱼台组、二青山组、伍山组、兰陵组、豹山口组、三川组、董家组和腰未台冲组） 现指位于下马岭组页岩之上景儿峪组灰岩之下的一套砂砾岩和页岩组合。下部为砾岩、含砾含长石石英不等粒砂岩和粉砂岩；构成2～4个正向粒序韵律，砂岩含海绿石；上部为紫红、黄绿色页岩夹薄层海绿石细砂岩及钙质泥岩。其与下伏下马岭组为平行不整合接触关系。

分布区内，岩相、厚度均较稳定。昌平（厚120 m）、蓟县（厚118 m）、兴隆（厚118 m）、宽城（厚78 m）、平泉（厚39 m以下）一线显示厚度由西向东渐薄。由于海侵范围的扩大，处于海盆边缘的滦县、迁安、凌源、阜平、曲阳等地，长龙山组超覆在雾迷山组或铁岭组之上。在抚宁—山海关一带，该组则直接覆于太古宙花岗岩之上，厚度变化较大（11～153 m间）。此外，辽西凌源岩相稳定，厚度变化在50～130 m之间。

(12) 景儿峪组（辽东、鲁西、徐淮、鲁东、华北南缘、豫陕地层分区及辽东北部铁岭一带分别称南芬组、二青山组、刘老碑组、新兴组、豹山口组、三川组、董家组和腰未台冲组） 现指整合于长龙山组之上的一套由红、灰、绿、蛋青、灰褐色薄层含泥质泥晶灰岩组合。其上为昌平组不整合覆盖。

分布区内岩性相当稳定，厚度一般变化在70～100 m之间。京西门头沟（厚约77 m）、蓟县（厚119 m）、兴隆（厚134 m）、宽城（厚40 m）、凌源（厚60 m），可见蓟县东、西两侧，厚度逐渐变薄。而北京密云以北厚度最大，约200 m。其横向变化主要表现在怀来赵家山，该处本组几乎缺失（仅厚4.5 m）。此外，唐山、迁安、抚宁一带的景儿峪组仅零星出露，厚约

30～50 m。

2. 豫陕和华北南缘地层分区

区内堆积了厚逾万米的中、晚元古代地层，由四大套地层组成，即下部为一套巨厚的中性夹酸性火山岩系；中部为一套以石英岩状砂岩为主的沉积碎屑岩系；上部为一套以白云岩为主的碳酸盐岩岩系；顶部为一套厚度不大、分布零星的冰碛砾岩层。

（1）熊耳群（鄂尔多斯地层分区东缘的山西临县汉高山一带称汉高山群）　该群由下而上划分为大古石、许山、鸡蛋坪和马家河四组，为一套中性夹酸性火山岩组合。其下与太古宙太华（岩）群或早元古代不同层位不整合接触；上被汝阳群或高山河群等不整合覆盖。广泛分布于整个豫陕，并向北西延入晋南中条山南坡，向西延至陕西洛南。该群喷发岩厚度因地而异，如崤山厚约 7 100 m、王屋山厚约 5 000 m、熊耳山厚约 6 000 m、外方山厚约 3 000 m。由此显示其喷发中心在崤山、熊耳山、外方山和王屋山一带。具中心式和裂隙式喷发特征。

大古石组（相当于汉高山群下部地层）　该组主要为一套陆源碎屑岩建造（砂砾岩、砂岩、砂质页岩），局部夹少量安山岩。其下与太古宙太华（岩）群或早元古代不同层位呈不整合接触。该组区域分布局限、零星，仅在济源、栾川—洛宁、汝州等地有少量分布。其岩性和厚度变化较大，在王屋山厚 60～212 m、熊耳山厚 123 m、外方山厚 22 m。

许山组（相当于汉高山群上部地层）　岩石组合为安山岩、辉石安山岩、安山玄武岩夹少量流纹岩和火山碎屑岩。其下与大古石组整合接触，或不整合于太古宙、早元古代地层的不同层位之上。该组空间分布尚称稳定，惟厚度变化较大，崤山厚约 3 700 m、熊耳山厚约 2 400 m、王屋山厚约 3 000 m。崤山、熊耳山、外方山总体显示向东西两侧减薄，王屋山则向四周变薄。

鸡蛋坪组　主要为海陆交互相酸性火山喷发岩，与下伏许山组整合接触。崤山、熊耳山、外方山和鲁山地区常夹有火山碎屑岩和中性熔岩；王屋山地区该组底部有一层厚 10 m 以下的铁质、硅质岩及凝灰质砂砾岩；木植街一带夹有大理岩透镜体。其厚度变化急剧，如济源仅厚 100 m；崤山厚约 1 500 m；栾川厚约 1 300 m；鲁山厚约 1 600 m；方城厚约 390 m；叶县厚约 134 m。

马家河组　主要为中性火山熔岩，夹酸性熔岩、火山碎屑岩及正常沉积碎屑岩，偶夹灰岩。其下与鸡蛋坪组整合接触，上为汝阳群或高山河群不整合覆盖。由于海侵范围扩大，正常沉积比例增大，如山西垣曲层型剖面可见正常沉积夹层达 19 层之多，夹层总厚约 300 m；熊耳山区沉积夹层却相对减少，中酸性熔岩夹层有所增多。该组厚度变化较大，如王屋山厚约 2 000 m；崤山厚约 1 600 m；熊耳山厚约 2 300 m；鲁山厚约 1 300 m；方城厚约 850 m；叶县厚约 150 m。

就熊耳群火山岩系整体而言，具有高钾、富铁、低铝、少钙的特点，并呈明显的双峰态特征（孙枢，1981；孙枢等，1985）。

（2）汝阳群（与高山河群相当）　为一套轻微变质或未经变质的碎屑岩组合（以石英砂岩、长石石英砂岩、页岩为主，夹少量白云岩，底部常见砾岩）。由下而上划分为兵马沟、云梦山、白草坪、北大尖、崔庄、三教堂和洛峪口七个组，其中云梦山组至洛峪口组为一套海进序列的连续沉积。该群遍布豫西和王屋山区（河南济源、山西垣曲和阳城）。分布区内，岩性尚称稳定，但其厚度变化较大，一般在 1 000～1 600 m 之间，渑池最厚（1 880 m），太行山厚度减薄，仅 300～650 m 之间，且颇多层位缺失。

兵马沟组　现指分布于嵩山、王屋山及渑池以北的一套河流相扇积岩及成熟度很低的粗碎屑岩（砾岩、砂砾岩、砂岩、含砾粉砂质页岩组合）。其下以砾岩为标志，与太古宙登封（岩）群或中元古代下部熊耳群呈不整合接触，其上为马鞍山组或云梦山组底砾岩平行不整合覆盖。该组厚度变化急剧（在1km内，可由几百米变为几米），在嵩山厚约60 m；王屋山厚约880 m。

云梦山组（豫陕地层分区称云梦山组；华北南缘地层分区称鳖盖子组；山西地层分区太行山南段晋豫交界地带称大河组）　该组以紫红色的条带状不等粒石英砂岩和砾岩为主要特征。与下伏兵马沟组呈平行不整合接触，与熊耳群等老地层呈不整合接触。北部近源区沉积物为砂岩及多层砾岩，砂岩中多具柱状、板状层理，韵律明显。南部远源区沉积物多为砂岩、不等粒粗砂岩，砾岩罕见。北部近源区伴有河流三角洲沉积。该组总厚度一般变化在400～600 m之间，惟渑池地区最厚，可达1 000 m。

白草坪组（华北南缘地层分区、山西地层分区太行山南段分别称鳖盖子组和赵家庄组）以发育紫红色页岩、粉砂质页岩为其特征。其下与云梦山组整合接触。在其分布范围内岩性较稳定，渑池一带最厚，可达200 m；汝阳厚约110 m；宜阳厚约70 m；鲁山厚约120 m；方城厚约180 m。就其区域分布而言，西北部砂岩层位较多；东南部砂岩层位较少，页岩层位较多。

北大尖组（与燕山常州沟组、嵩山马鞍山组相当）　其下部沉积物主体为砂岩夹少量页岩、碳质页岩、海绿石砂岩及含铁石英砂岩；上部主要为砾屑白云岩及砂岩，颜色以灰白、黄褐、灰绿为主。白云岩空间分布很不稳定，常呈透镜状，砾屑白云岩与石英砂岩呈互层产出。在沉积区西北部白云岩厚且纯，东南部薄且杂。砂岩成分、结构成熟度相对较高，发育多种沉积构造。白云岩砾屑多为同生角砾。厚度一般在250～450 m之间，如在汝阳厚约240 m；渑池厚约440 m；宜阳厚约330 m；鲁山厚约470 m；舞阳厚约220 m。总体显示中部较薄，向北西、南东增厚。

崔庄组　其沉积物以杂色页岩为主，中夹少量砂岩、泥灰岩、钙质粉砂岩和菱铁矿薄层。与下伏北大尖组整合接触。在空间分布上，岩性较稳定，厚度变化在100～200 m之间（汝阳厚约130 m；渑池厚约190 m；宜阳厚约120 m；鲁山厚约133 m；方城厚约205 m；舞钢厚约160 m）。

三教堂组　该组岩性单一，主要为成熟度较高的石英砂岩。其与下伏崔庄组整合接触。主要分布于渑池（厚约32 m）、宜阳（厚约80 m）、鲁山（厚约200 m）等地。

洛峪口组　该组为一套碳酸盐岩夹碎屑岩组合（白云岩、页岩、粉砂质页岩、白云质灰岩）与下伏三教堂组整合接触，上被黄连垛组或罗圈组、辛集组平行不整合覆盖。在空间分布上，其岩性尚称稳定，厚度一般在50～180 m之间（汝阳厚约180 m；渑池厚约58 m；宜阳厚约53 m；鲁山最厚，达166 m；舞钢厚约114 m）。总体显示中部厚度大，向北西、南东减薄，叶县、方城因剥蚀而缺失。

(3) 官道口群（与燕山雾迷山组—铁岭组相当）　该群为一套以白云岩、燧石白云岩和叠层石白云岩为主体的镁质碳酸盐岩建造。由下而上可分龙家园、巡检司、杜关和冯家湾四组。其下伏地层因地而异（洛南、卢氏、灵宝一带为高山河群；中条山、外方山一带为汝阳群；熊耳山区为熊耳群），并呈整合、平行不整合或不整合接触。它主要分布于陕西洛南和豫西卢氏、栾川、方城等地，山西中条山亦有出露（仅残存龙家园组部分层位）。区域分布岩相较稳定，惟厚度变化较大，卢氏厚约1 500 m；栾川厚约2 500 m；方城厚约480～700 m。栾川以东则厚度减薄，且层位缺失严重，仅残存龙家园组。

龙家园组　该组为一套含燧石条带和叠层石的白云岩，底部以不稳定、厚度不大的砂砾岩为标志，或平行不整合覆于高山河群之上，或不整合覆于熊耳群之上。它主要分布于洛南、卢氏、栾川一带，南召、方城等地亦有零星出露。其空间分布岩性稳定，惟厚度略有变化，总体显示西厚东薄，如洛南厚约 1 100～1 200 m；卢氏厚 820 m；仅栾川厚约 1 400 m。

巡检司组　为一套富含叠层石的燧石条带白云岩，夹少量板岩。以含燧石条带和团块为特征，下以含砾及泥砂质、白云质板岩为标志，与龙家园组呈整合或平行不整合接触。在分布区内，岩性和厚度均较稳定，洛南厚约 600～700 m；卢氏厚约 400 m；栾川厚约 750 m。

杜关组　岩石组合单一，以白云岩为主，夹少量含砂砾泥质白云岩、砾屑白云岩。下以紫红色含砾砂质页岩为标志，与巡检司组呈平行不整合接触。在分布区内，该组岩性较稳定，厚度变化不大，洛南厚 175～265 m；卢氏厚约 200 m；栾川厚约 150 m。

冯家湾组　岩石仍以白云岩为主，具少量燧石条带，富含叠层石。下以厚层白云岩出现为标志，与杜关组呈整合接触；上以厚层白云岩消失为标志，被白术沟组整合或平行不整合覆盖。它主要分布于洛南（厚 100～200 m）、卢氏（厚 120～160 m）、栾川（厚约 400 m）一带。

(4) 栾川群　该群沿陕西洛南—豫西卢氏、栾川、南召、方城一带呈 NW－SE 向展布。栾川地区发育完整，其它各地皆断续出露，层位缺失亦较严重。这套浅变质的碎屑岩-碳酸盐岩组合，以富含碳质和夹石煤层为特色。依其四大沉积旋回由下而上划分为白术沟、三川、南泥湖和煤窑沟四组，各组之间皆为整合接触。其岩性和厚度空间变化较大，栾川一带，厚 1 700～3 100 m；洛南、卢氏一带，仅见白术沟组，厚 200～500 m；南召、方城一带，白术沟组为后期岩浆所侵，只残留中上部三个组，厚 700～3 100 m。其与下伏冯家湾组整合或平行不整合接触；其上多为断层破坏或被侵入岩吞噬。

白术沟组　岩性复杂，主要为千枚岩、石英岩、绢云石英钾长变粒岩、大理岩、绿泥石英片岩等（其原岩为碎屑岩夹碳酸盐岩组合）。其下以碳质千枚岩为标志，与冯家湾组呈整合或平行不整合接触。在区域上其岩性多变，如在卢氏一带主要为碳质板岩、含碳白云质灰岩及白云质大理岩等；洛南一带，则以碳硅质板岩为主；栾川以东该组缺失。其厚度变化急剧，在栾川层型剖面，该组厚 1 011 m；卢氏厚 242 m；洛南厚 30～510 m。

三川组　下段为石英砂岩夹少量千枚岩，底部为含细砾石英粗砂岩；上段为黑云母大理岩、绢云母大理岩夹绢云钙质片岩等。下以含细砾石英砂岩为标志，与白术沟组呈整合接触。在区域上该组岩性较稳定，厚度变化不大，如栾川厚 320～450 m；方城一带，该组平行不整合覆于龙家园组之上，厚 140～340 m。

南泥湖组（与淮南寿县组、徐淮城山组、鲁西佟家庄组、鲁东辅子夼组、辽东桥头组相当）　可分三段：下段为石英岩；中段为二云片岩、碳质绢云片岩及钙质片岩夹石英岩、大理岩；上段为大理岩、云母大理岩。下以石英岩为标志，与三川组呈整合接触。它主要分布于栾川县南泥湖及黄背岭向斜南北两翼，厚度急剧变化，如栾川厚 310～510 m；南召厚 240 m；方城厚 345～1 536 m。该组底部石英岩在分布区内比较稳定。

煤窑沟组　下部为石英岩、二云片岩、石英大理岩；中上部为白云石大理岩、叠层石大理岩夹石英岩及磁铁云母片岩、石煤层等。下以石英岩为标志，与南泥湖组呈整合接触，其上被罗圈组不整合覆盖。在分布区内该组岩性基本稳定，惟厚度变化较大，在栾川厚 855～1 194 m；南召厚 630 m；方城厚 1 456 m。

(5) 罗圈组和东坡组　罗圈组（与华北西缘地层分区正目观组下段相比）岩性为一套冰

碛泥砂质砾岩、含砾页岩夹砂岩。下以砾岩为标志，与董家组或汝阳群平行不整合接触，其上与东坡组呈整合过渡关系或被早寒武世辛集组平行不整合覆盖。广布于河南灵宝、卢氏、宜阳、汝州、鲁山、平顶山、遂平、确山等地，山西永济、芮城、平陆和陕西洛南、陇县、岐山亦有出露。在分布区内，其厚度变化在10～200余米之间，并超覆在不同层位之上。东坡组（与华北西缘地层分区正目观组上段相比）主要为粉砂质页岩、页岩，夹少量砂岩、海绿石粉砂岩等。其下与罗圈组呈整合接触；上被早寒武世辛集组平行不整合覆盖。其分布范围略小于罗圈组。

3. 山西地层分区

区内晚前寒武纪地层广泛分布于中条山—王屋山、太行山、恒山—五台山和吕梁山四个地区。各地发育的晚前寒武纪地层在产出层位、岩石组合、地层命名等方面均有较大差异。其中既有蓟县型、豫西型，亦有介于二者之间的过渡型或产出于常州沟组之下者，堪称类型多样。现仅概述出露于太行山一带的大河组、赵家庄组，其余分别在豫陕和燕辽地层分区中予以简介。

（1）大河组　指太行山南段沉积地层最底部，赵家庄组之下的一套淡红色石英岩状砂岩与灰紫色含铁质石英砂岩互层或互为条带状的碎屑岩组合。与上覆赵家庄组整合接触，或直接被寒武纪馒头组不整合覆盖；与下伏前长城纪变质岩系呈不整合接触。

主要分布于山西壶关、陵川，在赵家庄组之下，其岩性主要为石英岩状砂岩，以红、白相间的条带为特征而区别于常州沟组。地层厚度由南向北变薄（135～0 m），反映了自南而北的超覆。河南境内太行山区分布较为广泛。

（2）赵家庄组　指分布于太行山南段沉积地层底部，常州沟组之下的一套以紫红色页岩、泥岩夹叠层石白云岩为主，底部为含铁角砾岩的岩石组合。其上被常州沟组平行不整合覆盖；其下与大河组整合接触或与前长城纪变质岩系呈不整合接触。

在太行山南段，该组与常州沟组常相伴产出。在河北省赞皇、井陉、内邱、武安和山西省黎城、左权、昔阳以及河南省林县等地均有分布。在赵家庄附近厚66～76 m，山西黎城一带厚约170 m，总体显示西厚东薄。

赵家庄组岩相变化不大，惟其含叠层石白云岩夹层及底部角砾岩层在横向上变化较大，主要表现为白云岩层数的多寡和角砾岩厚度的差异。

4. 华北西缘地层分区

区内中、晚元古代地层，集中分布于贺兰山中段—北段。其岩石地层单位自下而上称黄旗口组、王全口组和正目观组。

（1）黄旗口组　现指不整合覆于太古宙片麻岩之上，平行不整合伏于王全口组之下的一套岩石组合。其岩性下部为石英岩、石英岩状砂岩和石英砂岩夹少量板岩、砂质板岩；上部则以厚层硅质白云岩（含燧石条带）为主夹石英砂岩、板岩等。其下部的石英岩以特有的铁红色为标志；上部的硅镁质碳酸盐岩常夹有石英砂岩、板岩，且以灰白色调及稀疏的硅质条带为特征。

分布于各地的黄旗口组在岩相、岩性和厚度上均显示较大的变化。贺兰山北段及东南部全为碎屑岩，王全口一带厚283 m；贺兰山中段（冰沟—圈渠沟）下部以碎屑岩为主，上部则以硅镁质碳酸盐岩为主，以冰沟为中心，其厚度有向北向东变薄之势。至贺兰山北端则逐渐尖灭缺失。另在桌子山、冈德尔山等地为石英砂岩夹页岩，厚约300 m，在时代上具穿时性。

（2）王全口组　现指平行不整合覆于黄旗口组之上，为一套以含硅质条带、结核的白云岩为主（下部有少量石英砂岩、粉砂岩、钙质板岩及砾岩等）的地层。其上与陶思沟组或正目观组呈平行不整合接触。

该组岩相、岩性和层序在分布区内尚称稳定，惟在厚度上显示了由南向北变薄之势。如同心青龙山，该组未见底，出露厚度大于707 m；黄旗口冰沟，厚726 m；百寺口，厚486 m；王全口，仅厚118 m。此外，向北延至内蒙古冈德尔山—桌子山一带亦有零星出露。

(3) 正目观组　该组与下伏王全口组、上覆雨台山组皆呈平行不整合接触。其下部以浅灰—深灰色块状钙质白云质角砾岩为主；上部由灰绿—灰黑色砂质板岩、板岩夹少量砂岩组成。

在区域分布上，其厚度变化较大，但各地岩石组合及序列则大体一致。如黄旗口冰沟，厚约213 m；向北贺兰县苏峪口，厚约125 m；再向北则缺失。此外，同心县青龙山该组仅厚35 m。

5. 阴山和华北北缘地层分区

(1) 渣尔泰山群（与燕山中元古代长城纪地层相当）　该群为遭受低绿片岩相变质和多期构造变形的陆相—浅海相地层，原始沉积由向上变细再变粗的碎屑岩、页岩、碳酸盐岩所组成，由下而上划分为书记沟、增隆昌、阿古鲁沟和刘鸿湾四个组。其下与晚太古代岩群呈不整合接触；其上，推测被什那干群不整合覆盖。渣尔泰山群广泛分布于固阳至狼山一带。由渣尔泰山向东西两侧延伸，其地层厚度及岩性均有较大变化。

书记沟组　为一套陆源碎屑岩组合，下部为砾岩、含砾粗粒石英砂岩和石英砂岩；上部为粉砂岩、泥岩夹粗粒石英砂岩、粉砂岩与泥岩互层，厚约1 000 m。其下与晚太古代乌拉山（岩）群呈不整合接触。本组横向延伸不稳定，仅南阿鲁忽洞和四座大门两地出露较全。

增隆昌组　其岩石组合，底部为长石石英砂岩；中部石英砂岩夹泥灰岩、泥岩；上部碳酸盐台地相白云质灰岩、硅质条带结晶灰岩。其与下伏书记沟组呈整合接触。该组西自庆格勒图，经狼山、渣尔泰山，东至固阳地区皆呈零星出露。阿拉善左旗的增隆昌组岩石组合特征与乌拉特前旗的建组剖面大体相似，厚度可达2 800 m；阿贵庙及布丹附近，主要岩石组合为石英砂岩、碳质板岩及灰岩，厚达2 000 m；临河市东升庙一带，主要岩性为石英岩、碳质绢云千枚岩及结晶灰岩，厚276 m。其岩性、厚度变化较大。

阿古鲁沟组　主要岩石均富含碳质。下部为暗灰色板岩、碳质粉砂质板岩；上部为泥质结晶灰岩。与下伏增隆昌组呈平行不整合接触。该组在区内分布广泛，西自乌拉特后旗，东经乌拉特前旗，直至固阳和武川均有分布。其中以固阳县前康兔沟至黑土坡一带，地层层序较为齐全，主要岩性为变质粉砂岩和粉砂质泥质板岩，厚3 200 m；阿古鲁沟—甲生盘地区，岩性主要为灰黑色泥质板岩与灰色变质长石石英砂岩、泥灰岩等，厚1 784 m。该组中上部为层状铜铅锌和硫铁矿的含矿层位。临河市东升庙—呼勒斯太东部，其下部为变质砂岩，上部为碳质粉砂质泥晶灰岩夹变质砂岩等，厚达4 371 m。该组岩性、厚度空间变化较大。

刘鸿湾组　为一套浅变质的陆源碎屑岩组合，主要由含砾石英岩、中薄层状石英岩及长石石英砂岩夹少量白云质灰岩等组成，厚300～500 m。与下伏阿古鲁沟组呈整合接触，除第四系外，未见直接的上覆地层。该组局限分布于刘鸿湾、红壕村和五分子等地，其岩性皆为成熟度较高的陆源碎屑岩。

(2) 什那干群（燕山高于庄组的西延部分）　该群为一套以碳酸盐岩为主的沉积建造。下部为石英砂岩、砂岩和页岩；上部以燧石条带白云岩和硅质白云质灰岩为主，夹含锰灰岩，最上部产叠层石，厚约1 000 m。其与下伏晚太古代乌拉山（岩）群呈不整合接触。其上为寒武系平行不整合覆盖。什那干群零星分布于内蒙古五原、固阳、武川、察右后旗直至河北尚义等地，其中以乌拉特前旗勺头山及其附近之山黑拉出露最佳。在分布区内，岩性比较稳定，厚度则因侵蚀剥蚀，由西向东渐薄。另在卓资山一带，主要为硅质条带灰岩和泥质条带灰岩，富含叠层石，厚536 m。

6. 鄂尔多斯地层分区

汉高山群（相当豫陕地层分区熊耳群下部层位）

吕梁山中段汉高山一带，该组为不整合于太古宙界河口（岩）群或吕梁（岩）群之上，寒武系之下的一套以碎屑岩和中基性火山岩为主的岩石地层。据其岩性组合及不整合接触关系，划分为三个组。第一组为灰黄色砾岩、长石砂岩、砂质页岩、紫红色泥（页）岩；第二组主要为含砾砂岩；第三组以安山岩为主。

该群分布局限零星。在汉高山一带全部出露面积仅5 km^2，三个组总厚度大于500 m；娄烦白家滩小两岭仅出露第三组（即小两岭安山岩），面积约3.5 km^2，厚度约490 m；关口一带，地表未出露，据物探资料推测其分布面积可达20 km^2。

7. 徐淮地层分区

北界鲁南枣庄—苏北沛县、丰县，南界皖北合肥—金寨一线。

区内晚元古代地层发育完整，分布广泛，北起苍山、徐州、铜山、邳县、淮北、宿州、灵璧，南至凤阳、淮南和寿县等地均有出露，为陆表海潮汐动荡环境下形成的一套由下部碎屑岩和上部碳酸盐岩组成的地层序列。总厚约5 000 m。其与下伏晚太古代泰山（岩）群或早元古代凤阳群呈不整合接触；与上覆早寒武世猴家山组呈平行不整合接触。

就徐淮盆地海相沉积的整体而言，由下而上岩石地层单位可划分为曹店组（徐州地区缺失）、伍山组（兰陵组）、刘老碑组（新兴组）、寿县组（城山组或四十里长山组）、九里桥组（贾园组）、四顶山组（赵圩组、倪园组、九顶山组）、张渠组、魏集组、史家组、望山组。

(1) 曹店组　为一套红色铁质砂砾岩，下界与凤阳群呈不整合接触。以含铁质为特征，局部富集成鲕状、肾状赤铁矿凸镜体。区域分布局限，出露零星。凤阳山区，厚约18 m；霍邱周集，厚约21 m。

(2) 伍山组　为一套灰白色石英砂岩。与下伏曹店组呈平行不整合接触，或超覆于凤阳群不同层位之上。全区岩性单一、稳定。苏皖交界的泗县最厚，大于560 m；向北至山东兰陵减薄，仅厚13～40 m；丰县一带缺失。向南至凤阳、淮南一带减薄，厚19～192 m。其厚度变化总体显示向南、向北减薄。

(3) 刘老碑组　为一套黄绿色页岩、粉砂岩、泥灰岩组合。其与下伏伍山组呈整合接触。

全区岩性稳定，惟厚度多有变化，邳州一带，推测厚度大于453 m（据钻孔资料），其西北之丰县、沛县则缺失沉积，北至苍山则减薄为124 m以下；南至凤阳、淮南，一般厚700～800 m，局部可达1 072 m。

(4) 寿县组（又称城山组或四十里长山组）　现指整合于刘老碑组之上的一套成熟度颇高的浅灰色含钙石英砂岩及长石石英砂岩组合，厚45 m。区内岩性尚稳定，向西延伸钙质成分有所增高。凤阳一带厚93 m，向东西两侧减薄为35～45 m；北延至江苏泗县厚223 m，至邳县厚420 m，贾汪则减薄为99 m，丰县、沛县一带缺失。

(5) 九里桥组　现指整合于寿县组之上的一套砂质灰岩、泥灰岩地层，总厚26 m。

区域分布，邳州一带出露厚度大于690 m，向西北至贾汪仅厚32 m，丰县、沛县一带缺失。向西南仅局限分布于淮南—凤阳山区，厚百余米。

(6) 四顶山组　该组介于下伏九里桥组与上覆雨台山组或凤台组或猴家山组等不同层位

之间，下界以出现白云质为标志，上界以白云质消失为标志。总体岩性为一套厚—薄层白云岩。总厚800余米。

该组在淮南一带，岩性稳定，厚度变化在800～900 m之间；睢宁一带厚达600余米，邳县厚约300 m，铜山厚约200 m，丰县、沛县一带缺失，总体显示由南东向北西减薄。

(7) 倪园组　现指赵圩组之上，九顶山组之下一套以薄—中厚层灰岩夹白云质灰岩、砾屑灰岩为主的地层。其下与赵圩组呈整合接触，其上与九顶山组整合接触或被寒武系所超覆。该组在区内岩相稳定，其厚度在江苏睢宁、安徽灵壁一带最大（大于500 m），向北、向西减薄，甚至缺失或遭剥蚀。

(8) 九顶山组　指倪园组之上，张渠组之下一套深灰色厚层灰岩及白云岩，底部夹多层砾屑灰岩，总厚370 m。其下与倪园组呈整合接触，其顶界往往为猴家山组所超覆。

在苏皖交界的九顶山一带，该组下部钙质含量高，向北、向西则白云质增高，总厚约370 m。淮北岩性稳定，淮南一带则白云质含量较高。在苏皖交界的九顶山一带，该组厚约370 m，向西、向北减薄。

(9) 张渠组　现指魏集组之下，九顶山组之上一套厚层灰岩夹页岩、白云岩组合。由下而上以白云质增高、丘状叠层石礁体发育为其特征。该组在九顶山一带，地层厚度最大（约370 m），向西、向北、向南逐渐变薄，如宿州市以北的夹沟，仅厚135 m；淮南一带，该组缺失。

(10) 魏集组　指整合于下伏张渠组、上覆史家组之间的一套以青灰—紫红色叠层石灰岩为主，夹厚层灰岩与页岩的岩石组合。该组仅分布于淮北一带，岩性稳定。以苏皖交界的九顶山一带最厚（大于300 m），向南、北、东渐变薄，甚至缺失。

(11) 史家组　为一套上部和下部以碳酸盐岩为主，中部夹碎屑岩的复杂岩石地层（碳酸盐岩与含海绿石细陆屑的混积）。其下与魏集组呈整合接触。该组仅在淮北地区出露，局限于黑峰岭与史家一带，往北可延入江苏境内，岩性稳定，但出露不全，宿州解集一带，厚度最大（约400 m）。

(12) 望山组　指整合于史家组之上，平行不整合覆于金山寨组之下的一套由泥质条带灰岩与钙质页岩组成的韵律层。自下而上以泥质减少，钙镁和硅质增高为其特征。复合丘状叠层石礁体发育。该组分布局限，岩性稳定。宿州褚兰、栏杆一带，地层厚度可达470余米。

8. 鲁西地层分区

土门群　系指鲁西安丘—莒县断裂西侧晚太古代泰山（岩）群与寒武纪长清群之间以砂岩、页岩、灰岩旋回性沉积为特征的岩石地层单位。其与下伏泰山（岩）群呈不整合接触；与上覆寒武纪长清群为平行不整合或局部不整合接触。自下而上划分为黑山官组、二青山组、佟家庄组、浮来山组和石旺庄组。以上5组皆为山东省地质局地质综合研究队磷矿组于1979年所创立。其空间分布，岩性尚称稳定，厚度多变，由数米至几百米，总体显示由南东向北西变薄。

黑山官组　为一以含海绿石石英砂岩、暗紫色页岩为主的岩石组合，与下伏泰山（岩）群呈不整合接触。仅北部昌乐黑山官庄、中部莒县浮来山、南部苍山及台儿庄几个孤立地点有所分布。岩性变化不大，厚度小于14 m；浮来山出露厚度最大，余者多在2～3 m之间。

二青山组　为一套石英砂岩、蛋青色薄层灰岩、钙质页岩及泥灰岩组合。其下与黑山官组呈平行不整合（局部不整合）接触。区内南部苍山兰陵一带厚度最大，达300 m，二青山则厚约150 m，有由南东向北西减薄之势；北部仅在昌乐黑山官庄一地出露。

佟家庄组　为一套砂岩（或藻灰岩）、页岩组合，其下与二青山组呈平行不整合接触。从空间分布看，其岩性尚称稳定，厚度则因地而异。南部苍山兰陵厚约 240 m，二青山仅厚 37 m；中部沂水佟家庄厚约 290 m，黄山铺仅厚 100 m；北部安丘荆山洼厚约 300 m，昌乐黑山官庄仅厚 15 m。上述仍显示有由南东向西北减薄之势。

浮来山组　为一套以细一粉砂岩为主，夹少量页岩及泥灰岩的岩石组合，与下伏佟家庄组呈整合接触。在空间分布上，岩相较稳定，厚度则显示了南北厚（70～100 m 之间），中间薄（如浮来山厚约 60 m）的态势。

石旺庄组　指以砂质灰岩、白云质灰岩、白云岩为主，局部夹少量页岩的岩石地层单位。其下与浮来山组呈整合接触；其上被寒武纪长清群平行不整合覆盖。其区域分布，岩相稳定，厚度由东向西减薄。该组灰岩中颇多地震成因的液化泥晶碳酸盐脉，有趣的是徐淮地区的贾园组、赵圩组、九顶山组、魏集组、望山组灰岩中皆有显示（乔秀夫等，1994）。

9. 辽东地层分区

集中分布于辽东太子河—复州—大连和吉南浑江—鸭绿江—三统河等地的晚元古代地层，以辽东发育最为完整，可作代表。区内岩石地层单位由下而上包括永宁组（吉南称白房子组）、细河群（钓鱼台组、南芬组、桥头组）、五行山群（长岭子组、南关岭组、甘井子组）、金县群（营城子组、十三里台组、马家屯组、崔家屯组、兴民村组）以及与金县群崔家屯组、兴民村组相当的吉南浑江群（万隆组、八道江组、青沟子组）。现分别简述如下：

（1）永宁组（鲁西称黑山官组；淮南一带称曹店组；吉南地区称白房子组）　该组岩性为砾岩、含砾砂岩和长石杂砂岩。其下与辽河群或鞍山（岩）群呈不整合接触。区域上厚度变化急剧（由 100～4 000 余米），瓦房店一带厚约 440 m。

（2）细河群　该群由下部钓鱼台组（石英砂岩夹页岩、粉砂岩）、中部南芬组（泥灰岩、页岩）和上部桥头组（石英砂岩夹页岩、砂质页岩）组成。其下与永宁组呈整合或平行不整合接触，与鞍山（岩）群、辽河群呈不整合接触；其上为五行山群整合覆盖或被早寒武世地层平行不整合覆盖。

钓鱼台组　为灰白色、浅褐色石英砂岩，夹页岩、粉砂岩组合。在横向上其岩性尚稳定，仅在复县和新金县两地该组不含海绿石。其厚度因地而异，本溪厚约 226 m；辽阳厚约 115 m；复州厚约 210 m；新金县厚约 70 m。吉南该组岩性基本稳定，惟厚度变化较大，如北部的样子哨—抚民屯一带缺失钓鱼台组，柳河一带亦发育不全，浑江盆地有由北东向南西增厚之势。

南芬组　为一套黄绿、紫色页岩、泥灰岩组合。其下与钓鱼台组呈整合接触。在区域分布上，该组岩性、厚度多变。本溪一带，底部夹含海绿石石英砂岩，厚约 733 m；瓦房店一带，则为粉砂岩、石英砂岩和泥晶灰岩，厚约 560 m；在大连地区该组有轻微变质，下部为板岩、千枚岩，局部夹石英砂岩透镜体；中部为青灰色中厚层大理岩或结晶灰岩；上部为灰、灰绿色千枚岩、板岩，厚 254～442 m。在吉南地区，其岩性尚属稳定，以八道江青沟子最为发育，厚约 1 200 m，由此向东、西两侧呈减薄之势；柳河一带厚约 790 m。

桥头组（徐淮及淮南一带分别称城山组和寿县组；鲁西称佟家庄组；鲁东称辅子夼组；华北南缘称南泥湖组）　该组为一套灰、灰白、黄褐色石英砂岩夹黄绿、灰黑色页岩及砂质页岩组合。其岩性、厚度空间变化大，如本溪一带夹泥灰岩薄层，厚约 175 m；辽阳相变为长石石英砂岩夹页岩，厚约 124 m；复州厚 340～512 m；大连一带则为石英岩、板岩。在太子河—复州—大连一线，总体显示厚度逐渐增大。吉南该组岩相稳定，惟厚度有所变化，浑江流域青沟子—三道江厚度最大（224～248 m），其北东之抚松仅厚 85 m，南东之通化三道江厚

120 m。

(3) 五行山群　青地乙治 1928 年创名于辽宁省复州金家城子西北五行山及普兰店—得利寺一带。该群由下部长岭子组（细碎屑岩夹泥灰岩）和上部南关岭组、甘井子组（皆为碳酸盐岩组合）构成。其下与细河群整合接触。

长岭子组（徐淮及淮南一带分别称贾园组和九里桥组；鲁西称浮来山组；鲁东称马山组）　为一套千枚岩、板岩、页岩、粉砂岩，夹细砂岩、泥灰岩、粘土质粉屑灰岩组合。其下与桥头组呈整合接触。

该组主要分布于大连、复州地区。复州地区该组未经变质，岩性主要为正常沉积岩（页岩、细砂岩、含海绿石石英砂岩及泥晶灰岩），厚达 1 096 m。旅顺及鲁东蓬莱地区该组轻微变质，由千枚岩、板岩及粘土质灰岩等组成，厚 1 537 m。

南关岭组（徐淮及淮南一带分别称赵圩组和四顶山组；鲁西称石旺庄组；鲁东称香夼组）　其岩性为一套泥晶灰岩、砂质灰岩，顶部偶尔发育较薄的粘土质粉砂岩。与下伏长岭子组呈整合接触。分布区内，该组岩性尚称稳定，地层总体显示由北向南增厚，如复州厚约 150 m；金州厚约 164 m；旅顺厚约 800 m。

甘井子组（徐淮称倪园组和九顶山组）　以白云岩为主体，以富含燧石条带和叠层石为特征。与下伏南关岭组呈整合接触。主要分布在大连、复州地区，大连市甘井子区白云岩富含燧石条带和叠层石，近上部为粉晶白云质灰岩，厚约 850 m；复州一带，该组中部夹硅质层及石英砂岩扁豆体，上部缺失白云质灰岩，厚约 400 m。由大连向北地层有减薄之势。

(4) 金县群　该群下部以碳酸盐岩为主，上部以碎屑岩为主。自下而上分为营城子组、十三里台组、马家屯组、崔家屯组和兴民村组。其与下伏五行山群甘井子组呈整合接触，其上被早寒武世葛屯组平行不整合覆盖。

营城子组（徐淮称张渠组）　以灰岩为主，底部灰岩产叠层石，上部夹页岩。分布区内厚度由南向北减薄，粘土质岩石增多。大连厚约 316 m；复州则仅厚 83 m，且夹钙质页岩及页岩。

十三里台组（徐淮称魏集组）　岩石组合以紫红、紫灰、灰色叠层石灰岩为特征，与下伏营城子组整合接触，在区域上总体显示由南向北及由西向东增厚的趋势。该组在大连一带，厚约 196 m；金州一带，以页岩为主，夹紫红色叠层石灰岩，厚 96～155 m；复州地区粘土质岩大减，只发育泥灰岩和灰岩，老虎山一带仅厚约 88 m。

马家屯组（相当于徐淮史家组下部）　主要为薄层—中厚层含粘土质泥晶灰岩，夹砾屑灰岩，上部夹页岩。其下与十三里台组整合接触。分布区内该组岩性稳定，厚度由南向北变薄，如金州北山，厚约 82 m；复州老虎山厚约 43 m。

崔家屯组（相当于徐淮史家组中部）　主要由灰绿、黄绿色粉砂质页岩、页岩夹薄层海绿石细粒石英砂岩及含海绿石长石石英砂岩、叠层石泥晶灰岩透镜体组成。其下与马家屯组整合接触。该组分布于金州和复州地区，金州七顶山，在顶部黄绿色页岩中发育叠层石泥晶灰岩透镜体，厚约 91 m；复州老虎山，砂质及粉砂质成分有所增加，叠层石灰岩不发育，厚约 86 m。

兴民村组（相当于徐淮史家组顶部及望山组）　下部为含铁石英砂岩、石英岩状砂岩、海绿石石英砂岩夹页岩、粉砂岩；中部为页岩夹薄层泥灰岩；上部为粉屑灰岩、细晶灰岩、层纹石灰岩夹页岩、钙质页岩。其下与崔家屯组呈整合接触；其上被早寒武世葛屯组平行不整合覆盖。

该组主要分布于大连、金州和复州一带，在横向上岩性尚称稳定，厚度稍有变化，如在金州满家滩厚约 388 m；金州陆海村厚约 265 m。

(5) 浑江群（与辽东金县群相当）　现指吉南浑江流域早寒武世水洞组平行不整合面之下，桥头组石英砂岩之上以碳酸盐岩为主的地层序列。由下而上划分万隆、八道江和青沟子三组。

万隆组（大致相当于辽东半岛崔家屯组）　岩性以砂屑灰岩为主，间有砾屑灰岩层，并夹有多层粉砂岩，灰岩中常见泥晶脉。其下与桥头组整合接触。该组在区域上变化不大，岩相基本稳定，仅在厚度上有较大变化，如浑江盆地青沟子，以碳酸盐岩为主，夹少量陆源碎屑岩，厚 621～700 m；通化一带以砂屑泥晶灰岩为主，夹砾屑灰岩、隐藻灰岩，厚 233 m；长白、抚松一带，岩石组合为砂屑泥晶灰岩—含粉砂泥晶灰岩—钙质页岩，韵律明显，厚 528～562 m。

八道江组（大致相当于辽东半岛兴民村组下部）　系由浅色碎屑灰岩、叠层石灰岩组成的礁层。其下与万隆组呈整合接触。在浑江盆地，八道江组岩性尚属稳定，惟厚度有所差异，如横道村附近厚达 470 m，烟屯山一带厚约 430 m，青沟子厚约 300 m，大阳岔厚约 530 m。分布于鸭绿江盆地及三源浦—抚民屯盆地的八道江组，岩性与浑江盆地相近，但厚度变薄。

青沟子组（大致相当于辽东半岛兴民村组中上部）　系由沥青质灰岩、泥晶脉灰岩、泥质灰岩、黑色页岩组成。其下与八道江组呈整合接触，上被早寒武世水洞组平行不整合覆盖。该组在浑江流域比较发育，但岩相厚度多变。青沟子、上甸子、大阳岔为盆地中心，层序较全；其东侧之大东、平川一带，厚度大减；青沟子以西的黑沟厚仅 80 m，通化水洞一带则仅出露沥青质灰岩。

10. 鲁东地层分区

蓬莱群　该群已轻微变质，为一套由大理岩、千枚岩、板岩夹石英岩，顶为灰岩，底为砾岩组合而成的岩石地层单位（其原岩为砂岩、泥岩及泥灰岩）。其下与早元古代粉子山群或晚太古代胶东（岩）群呈不整合接触，其上为白垩系或第四系所覆盖，总厚约 4 000 m。自下而上分为豹山口、辅子夼、马山和香夼四组，各组间皆为整合关系。它主要分布于栖霞、福山一带，龙口、蓬莱及庙岛群岛亦零星出露。其岩性和厚度空间分布皆不稳定。

豹山口组　现指由杂色板岩夹肉红色、灰绿色、灰白色大理岩及底砾岩组合而成的岩石地层单位，与下伏粉子山群或胶东（岩）群呈不整合接触。属低绿片岩相变质，原岩为泥质、泥灰质碎屑岩和碳酸盐岩。糜棱岩化普遍，在大理岩中表现尤为强烈。

该组主要分布于栖霞寨里于家至侯家口。豹山口、福山东龙夼、蓬莱大辛店西亦有零星出露。栖霞县寨里于家—陡崖一带，厚达 1 213 m。该组出露总面积约 50 km^2。

辅子夼组　现指白色石英岩夹少量棕黄色、青灰色硅质板岩组合，与下伏豹山口组呈整合接触。原岩为石英砂岩及粘土岩，属低绿片岩相变质。该组主要分布于栖霞辅子夼—福山高疃一带，蓬莱阁、长山列岛、龙口屺崓岛亦有零星出露。栖霞寨里于家—陡崖一带，厚达 584～826 m。该组出露总面积约 100 km^2。

马山组　原称“南庄组”，因其词根“南庄”一名，已为何春荪于 1954 年用于台湾省苗栗县南庄镇附近的上第三系“南庄层”，故易名马山组（《中国地层典》新元古代部分，1996）。该组为一套黄绿色、青灰色板岩夹青灰色大理岩组合。其下与辅子夼组呈整合接触。主要分布于栖霞南庄—陡崖一带及福山高疃附近，蓬莱龙山、宁家、龙口水亭村亦有出露。出露总面积约 50 km^2。各地岩性皆为板岩及大理岩组合。陡崖一带，厚达 1 285 m。该组原岩为泥岩、粉砂质泥岩和泥灰岩，属低绿片岩相变质。

香夼组　系一套青—灰黑色厚层灰岩夹薄层泥灰岩、白云质灰岩组合。其下与马山组呈整合接触，未见顶。该组主要分布于栖霞县臧格庄、香夼、中桥、高格庄等地，蓬莱泊李家、龙口水亭村亦有零星出露，出露总面积约 50 km^2。栖霞陡崖—香夼，该组厚达 1 021 m。

二、生物地层和年代地层划分

（一）生物地层特征

30 年来，我国华北区前寒武纪古生物学的研究，已取得令人瞩目的进展和突破，并积累了内容极为丰富的实际资料。当前国际上关于地球早期生命演化几个主要阶段的推定（真核细胞出现于 1 800～1 700 Ma，减数分裂和有性生殖可能出现于 1 700～1 200 Ma，多细胞生物大量出现于小于 1 000～900 Ma），主要基于我国前寒武纪古生物学家 80 年代以来的重要研究成果和实际资料。这标志着我国在前寒武纪生物圈研究领域里，与国际上相比，至少处于同一研究水平。我国前寒武纪古生物学家日益成为围绕"早期生命演化"这一世界性科学难题进行探索活动的一支劲旅，并做出了重要贡献。当然，这亦与我国华北地区得天独厚地广泛发育了上前寒武系不无关系。

"八五"期间，由地质矿产部天津地质矿产研究所等 5 个单位近 20 名专家组成的专题组，以燕山和胶辽徐淮两地区为基础，以蓟县层型剖面和辽南辅助剖面为代表，对全华北中、晚元古代的古生物面貌、分布特点和演化趋向等做了较高层次的研究和总结。

本文在前人研究和实际资料的基础上，并重点参考了《华北地台中、上元古界生物地层序列》（朱士兴、邢裕盛、张鹏远等，1994），经综合、归纳，将华北区中、晚元古代主要岩石地层单位所含各类化石的代表属由下而上概述如下：

（1）串岭沟组（下段）—常州沟组　微古植物代表属：*Schizofusa*，*Diplomembrana*，*Leiopsophosphaera*，*Trachysphaeridium*，*Kildinella*，*Foliomorpha*，*Valvimorpha*.

（2）串岭沟组（中部）　宏观藻类代表属：*Chuaria*. 微古植物代表属：*Leiopsophosphaera*. 微体藻类代表属：*Siphonophycus*，*Rhicnonema*，*Oscillatoriopsis*.

（3）团山子组（上部）　叠层石组合Ⅰ：*Gruneria*，*Djulmekella*，*Xiayingella*，*Eucapsiphora*. 微体藻类代表属：*Gunflintia*，*Eomycetopsis*，*Cyanonema*，*Rhicnonema*，*Huroniospora*.

（4）高于庄组—雾迷山组　叠层石组合Ⅱ：*Conophyton*，*Tabuloconigera*，*Confusoconophyton*. 叠层石组合Ⅲ：*Pseudogymnosolen*，*Conophyton*. 微古植物代表属：*Asperatopsophosphaera*，*Pseudofavososphaera*，*Trematosphaeridium*. 微体藻类代表属：*Eomycetopsis*，*Siphonophycus*，*Oscillatoriopsis*，*Palaeolyngbya*，*Saccolyngbya*，*Archaeoellipsoides*. 雾迷山组除富含上述蓝藻化石外，还含有少数归属真核藻类多毛藻科、松藻科、鼓藻科和团藻科的 *Templuma*，*Nuia*，*Hyalothecopsis*，*Uronemopsis*，*Pandorinopsis* 等属。高于庄组宏观藻类代表属：*Wumishania*，*Sangshuania*（*Grypania*）.

（5）洪水庄组（上部）—铁岭组（下部）　叠层石组合Ⅳ：*Chihsienella*，*Conophyton*，*Tielingella*，*Baicalia*，*Anabaria*. 宏观藻类代表属：*Chuaria*. 微体古植物代表属：*Quadratimorpha*，*Triangumorpha*，*Leiofusa*，*Pseudozonosphaera*.

（6）下马岭组（下部）　宏观藻类代表属：*Chuaria*，*Shouhsienia*，*Ovidiscina*. 微体古植

物代表属：*Jixiania*，*Arctacelluaria*，*Taeniatum*，*Polysphaeroides*.

(7) 下马岭组（中—下部） 微古植物代表属：*Microconcentrica*，*Gloeocapsomorpha*，*Tasmanites*.

(8) 下马岭组（上部） 叠层石组合Ⅴ：*Qingbaikounia*，*Linella*，*Gymnosolen*，*Jurusania*，*Lnzeria*.

(9) 长龙山组（上部） 宏观藻类代表属：*Longfengshania*，*Paralongfengshania*，*Paralaminarites*. 微古植物代表属：*Synsphaeridium*，*Volyniella*，*Coneosphaera*，*Stigonematopsis*.

(10) 辽南桥头组、长岭子组、淮南刘老碑组 后生动物代表属：*Sabellidites*，*Paleolina*. 宏观藻类代表属：*Shouhsienia*，*Pumilibaxa*，*Tawuia*，*Chuaria*，*Vendotaenia*. 微体古植物代表属：*Paleasphaeridium*，*Orygmatosphaeridim*，*Tasmanites*.

(11) 辽南南关岭组、甘井子组、营城子组、十三里台组、崔家屯组、兴民村组 叠层石组合Ⅴ(B—D)：*Boxonia*，*Linella*，*Patomia*，*Gymnosolen*，*Katavia*，*Conophyton*，*Xingmincunella*，*Wuhanshania*. 微体藻类代表属（甘井子组）：*Obruchevella*，*Animikiea*，*Siphonophycus*，*Eoentophysalis*，*Melasmatosphaera*，*Tetraphycus*.

(12) 辽南甘井子组、徐淮倪园组、九顶山组、四顶山组和吉南八道江组 微体藻类化石代表属多数仍为下伏地层的贯通分子：*Obruchevella*，*Animikiea*，*Eomycetopsis*，*Siphowophycus*，*Oscillatoriopsis*，*Melasmatosphaera*，*Tetraphycus*. 微体古植物代表属：*Micrhystridium*，*Baltisphaeridium*. 该二属可作为震旦系上统的典型分子。

(13) 辽南营城子组、崔家屯组、兴民村组、徐淮史家组及吉南万隆组 微古植物代表属：*Hubeisphaera*，*Raticulum*，*Striasphaera*，*Actinoidiscomorpha*，*Palaeodiacrodium*，*Dactylofusa* 等。其最具特色的代表属为：*Nucellosphaeridium*，*Monotrematosphaeridium*.

(14) 徐淮魏集组及史家组 宏观藻类代表属：*Tawuia*，*Chuaria*，*Shoubsienia* 等。

(15) 辽南兴民村组 类水母化石代表属：*Discifera*，*Cyclomedusa*.

(16) 淮南九里桥组、淮北史家组 盛产蠕形动物化石。九里桥组含 *Pararenicola*，*Paleolina*，*Anhuiella*，*Huaiyuanella* 等；史家组含 *Huaiyuanella*.

纵观上述分布于中、晚元古代各岩石地层单位中的各类化石的面貌特征和显示的演化趋向，与前述晚前寒武纪生物圈演化的几个主要阶段的推定或划分颇相吻合。尽管前寒武纪古生物延限长（这是它的特殊属性所决定的），但对较大地层单元的划分对比，仍具有不容忽视的作用和意义。

（二）年代地层的划分

国际地科联前寒武纪地层分会“天津第八次工作会议”(1988)提出新的前寒武纪划分方案。中国地层委员会于1989年12月在天津召开“中国元古时期地层分类命名会议”，会议决定采纳新方案中“元古宙三分”的意见，但仍按我国习称的早、中、晚元古代和相应地层的下、中、上元古界进行划分；早、中元古代的界限年龄约1 800 Ma（与国际年表相比，下限低200 Ma)，中、晚元古代的界限年龄定为1 000 Ma（与国际年表相比，下限低100 Ma)，晚元古代上界年龄暂定为600 Ma。我国现有的四个地方性年代地层单位（长城系、蓟县系、青白口系和震旦系）仍继续沿用。

1. 华北区晚前寒武纪年代地层表

近30年来，燕辽地层分区的蓟县层型剖面和辽南剖面，积累了用多种同位素测年方法

(K－Ar 法、Rb－Sr 法、U－Pb 法、Pb－Pb 法和单颗粒锆石 U－Pb 法等）所获取的大量年龄数据。1977 年中国科学院贵阳地球化学研究所首次提出一个系统的年代地层表，其后又经地矿部天津地质矿产研究所、宜昌地质矿产研究所等单位的验证。本次研究以岩石地层单位为基础，根据经过判定和筛选的年龄数据，对已建立的华北区晚前寒武纪年代地层表做了适当的调整和修正（见表 4－2）。

华北区晚前寒武纪年代地层表所反映的最大缺憾就是同位素测年数据分布的失衡，如杨庄组和雾迷山组巨厚的碳酸盐岩，至今未见同位素测年数据的报道。换言之，上述二组迄今仍是同位素测年工作的“禁区”。近悉乔秀夫、高劢著文（1977）论述了“碳酸盐岩 Pb－Pb 测年的原理与方法”，并评述了“这一方法的前景及在地质学研究中的重要意义”，这一方法的推广，可望进一步完善华北区晚前寒武纪年表。同时燕辽地层分区以外晚前寒武纪地层的对比和年代划分，仍有待进一步工作和积累资料。

2. 几个重要界限年龄的推定

（1）长城系下限年龄　据山西中条山熊耳群许山组 1 840±14 Ma 单颗粒锆石 U－Pb 年龄（孙大中等，1993），长城系下限年龄可推定为 1 850 Ma。

（2）下马岭组底界年龄　青白口系时限为 1 000～800 Ma（北京“震旦系讨论会”，1975）。在当时青白口系下马岭组尚未直接获得定年数据的情况下，将 1 000 Ma 作为下马岭组底界年龄，乃以其底部不整合面之下的铁岭组年龄（1 050 Ma）为依据来推定的。1984 年天津地质矿产研究所取自河北怀来下马岭组中部的页岩样品，提取 1M 伊利石，获 K－Ar956 Ma 年龄值。近期乔秀夫、高劢在北京西山下马岭组下部首次获得碳酸盐岩 Pb－Pb 年龄 879±18 Ma。并推定下马岭组底界应为 900 Ma。本表选定 900 Ma 作为下马岭组底界年龄。

三、晚前寒武纪地层时空分布特征和地球动力学机制

（一）地层时空分布特征

晚前寒武纪华北地台最具特色的构造景观，当属始自中元古代初期广泛发育的裂谷，它的出现，标志着克拉通化的地台继承性地再度裂解。此亦全球性裂谷化的具体体现。

受控于离散构造背景的地层特征，展示了晚前寒武纪地层体时空分布的几何形态和有序的叠置关系。限于当前资料的某种不足，本文仅以燕山地区地层横剖面（图 4－1）剖析这套有别于早前寒武纪在不同层圈发生了根本性变化的地层特征。现将其时空分布规律和沉积作用特点归纳、总结如下：

（1）呈分散状态分布于华北区的中、晚元古代地层，尽管其所处的构造部位、裂谷作用阶段、沉积环境和所形成的沉积组合等不尽相同，但总体上仍显示了以其独特的几何形态定位于寒武系与早前寒武纪结晶基底之间，构成地台古老基底的第一盖层。

（2）长城纪正处于裂谷作用的高峰期，非造山背景的岩浆活动规模不等地广泛发育。燕山大红峪期平谷-蓟县火山岩带；豫晋陕以熊耳群为代表的中酸性火山熔岩；渣尔泰山书记沟期碱性-基性火山岩以及晋北大同—天镇一带的辉绿岩岩墙群等皆为陆内早期裂谷的产物。

（3）在离散构造背景下，地层体的空间展布仍继承了早元古代的布局，呈带状散布于地台内部及其边缘。地层的完整程度亦因地而异，长城纪—青白口纪地层以燕山最为完整，震旦纪地层以辽南和徐淮最为完整。

表 4-2 华北晋冀鲁豫地层区晚前寒武纪年代地层表

Table 4-2 Late Precambrian chronostratigraphic table for Shanxi-Hebei-Shandong-Henan stratigraphic region, North China

年代地层		岩石地层单位	采样地点	测年对象及方法	实测年龄值(Ma)	推定界线年龄(Ma)	资料来源
震旦系	上统	兴民村组		页岩，全岩 Rb-Sr 等时线	600±26 650±19	600	朱士兴等(1994)
		崔家屯组 马家屯组 十三里台组 营城子组					
	下统	甘井子组 南关岭组				700	
		长岭子组	辽宁复州	页岩，全岩 Rb-Sr 等时线	723±43 650±20		朱士兴等(1994)
青白口系	上统	南芬组 (景儿峪组)	吉林浑江 辽宁凌源	伊利石，Ar-Ar 页岩中伊利石，K-Ar	777±7 855	800	朱士兴等(1994)， 天津地矿所(1984)
		钓鱼台组		海绿石 $^{40}Ar/^{39}Ar$	746±7		邢裕盛采样，傅国民测试(1974)
	下统	下马岭组	河北怀来	页岩中伊利石，K-Ar	956		天津地矿所(1984)
			北京西山	碳酸盐岩 Pb-Pb	879±18		乔秀夫、高劢(1997)
蓟县系	上统	铁岭组	蓟县铁岭	叠层石柱体外壁中海绿石，K-Ar	1 046	900	天津地矿所(1984)
			蓟县南桃园	粘土岩中海绿石，K-Ar	1 161	1 000	天津地矿所(1984)
					1 197±18.2		贵阳地化所(1977)
		洪水庄组	蓟县洪水庄	粘土岩中水云母 Rb-Sr 等时线	$1\ 241^{+93}_{-136}$	1 200	天津地矿所(1984)
			蓟县老虎顶	顶部粘土岩中伊利石，K-Ar	1 191		
	下统	雾迷山组				1 300	
		杨庄组					
长城系	上统	高于庄组	河北兴隆 高板河	方铅矿，Pb-Pb 等时线	1 434±50	1 400	贵阳地化所(1977)
		大红峪组	北京平谷	粗面岩单颗粒锆石 U-Pb	1 625.3±6.2	1 600	陆松年等(1991)
			河北迁西	海绿石 K-Ar	1 606 1 660		贵阳地化所(1977)
	中统	团山子组	北京平谷	火山岩，全岩 Rb-Sr 等时线	1 606±19	1 650	陆松年等(1989)
		串岭沟组	蓟县刘庄	页岩，Pb-Pb 等时线	$1\ 757^{+109}_{-117}(\sigma)$	1 700	于荣炳、张学祺(1984)
		常州沟组	蓟县、迁安 兴隆、宣化	页岩，Pb-Pb 等时线	$1\ 848^{+57}_{-58}(\alpha)$	1 750	于荣炳、张学祺(1984)
	下统	熊耳群 (西阳河群)		火山岩中锆石离子探针 火山岩中单颗粒锆石 U-Pb	1 840±14 1 826±32	1 800 1 850	孙大中等(1993)

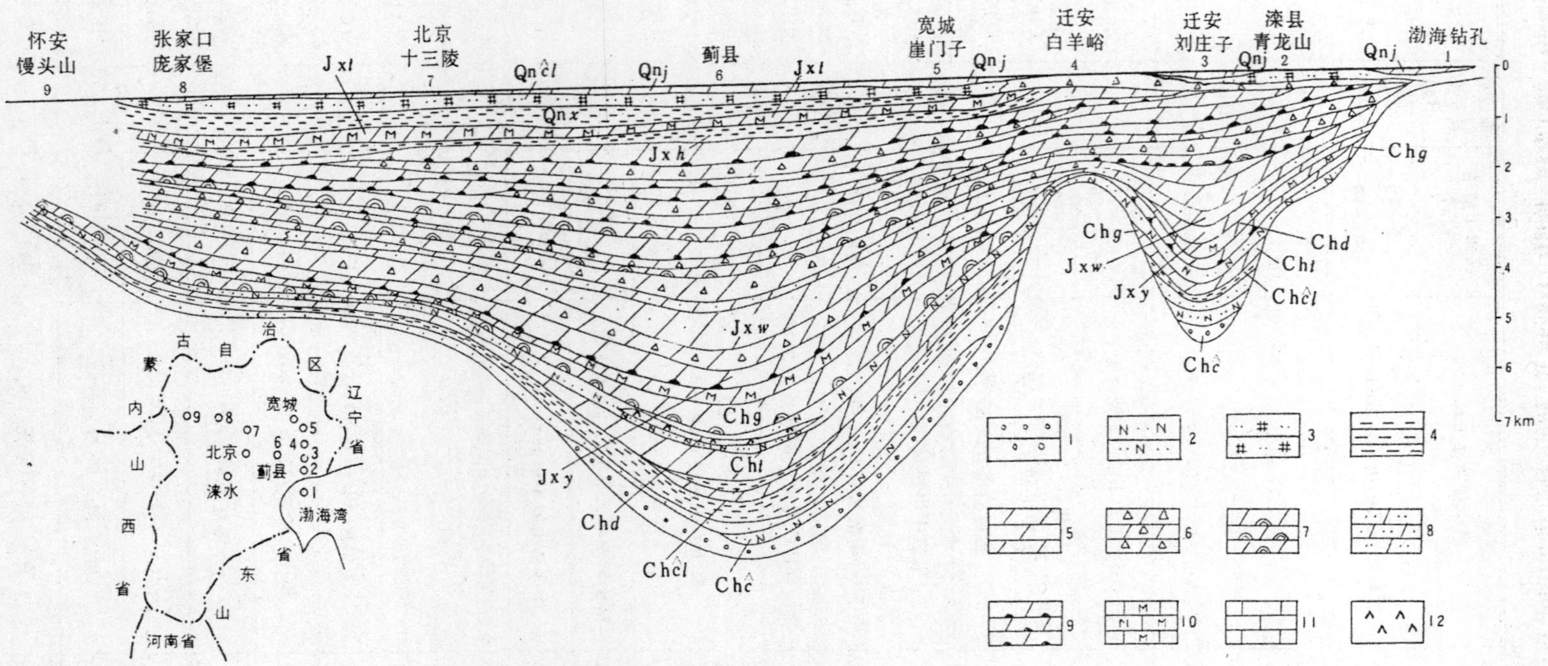

图 4-1 燕山地区(近东西向)中、晚元古代岩石地层横剖面图

Fig. 4-1 Meso-Late Proterozoic lithostratigraphic cross profile in Yanshan region(near E-W direction)

1. 砾岩;2. 长石石英砂岩;3. 海绿石砂岩;4. 页岩;5. 白云岩;6. 含砾白云岩;7. 叠层石白云岩;8. 碎屑白云岩;9. 燧石结核(条带)白云岩;10. 含锰白云岩;11. 灰岩;12. 火山岩 Chc. 常州沟组;Chcl. 串岭沟组;Cht. 团山子组;Chd. 大红峪组;Chg. 高于庄组;Jxy. 杨庄组;Jxw. 雾迷山组;Jxh. 洪水庄组;Jxt. 铁岭组;Qnx. 下马岭组;Qncl. 长龙山组;Qnj. 景儿峪组

(4) 在纵向上，长城纪处于局限海的滨、浅海沉积环境，构成复杂多变的岩相系统，形成准成熟的陆源碎屑沉积。进入蓟县纪（实际上从高于庄沉积期开始）裂谷中途夭折，出现了陆表浅海的沉积环境，形成巨厚的富镁碳酸盐岩沉积。晚元古代青白口纪处于裂谷回返阶段，地台整体上升，构成海退后的海湾沉积环境，发育了成熟的陆源碎屑和富钙的碳酸盐岩沉积，岩相系统比较单一，厚度薄且稳定。上述沉积环境、相组和碳酸盐化学组分的变化，皆与裂谷演化的不同进程密切相关。

(5) 就其沉积的总体而言，通常被归属稳定型。但从地层时空分布所显示的海域范围多变、沉降中心频繁迁移、沉积幅度巨大以及地层结构的多旋回等特点来看，仍带有某种程度的不稳定，应属准稳定型。

(6) 古气候状态的交替具周期性，在整个中元古代气候条件屡有变化。如在特定气候条件下，形成了串岭沟组叠层石赤铁矿、杨庄组干旱泻湖相的含膏盐蒸发岩沉积、洪水庄组碳质页岩—铁岭组含铁、锰碳酸盐岩沉积。上述例证反映了由湿热—干旱—温湿气候的转变历程。

(7) 中元古代伊始，生物圈即跨进了一个新的演化阶段。长城纪早期，单细胞真核藻类就已问世，随后渐趋繁衍，表明当时大气圈自由氧含量有所增长，串岭沟组的宣龙式叠层石赤铁矿即一明证。进入青白口纪又一次重大生物事件的发生，即后生植物的发育盛况空前，后生动物亦开始出现。震旦纪晚期（700Ma）多门类后生动物的大量出现，反映彼时大气圈自由氧含量已达6%PAL① 水平。大量资料表明，晚前寒武纪重大生物事件与重要地质事件发生的时限颇相吻合（1 800 Ma、1 400 Ma、900 Ma、700 Ma 和 600 Ma）。换言之，其他层圈若干重大演化事件在生物圈的演化进程中都留下了深深的印记。彼此之间显然是相互制约、互为因果关系的统一整体。

(8) 中、晚元古代岩石地层单位的穿时，在地层格架中似乎没有显现，但图 4-2 所示熊耳群和汝阳群二者皆有穿时的显示（乔秀夫，1985），随着年代地层和生物地层资料的不断积累，若干岩石地层单位的穿时必将展现。

（二）地球动力学机制

华北地台历经漫长而复杂的地壳演化，特别是中条运动（2 000～1 850 Ma）之后，相对稳定的克拉通在地幔隆起和陆壳拉伸作用的影响下，三向裂谷遍布地台各个部位。地台北缘三向裂谷，其消亡支呈 NEE 向延伸至地台内部形成燕辽裂陷槽，另两支发育成近东西向的古蒙古海槽（张臣等，1993）；地台南缘三向裂谷呈 SWW 和 SEE 向的两支演化成陆块间的海槽——宽坪海槽，将秦岭-大别地块从华北地台南缘分离出来（白瑾等，1997），其向北的一支呈楔状插入地台内部形成晋豫陕裂陷槽，它从豫西经中条山，深入山西榆杜、阳泉，进而向 EN 延伸，在河北石家庄附近与燕辽裂陷槽相遇连通。二者皆经历了初始裂陷、区域性沉降和广阔盆地形成的三个主要阶段；都是中途消亡的夭折裂谷；均未见磨拉石建造和洋壳侵位，最终在非造山背景下平静地中止发展，显示了陆内裂谷的特征（图 4-3）。

裂谷初始张裂的驱动力，一般认为与热点、地幔柱密切相关，亦即地幔对流的结果。熊耳群弱碱性—钙碱性系列火山熔岩的喷溢，表明晋豫陕裂陷槽的形成，起因于地幔柱的上涌，或称之为“地幔主动型”。而燕辽裂陷槽初始张裂的驱动力源自何方，则存在另一种解释，即

① PAL 代表某种气体在现代大气中的含量。

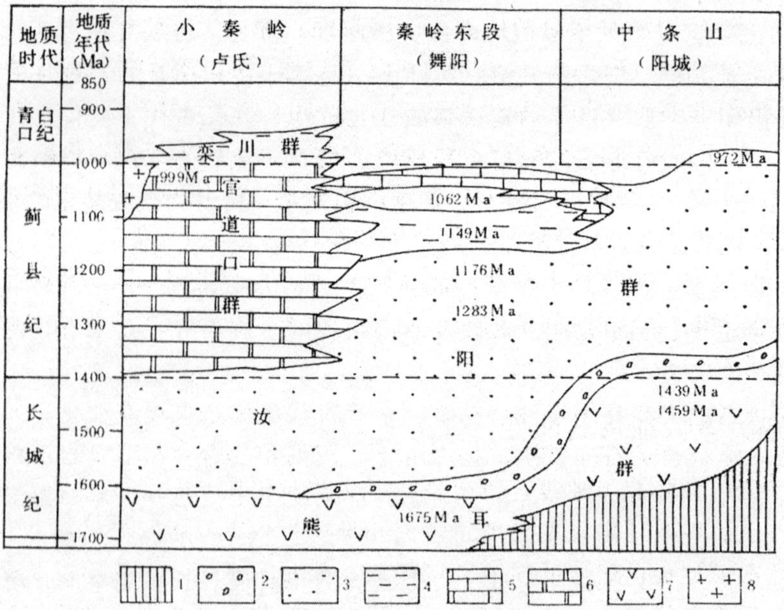

图 4-2　华北地台南缘中、晚元古代岩石地层穿时现象示意图

（据乔秀夫，1985 年改编）

Fig. 4-2　Schetch map showing Meso-late Proterozoic lithostratigraphic diachronous phenomenan in south margin of North China platform

1. 太华（岩）群基底；2. 砾岩；3. 砂岩；4. 页岩；5. 灰岩；6. 白云岩；7. 火山岩；8. 花岗岩

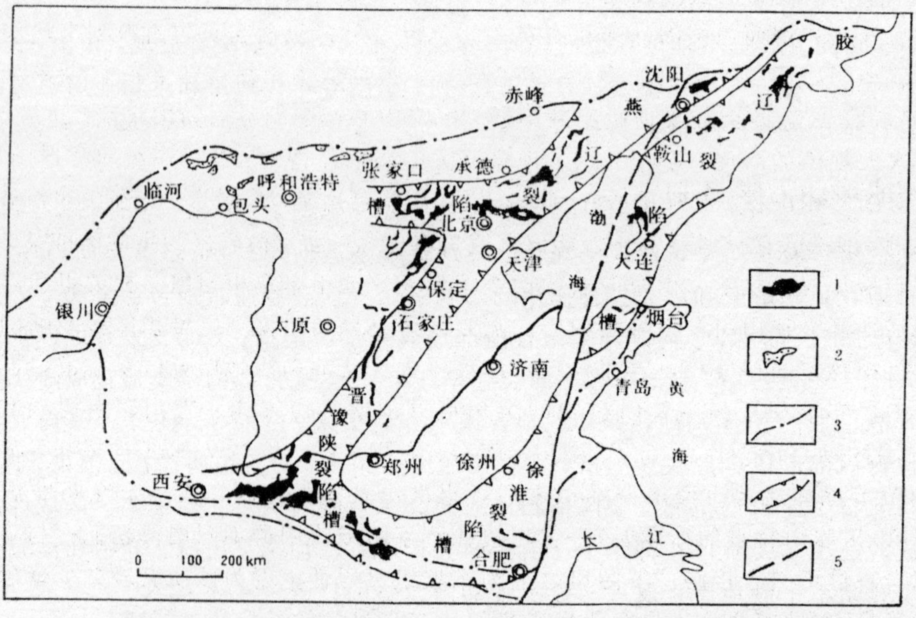

图 4-3　华北（工作）区晚前寒武纪主要裂陷槽分布略图

Fig. 4-3　Schetch map of Late Precambrian main rift trough distribution in North China (working) region

1—2. 晚前寒武纪地层；3. 地层区界限；4. 裂陷槽边界；5. 郯庐断裂

由于存在区域性张性应力场，从而产生岩石圈的拉伸，随后引起软流圈的被动性上升，以部分地补偿减薄了的岩石圈（Porado，1987）。燕辽裂陷槽形成之前，基性脉岩群的出现以及裂陷槽为南北两侧东西向深断裂所围限这两点来看，证明了拉张环境的先期存在。后期（约1 700～1600 Ma）的大庙深成杂岩体、赤城-古北口深成岩带、沙厂环斑花岗岩以及平谷-蓟县火山岩带的出现（郁建华等，1993），反映为拉张性深断裂诱发了地幔柱的上涌。由此看来，似乎与Porado等的推断相吻合。但岩浆活动的范围和规模仍显力度不够。

上述两种动力机制（地幔柱上隆和陆壳拉伸）何者为产生裂谷的初始拉张的驱动力，难以判定，至多只能判断二者在时间上的先后顺序。看来，初始拉张的驱动力问题，仍有待给予运动学的合理解释。

（三）裂谷盆地特征及其演变

以保定—石家庄低隆起为轴线，西南段的晋豫陕裂陷槽与东北段的燕辽裂陷槽显示天平式往复摆动的特点。豫西地区先期充填了河流相堆积（大古石组）之后，旋即开始了以熊耳群为代表的中性夹酸性火山熔岩的喷溢。以崤山、熊耳山和王屋山为喷发中心。该群属碱性火山岩系列的钾质玄武粗面岩、流纹岩。具南厚北薄之势，至山西榆杜南即减薄尖灭。在约1 200 Ma前，晋豫陕裂陷槽北端有河流注入，再次出现第二套以河流相为先导的巨厚陆源碎屑沉积（汝阳群），广布豫西和王屋山地区。其最下部为兵马沟组，往上依次为云梦山组、白草坪组、北大尖组、崔庄组、三教堂组、洛峪口组。再上即沉积间断。大致相当于北大尖沉积期，裂陷作用由豫晋交界地区转向燕辽地区。在燕辽地区开始裂陷堆积的同时，晋豫陕裂陷槽则抬升中断沉积。

总体呈NE向展布的燕辽裂陷槽在常州沟期至大红峪期堆积阶段（早期以常州沟组底部河流相堆积开始，继而由滨海沙滩相石英砂岩、互层状砂页岩、页岩过渡到串岭沟组页岩与饥饿型页岩和团山子组下部白云岩及铁质白云岩，最终以火山熔岩结束）。同期断裂活动导致差异性沉降，形成北陡南缓半地堑型断陷槽，沉降中心位于蓟县—朝阳一线。进入高于庄期，发生了一次大规模的海侵，连续沉积了规模巨大的碳酸盐台地（高于庄组和雾迷山组），表现为陆表浅海潮坪相沉积。沉降中心在蓟县东北，最厚可达7 000余米。雾迷山组沉积时期，海水向西推进，回淹晋豫陕地区，开始堆积官道口群（为一套以白云岩为主的碳酸盐岩组合，在洛峪口组碳酸盐岩丘之上，由东向西依次叠覆了龙家园组、巡检司组、杜关组和冯家湾组），该群与燕辽地区雾迷山组—铁岭组相当。燕辽地区在铁岭组之上，堆积了多间断的青白口纪地层，其沉积物呈面型分布，岩相稳定，厚度不大。华北南缘地层分区在官道口群（碳酸盐台隆）之上，亦堆积了相当青白口纪的栾川群（依次为白术沟、三川、南泥湖和煤窑沟4组），该群沿陕西洛南至豫西卢氏、栾川、南召、方城一线，呈NW—SE向展布，显示出海盆由北向南节节退缩之势。栾川群堆积之后，再次出现沉积间断，震旦纪晚期堆积了罗圈组（为一套具山岳冰川特点的冰碛岩），它超覆在董家组或汝阳群不同层位之上，与下伏晚太古代登封（岩）群不整合接触。罗圈组之上为东坡组（岩性主要为砂质页岩夹少量砂岩、海绿石粉砂岩等）。东坡组之上为早寒武世辛集组，二者呈平行不整合接触。

形成于晚元古代的地台东缘胶辽-徐淮裂陷槽，其总体呈带状NNE向延伸。裂陷槽内发育了晚元古代典型的盖层沉积。该套沉积原为一体，后经构造推移呈现今位置（裂陷槽北段包括位于郯庐断裂带东侧的吉南、辽南和鲁东，称胶辽区；南段包括断裂带西侧的苏皖北部，称徐淮区）。

徐淮地区。在晚元古代初期，海水自东而西侵漫，形成开阔平坦的陆表浅海。在潮汐动荡环境下，发育一套由下部陆源碎屑岩和上部碳酸盐岩组成的地层序列，总厚约5 000 m。该套地层古生物内容相当丰富（蠕形动物、微古植物和宏观藻类等）；单一（复合）丘状和单一（复合）层状叠层石礁十分发育；地震成因的液化泥晶碳酸盐脉广分布于贾园组、赵圩组、九顶山组、魏集组和望山组（乔秀夫等，1994）。该套地层汇集了生物事件和地震事件的重要信息和记录。

其最下部的曹店组、伍山组和刘老碑组，皆为以砂页岩为主体的陆源碎屑岩，属砂质潮坪和钙泥质潮坪沉积，其时代大致相当于青白口纪。进入早震旦世早期，沉积了九里桥组和四顶山组，岩性以碳酸盐岩为主，总体属碳酸盐潮滩相沉积。早震旦世晚期至晚震旦世的贾园、赵圩、倪园、九顶山、张渠、魏集、史家和望山8组，为一套富镁的碳酸盐岩建造。厚约3 000 m。其上被早寒武世地层平行不整合覆盖。

辽南区的晚元古代地层，发育最为完整，可作为胶辽徐淮区地层对比的标准。相当于青白口纪的岩石地层为永宁组和细河群，亦为陆棚泥砂质沉积。震旦纪岩石地层称五行山群和金县群，其岩石组合仍以碳酸盐岩为主，惟金县群上部碎屑岩增多。其下与细河群整合接触，其上为早寒武世葛屯组平行不整合覆盖，总厚约5 000 m。该区古生物内容与徐淮区一样丰富多彩；叠层石亦十分发育；液化泥晶碳酸盐脉有序地分布于南关岭组、营城子组和兴民村组（乔秀夫等，1994）。

多门类动植物化石群和“震积岩”共同构成胶辽—徐淮区晚元古代地层最大特色。通过地震事件与生物演化事件相结合的途径，划分对比晚前寒武纪地层的新尝试，引人关注和期待。

地台北缘西段南侧，形成于中元古代早期近东西向展布的渣尔泰山陆内裂谷（东起固阳，西止狼山），发育了厚约3 000 m的渣尔泰山群（大致相当于长城纪），它虽经低绿片岩相区域变质，其原生构造仍清晰可见，为建立地层层序提供了可靠的依据。从其沉积序列，不难看出裂谷发展演化的阶段性。在离散构造背景下，裂陷作用强烈，导致差异性沉降。在书记沟沉积期，历经河流相—海陆交替三角洲相—滨海潮汐带的转化，形成陆源粗碎屑的快速堆积和碳酸盐沉积。并伴有火山喷发活动（中—基性火山岩），明显为早期裂陷的特点。进入增隆昌沉积期，发展为陆表浅海的环境，形成陆源碎屑和内源碳酸盐的混积。引人注目的是碳酸盐岩发育同沉积滑塌构造，它标志着裂谷作用后期地震事件频频发生（乔秀夫等，1991）。进入阿古鲁沟期，封闭—半封闭沉积海盆产出以富碳、富硫为特征的堆积物（变质后为碳质板岩夹含碳泥晶灰岩），并形成大型多金属硫化矿床。刘鸿湾期，处于裂谷渐趋消亡阶段，海退序列的形成，标志着沉积盆地的最终消亡和封闭，至此，裂谷夭折。

分布于狼山、什那干沟、武川—察右后旗一带的什那干群，为一套砂页岩夹灰岩组合，以富含叠层石和燧石条带为特征，厚约1 600余米。与燕山地区的高于庄组大致相当。尽管迄今未见什那干群与渣尔泰山群的直接接触关系，但从什那干群的时空分布位置和未经变质等特点推断，什那干群当属渣尔泰山裂谷褶皱回返后再次海侵的产物。

地台西缘凹陷带，沉积了中元古代过渡型的黄旗口组（长城纪）和王全口组（蓟县纪）。二者为平行不整合接触，银川附近出露震旦纪正目观组，其下段冰碛岩和上段碎屑岩分别与地台南缘的罗圈组、东坡组大致相当。

以上对陆内分支——裂陷槽和凹陷带相应堆积物沉积历史的恢复，再现了中、晚元古代华北地台最终完成克拉通化的全过程，同时亦是对地球动力学模式和地层格架的验证。

第五章

早古生代（寒武纪、奥陶纪）

华北晋冀鲁豫地层区早古生代寒武纪—奥陶纪地层，其下多不整合于早前寒武纪变质岩系之上，四周边缘地带则多不整合于中、晚元古代地层之上；其上则直接被上古生界石炭系平行不整合覆盖（其间沉积缺失了早古生代志留纪和晚古生代泥盆纪地层）。

寒武纪和奥陶纪地层遍及华北全区，由于沉积后经受了地壳变动，故不少地区被侵蚀剥蚀，一些地区则被大面积覆盖；但在华北各省仍均有较为广泛的出露。其主体为一套陆表海沉积。中上部主要以各种碳酸盐岩为主，下部主要为以页岩、粉砂页岩为主的陆源碎屑岩，底部则多发育有厚度不等的砂岩和含磷碎屑岩系。本区寒武系、奥陶系是国内稳定区沉积类型的典型之一，也是国内中、上寒武统年代地层分类单位的层型剖面所在。

一、岩石地层单位划分及特征

（一）地层划分简史

本区寒武纪、奥陶纪地层的研究和划分始于19世纪末期至20世纪的30年代。这一时期对地层的划分，基本上属岩石地层划分，其中也采集了一定的化石，粗略地确定了岩石地层单位的时代属性；并先后在山东省济南—新泰一带（B. Willis，E. Blackwelder，1907）、河北唐山一带（叶良辅、刘季辰，1907；Graubau，1924；孙云铸，1924）及辽宁本溪、太子河一带（小林贞一，1930；远藤隆次，1931）建立了较为系统的岩石地层单位。其中以山东建立的馒头页岩、张夏灰岩、崮山页岩、炒米店灰岩及唐山地区建立的冶里层、亮甲山层、马家沟灰岩等影响较大。到本世纪50年代，它们基本上成为华北地区寒武纪、奥陶纪地层划分对比的标准。

1953年卢衍豪、董南庭等在Willis，Blackwelder（1907）和孙云铸（1924，1935）等研究的基础上，对山东张夏一带的寒武系剖面，深入进行了生物地层的划分，建立了17个三叶虫化石带，并将该剖面的寒武纪地层划分为馒头统、毛庄统、徐庄统、张夏统、崮山统、长山统、凤山统。随着我国地层规范（草案）的公布（上述统改为组）和华北各省1∶20万区调的系统开展，上述的划分被广泛采纳和推广引用，实际上成为华北古生界下部地层划分对比的标准。但是这样的划分已完全属于以生物地层为划分依据的年代地层划分，各地早已建立的岩石地层单位，基本上均被放弃或很少使用。此阶段的馒头组、张夏组、崮山组（含义及顶底界线的确定）已非Willis等的馒头页岩、张夏灰岩、崮山页岩。华北各地寒武系底部（也即馒头页岩或馒头组之下）地层，于50年代先后引起地层学家的注意，由于山东寒武纪地层标准剖面没有可资对比的地层单位，以及这套地层化石的贫乏与下伏晚元古代地层的平行不整合关系的不易被认识，导致各地先后建立了诸如朱砂洞灰岩（冯景兰、张伯声，1952）、辛集含磷层（河南地研所，1962）、猴家山统（徐嘉炜，1956）、昌平灰岩（张文佑，1935）、府君山组（王曰伦，1964）、碱厂组（张文堂，1964）等众多的岩石地层单位；稍晚建立的还有苏峪口组（1975）、五道淌组（1975）、水洞组（1978）等。由于上述原因，这些地层单位的时代、含义、顶底界线大多经过多次的改动。

华北下古生界上部——马家沟石灰岩及以上地层的划分。由于化石不如下部地层丰富，进行生物地层划分难度较大，所以地层划分一直较为粗略。如广泛分布的马家沟石灰岩，1954年王鸿祯将张文堂、王水（1949）考虑生物（头足类）划分出的马家沟灰岩上、下部，分别称为上马家沟组和下马家沟组，60年代被华北大多数省1：20万区调广泛采用（1975，上马家沟组之上增加了峰峰组）。行政区划上属于华东区的山东、江苏、安徽三省虽将马家沟组局限于‘马家沟灰岩’的一部分（即上马家沟组），分别创立了诸如北庵庄组、寨山组、萧县组（相当下马家沟组）和阁庄组、八陡组、晁所组、老虎山组（相当峰峰组）等，但并未被广大地层工作者所引用，仅属地方性地层单位而已。又如分布限于华北西缘的马家沟组以上地层，由于其顶底出露不全，厚度巨大，无可靠标志和研究程度较低，因而先后建立了岩性相近而又无法对比的、彼此关系不清的、繁多的岩石地层单位。如克里摩里组、乌拉力克组、拉什仲组（关士聪等，1955），平凉页岩（袁复礼，1923），龙门洞组（张文堂，1979），背锅山灰岩（车福鑫，1963），车道组（林宝玉，1975），姜家湾组（杜德民，1984），段家峡组（孙肇才等，1975），唐陵群（陕西区调队，1985），桃曲坡组（林宝玉，1975），赵老峪组（陈景雏等，1986）等。

（二）岩石地层单位的统一划分

在“全国地层多重划分对比研究”项目进行的第一阶段，华北大区各省为了统一本区寒武纪、奥陶纪地层的划分，曾多次召开讨论会，并取得了共识：①华北大区主体部分的寒武纪、奥陶纪地层可以统一划分；②山东省长清县张夏一带寒武系剖面和唐山赵各庄一带奥陶系剖面，可作为华北寒武纪、奥陶纪岩石地层主体的层型；③华北寒武纪、奥陶纪地层主体的岩石地层顺序如表5-1。

但是在各省提交的地层清理成果中，由于种种原因，还存在一些争议较大的问题。如一些同名的岩石地层单位含（定）义和上下界线并不一致，首先集中地表现在崮山组、炒米店组、冶里组三个组的含义和三者之间的分界线上；其次表现在寒武系底部馒头组之下地层的划分和名称的使用上（见表5-2）。

（三）岩石地层区划及特征

1. 断代岩石地层区划

根据岩石地层发育状况，华北寒武纪、奥陶纪断代岩石地层区划分为8个区。

由于控制地层发育的地质构造相同，因此寒武纪、奥陶纪断代区划与综合区划表现了很大的一致性或相近性。

2. 岩石地层分区特征

(1) 山西区　包括山西吕梁山—太行山（中南段）—雁北南部及河南北部地区（相当综合地层区划的山西地层分区）。其岩石地层组合为：霍山（砂岩）组（西部）＋馒头组＋张夏

表 5-1 华北晋冀鲁豫地层区寒武纪、奥陶纪岩石地层划分简表

Table 5-1 Schetch table for division of Cambrian - Ordovicion lithostratigraphic unit in Shanxi - Hebei - Shandong - Henan stratigraphic region, North China

<table>
<tr><td colspan="3">上古生界 月门沟群</td></tr>
<tr><td rowspan="9">下古生界</td><td>马家沟组</td><td>贾汪段</td></tr>
<tr><td>亮甲山组</td><td rowspan="4">三山子组</td></tr>
<tr><td>冶里组</td></tr>
<tr><td>炒米店组</td></tr>
<tr><td>崮山组</td></tr>
<tr><td colspan="2">张夏组</td></tr>
<tr><td colspan="2">馒头组</td></tr>
<tr><td rowspan="2">昌平组</td><td>朱砂洞组</td></tr>
<tr><td>辛集组</td></tr>
<tr><td colspan="3">中、上元古界或早前寒武系</td></tr>
</table>

组+崮山组+炒米店组+三山子组+马家沟组。以西部（吕梁山—霍山）发育有霍山（砂岩）组、三山子组（g+c+y+l 段），中南部马家沟组保存较全，富含石膏矿层为特征。

（2）燕山区 包括山西东北部、河北北部、北京市，以及辽西的大部分地区（大致与综合地层区划的燕辽地层分区相当）。该区寒武纪、奥陶纪的岩石地层组合为：昌平组+馒头组+张夏组+崮山组+炒米店组+冶里组+亮甲山组+三山子组+马家沟组。以地层齐全，张夏组中上部夹大量页岩、竹叶状灰岩，崮山组发育且厚度大，三山子组不发育，甚至不出现为特征。

（3）鲁西区 包括山东西部广大地区及郯庐断裂带西侧，向南到徐州一带。岩石地层组合特征为辛集组（李官组）+朱砂洞组+馒头组+张夏组+崮山组+炒米店组+三山子组（y+1 段）+马家沟组。本区寒武纪、奥陶纪地层发育齐全，以馒头组上部发育有砂岩段，张夏组发育藻灰岩、鲕粒灰岩及黄绿色页岩，崮山组下部发育黄绿色页岩及炒米店组白云化层位高低不一为其特征。

（4）辽东、吉南区 相当综合地层区划的辽东地层分区，岩石组合及特征基本与燕山区相一致。差异之处在于寒武系底部发育有比昌平组内涵更广的朱砂洞组和含磷的辛集组，其上与馒头组之间为连续沉积。馒头组由北向南明显增厚，并于上部发育有砂岩段，具鲁西区和徐淮地区的过渡特征。

（5）中条山—嵩山—两淮区 包括山西的中条山区、河南中部及安徽北部两淮地区，与综合地层区划的豫西地层分区、华北平原地层分区的西南部和徐淮地层分区的范围大体一致，岩石地层组合为：辛集组+朱砂洞组+馒头组+张夏组+三山子组+马家沟组。特征是辛集组、朱砂洞组、馒头组极为发育，厚度大；三山子组层位低（z+g），马家沟组保存甚少，甚至缺失；两淮地区的馒头组上部也发育砂岩，与鲁西区相一致。

（6）鄂尔多斯区 相当综合地层区划的鄂尔多斯地层分区，寒武纪、奥陶纪地层绝大部分被中生代—晚古生代地层掩盖，但从其东缘北部零星出露和一些井下及物探资料分析，该区特征为：底部有极不发育的、厚度不大的霍山（砂岩）组、馒头组、张夏组，之上的三山

表 5-2 华北晋冀鲁豫地层区早古生代岩石地层单位序列及划分对比表

Table 5-2 Division-correlation table for Early Palaeozoic lithostratigraphic unit sequence in Shanxi-Hebei-Shandong-Henan stratigraphic region, North China

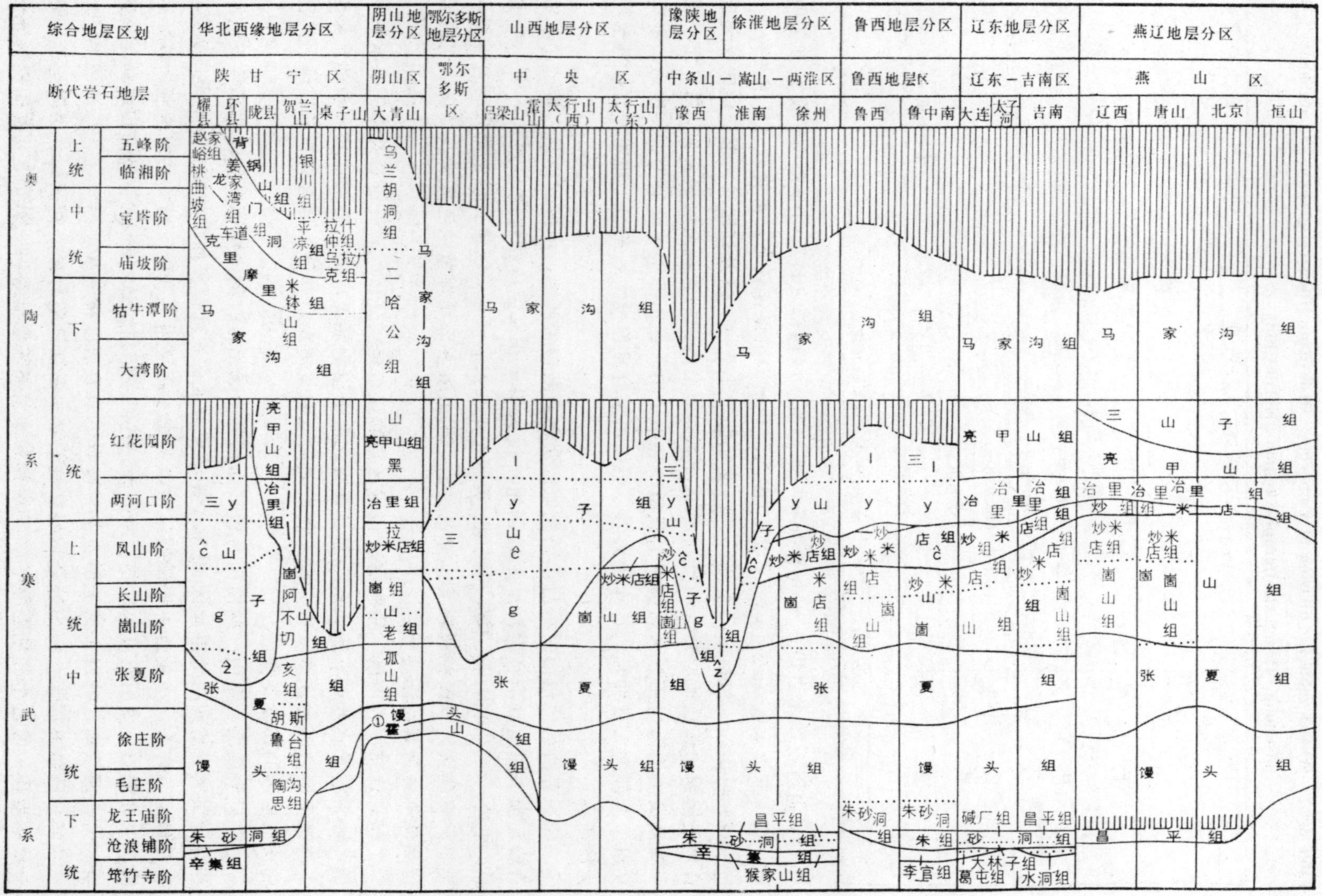

注：① 为色麻沟组

子组（g+c+y+l）欠发育；马家沟组发育并夹有较厚的膏盐相岩石组合，且可出现盐岩层。显示了鄂尔多斯一带在早古生代时期一直为相对较高的台地，接受沉积晚，沉积厚度小，膏盐蒸发相岩层发育。

（7）陕甘宁区　包括宁夏东部、北部，内蒙古阿拉善左旗一小部分和桌子山一带，甘肃平凉、环县西部，陕西陇县、千阳一富平、耀县一带，大致相当综合地层区划的华北西缘地层分区。早古生代岩石地层单位之多，为华北之最，岩石地层组合大多为：辛集组+朱砂洞组+馒头组+张夏组+崮山组+三山子组（g+y+l）+马家沟组+克里摩里组+龙门洞组+背锅山组。以馒头组厚度薄，紫红色页岩不发育（呈夹层出现）；张夏组厚度薄呈现为几大层鲕粒灰岩夹绿色页岩；崮山组发育，厚度大（明显向下穿时）为特征。而最大特征则是马家沟组之上发育一套华北其他地区所缺失的厚度巨大的地层。

（8）阴山区　相当综合地层区划的阴山地层分区。地层零星残留，见于大青山区。特征为下部地层（馒头组、张夏组）不发育，甚至缺失；三山子组、马家沟组较发育，但研究程度差。

（9）华北平原区　因新生代地层覆盖，资料很少。

（四）岩石地层单位地质特征

1．辛集组、朱砂洞组、昌平组、霍山（砂岩）组

这几个组为华北区下古生界底部的岩石地层单位，因其分布的地理位置、岩石组合及与下伏、上覆地层接触关系性质各不相同，目前尚不便于统一而予保留。

（1）辛集组　华北古生界底部层位最低的且由含磷碎屑岩和碎屑岩组成的岩石地层单位，分布于华北东、西、南三个方向的边缘地带，现统称辛集组。

层型剖面的辛集组，岩性自下而上为含磷砂砾岩、磷质含海绿石长石石英砂岩、紫红色砂岩，厚14.8 m。豫陕地层分区的辛集组，其下部夹有黑色页岩、粉砂岩，上部砂岩中夹有砂屑白云岩，最大厚度达60 m。发育完整的辛集组分布于豫陕地层分区中条山南侧的芮城、永济一河南鲁山县、叶县一带。沿该带向NE方向，底部含磷层沉积缺失，上部不含磷的碎屑岩一石英砂岩，不整合直接超覆于下伏的前寒武系之上，并逐渐变薄，以至全部缺失。缺失边界大致在山西万荣县稷王山一河南渑池、登封一线之北。

辛集组在华北西缘陕西岐山、千阳、陇县一带一甘肃平凉一宁夏固原、同心一贺兰山中段，均有分布（以前称为苏峪口组）。其岩性与豫陕地层分区相近。主要为灰白色长石石英砂岩、粉砂岩，底部为含磷砂砾岩，有时夹砂质白云岩。最大厚度可达60多米。

辛集组在华北东南部，即安徽的凤台、霍邱、宿县及苏北的铜山一带亦有分布，且厚度较大。淮南一带，以往称为凤台砾岩，亦曾称雨台山组（均归属猴家山组）。宿县一带则称为金山寨组和沟后组底部（归属震旦系）。凤台一带其下段为砾岩，夹含砾薄层泥灰岩，厚32～50 m；上段为黄绿色页岩夹数层石英砂岩，部分地段其下部夹黑色碳质页岩，磷块岩及黄铁矿结核，上部夹砾状磷块岩，厚80～120 m。铜山一带的辛集组，底部含磷角砾岩和含砾砂质磷块岩有时较发育，厚达36.7 m。苏皖一带的辛集组南厚北薄，和豫陕地层分区一样向北部含磷岩层缺失，上部碎屑岩形成超覆。辛集组在鲁西地区，曾被称为五山组或李官组，由下部石英砂岩（一般厚15～25 m，最厚可达60 m）和上部的砂质云泥岩（5～6 m）组成。

辛集组在辽东地层分区的东南边缘地带也有分布。大连一带称为葛屯组，吉林南部的通化水洞一带，称为水洞组（吉林省地质矿产局，1989）。前者主要为灰色页岩、粉砂页岩夹石

英砂岩、石英岩状砂岩，顶部为灰色粉砂质页岩，底部页岩含磷，厚50 m；后者主要为灰紫—黄绿色粉砂岩夹砾状砂状磷块岩、海绿石含磷砂砾岩，上部为黄褐色含长石粉砂岩、细砂岩，厚45 m。

综观华北东、南、西边部分布的辛集组，一般由底部的含磷碎屑岩和之上的不含磷的碎屑岩两部分组成。发育齐全的辛集组均平行不整合覆于晚前寒武纪晚期地层——震旦系之上。如豫陕和华北西缘地层分区，下伏地层为罗圈组，两淮地区为四顶山组—望山组，辽东大连为兴民村组，吉林通化为青沟子组。但当辛集组底部含磷层缺失，上部碎屑岩超覆分布时，该组与下伏地层则呈明显的不整合接触，且下伏地层层位偏老，可以是晚前寒武纪早期地层（如河南渑池、鲁西地区），甚至为早前寒武纪变质岩岩系（如山西稷王山）。辛集组与上覆朱砂洞组呈渐变过渡关系，后者应以碎屑岩不占主要地位，而以碳酸盐岩为主，并结合红色色调占优势划界。

华北各地的辛集组，先后发现含有小壳类化石和低级的三叶虫化石。

（2）朱砂洞组　朱砂洞组为华北古生界底部，辛集组之上、馒头组之下，以灰色、浅灰色碳酸盐岩为主的岩石地层单位。和辛集组一样分布于东、西、南三个方向的边部，但其向内侧伸展范围略超过辛集组，特别是燕辽地层分区的东段、中段普遍分布。现统称朱砂洞组，燕辽地层分区仍保留昌平组名称。

豫陕地层分区的朱砂洞组分布广泛，岩性稳定，包括两部分：下部为紫红色、灰白色、杂色条纹状泥质白云岩、白云岩、角砾状白云岩夹灰岩，有时含盐溶角砾岩、石膏层等，厚10～250 m；上部为深灰色厚层豹皮状灰岩、含燧石灰岩、白云质灰岩等，厚10～85 m。大多表现为南厚北薄，北至山西万荣稷王山、侯马南山、夏县，河南济源以北尖灭缺失。

华北西缘的朱砂洞组（以往称为五道淌组）分布广泛，但以宁夏贺兰山区出露较好，其岩性和厚度均较稳定。下部多为深灰色厚层块状白云岩、灰质白云岩，上部为灰色厚层夹薄层白云质灰岩，厚50 m左右。

华北南部徐淮一带的朱砂洞组（以往大多称为猴家山组）分布较广，但出露零星，其下部在宿县一带被划归震旦系，称为沟后组。这一带的朱砂洞组一般也由两部分组成：中下部由具石盐假晶的紫红色、土黄色页岩、粉砂岩与泥质白云岩、白云岩组成，厚17～120 m；上部为灰色中厚层状豹皮状灰岩，厚16～32 m。

鲁西地区亦有朱砂洞组（以往曾称五山组上部及馒头组一、二段）分布。该区东部的潍坊-临沂地层小区，本组由下灰岩段（0～55 m）、余粮村段（肝紫色钙质页岩和钙质粉砂岩，14～168 m）及上灰岩段（0～73 m）组成；中部的淄博-新泰地层小区，本组下部为白云岩（24.2 m），上部为灰岩（22.7 m）；至西部的济南-滕川地层小区，则全部由白云岩组成，过渡为丁家庄段，且厚度变小（如馒头山剖面厚13.8 m）。

辽东地层分区的朱砂洞组分布普遍。偏南部的大连一带，上下两部分发育齐全。下部（前人称大林子组），岩性为干裂纹、石盐假晶发育的紫色、黄绿色等杂色砂岩、页岩夹灰色灰岩、白云岩（大林子剖面见有溶崩角砾岩层），厚102 m（向北减薄，以至缺失）；上部（前人称碱厂组），全区普遍发育，岩性以含燧石结核灰岩、沥青质灰岩为主，偏下部夹黄绿色页岩，厚度及岩性变化较大，10～100 m，大致表现为东厚西薄，北厚南薄。吉林南部一般仅发育沥青质灰岩（以往也称为碱厂组），厚度变化更大，10～300 m，自SW向NE增厚；浑江一带也表现了两分性，沥青质灰岩之下尚有紫红色、紫色条带状灰岩发育，以往称为黑沟子组，厚19～70 m。

综观华北各地的朱砂洞组，在发育完整处（下伏有辛集组时），均由两部分组成。下部由紫红色、紫灰色等杂色且具石盐假晶的云泥岩、泥云岩夹灰岩、页岩等组成；上部以灰色、深灰色灰岩、豹皮灰岩、沥青质灰岩为主。显示了下部具萨勃哈相的特征，而上部具潮下带的特征。朱砂洞组发育齐全时，多整合于下伏的辛集组之上。发育不全时，则多平行不整合于中、上元古界之上。

(3) 昌平组　昌平组广泛分布于燕辽地层分区的东部和中部。主要为灰色、灰黑色厚层、巨厚层豹皮状、条带状灰岩、白云质灰岩夹白云岩（上部或中部）。兴隆、蓟县一带夹大量角砾状灰岩，因此曾被称为府君山组（王曰伦，1964 年），《华北地区区域地层表·河北省分册》(1979) 更以府君山组代替昌平组，用于京、津及河北省。该区昌平组中的白云岩层，自东向西，自南向北渐增。例如平泉一带占到 1/3，到怀来龙凤山成为主体。昌平组整个厚度表现为东厚西薄，南厚北薄，山海关一带厚 139～136 m，向北到辽西（曾称为老庄户组），厚 115～17 m；向西，唐山一带厚 112 m，蓟县 76 m，易县 48 m。

从昌平组的岩性组合及其下伏地层的接触关系看，燕山地区的昌平组，仅相当朱砂洞组的上部。

朱砂洞组、昌平组发现化石较少，但仍多处见有三叶虫：*Megapalaeolenus*，*Redlichia* 等化石。

(4) 霍山（砂岩）组　指前寒武纪变质岩不整合面之上，含化石的寒武纪地层之下的一套石英砂岩、石英岩状砂岩层。

霍山（砂岩）组分布于山西中部的霍山及西部的吕梁山广大地区，向南延至陕西的韩城，向北可达鄂尔多斯及内蒙古的大青山区。霍山（砂岩）组以霍山一带最厚（60～10 m），吕梁山区一般厚 20～40 m，吕梁山以西减薄至 20 m 以下。山西北部云中山区的霍山（砂岩）组中夹有紫红色（页）岩，向北东方向与馒头组呈渐变过渡关系。该组为一穿时明显的岩石地层单位。

霍山（砂岩）组大多不整合于前寒武纪变质岩系之上，仅临县汉高山见其不整合于汉高山群砂岩、泥岩不同层位上。霍山（砂岩）组的上覆地层多为馒头组，但按所含化石则属不同年代的寒武纪地层。上覆地层自东向西、自南向北表现为由老变新。霍山区为毛庄阶顶部—徐庄阶底部，吕梁山区大多为徐庄阶，吕梁山以西则为张夏阶—崮山阶。

霍山（砂岩）组沉积的时空位置，反映了该岩石地层体由陆缘滨海—潮间带的席状砂退积形成的，这是寒武纪海进的产物。

2. 馒头组、张夏组、崮山组

馒头组、张夏组和崮山组组成了华北早古生代地层的下部。它们的原始分布和后期的保留范围最广，累积沉积厚度也最大。三个组均是美国人 Blackwelder (1907) 创名于山东省长清县的张夏镇和崮山镇。

(1) 馒头组　馒头组层型剖面在山东省长清县张夏镇附近的馒头山。层型剖面上馒头组以紫红色页岩为主，夹云泥岩、泥云岩、白云岩、灰岩和粉砂岩、细砂岩等。由于命名时也曾称为“馒头页岩”，因此多少年来误认为馒头组即紫红色页岩。馒头组的全面的定义应为：华北寒武系张夏组之下，朱砂洞组（当朱砂洞组或昌平组及其下的辛集组缺失时，可直接不整合于前寒武系不同地层）之上的一个岩石地层单位，大多数情况下以紫红色页岩、泥岩为主，但常夹有厚度不定的各种灰岩、白云岩、砂岩、粉砂岩等，有时也夹有绿色页岩、粉砂页岩。华北西缘局部地区甚至以绿色页岩为主，紫红色页岩仅呈夹层出现。

以层型为代表的馒头组，主要分布于华北山西区和燕山区。其上部以紫红色、暗红色页岩、粉砂页岩为主，夹少量薄层生物碎屑含鲕粒灰岩、细砂岩、粉砂岩等；下部为紫红色云泥岩与泥云岩（有时为云灰岩）互层。全组厚度由东南向西北变薄。太行山南端的陵川—鲁西—唐山—山海关—太子河一带，厚 200～260 m；太行山区的左权、昔阳、曲阳、易县，到燕山的兴隆、凌源一带，厚 170～190 m；山西沁水盆地以西厚度迅速变薄，河津—乡宁—原平—大同一带减至 100m 左右；隰县上庄，沁源朱王铺，宁武芦庄一带减至 40 m；到柳林一带（进入鄂尔多斯区）尖灭缺失。

由层型剖面向东，到华北的东部、南部（包括鲁西区和辽东吉南区的大连一带），馒头组迅速增厚到 300 m 以上，最厚可达 500 多米（例如山东临沂李官 330 m，大连瓦房店 370 m，江苏铜山 370 m，安徽宿县 440 m，河南汝阳 300 m）。最南部边缘地带的淮南 500 m，陕西陇县 520 m。岩性也有较大变化：上部 170～235 m 仍以紫红色页岩、粉砂质页岩为主，夹生物碎屑含鲕粒灰岩、粉砂岩、砂岩，其中东缘地区淮南—苏北—鲁西—大连—太子河，顶部 20～70 m 砂岩夹层增多，并相变为细砂岩为主（夹紫色页岩、灰岩），江苏省曾称舜耕山砂岩，山东省地矿局（1996）称为洪河段；中下部为灰岩（豹皮灰岩、泥质灰岩、瘤状灰岩、含鲕石灰岩等，有时夹紫红色页岩），厚度在 100 m 以上，两淮地区可达 270～300 m；底部为不厚的（25～50 m）紫红色页岩。

华北西缘北部的桌子山—贺兰山区，馒头组较为特殊，以灰绿色页岩为主，紫红色页岩只呈夹层，并于下部出现较多的石英砂岩及土黄色白云岩，厚 80～120 m。

（2）张夏组　层型剖面的张夏组主要为厚层鲕粒灰岩和藻灰岩，其下与馒头组紫红色页岩呈整合接触，其上与崮山组薄板状灰岩、灰绿色页岩亦呈整合接触，上下界线均较明显。典型的张夏组见于华北鲁西及太行山（中南段）。这一带的张夏组从下而上基本均由中厚层鲕粒灰岩、灰岩、藻灰岩互层组成，厚 200 m 左右，地貌上形成大的陡壁。但整个华北张夏组变化颇大，该组穿时现象亦较明显。

自层型向东南，到鲁中南地区，张夏组厚 200 m 左右，但三分性明显，除下部、上部仍为鲕粒灰岩、灰岩外，中部出现 50～100 m 厚的黄绿色页岩夹薄层灰岩，《山东省岩石地层》（山东省地矿局，1996）称盘车沟页岩段。

山西区的霍山、吕梁山区张夏组也显示三分性，但中段为薄层、薄板状灰岩夹绿色页岩及竹叶状灰岩。全组厚度自东而西、自南而北，向鄂尔多斯方向渐薄，由 180 m 左右，减至不足 80 m。上下部的鲕粒灰岩层数也渐减少，直至渐变为以中厚层夹薄层灰岩为主。

燕辽区的张夏组，变化较大，东部的唐山、山海关一带及南部的曲阳一带，表现了二分性：下部为灰岩夹灰绿色页岩或二者互层，上部为鲕粒灰岩、灰岩为主，厚 100～140 m。西部的太行山北段（易县、涞源东一带）到山西东北部的恒山（浑源、广灵、灵邱）、五台山一带，显示三分性：下部为中厚层鲕粒灰岩，中部以薄层、薄板状灰岩及竹叶状灰岩、灰绿色页岩为主，上部为鲕粒灰岩夹薄板状灰岩、竹叶状灰岩、灰绿色页岩；恒山—五台山厚 140 m 左右，涞源、易县一带厚 160～200 m。北部的河北怀来、辽西涞源等地全部为鲕粒灰岩、灰岩，厚 200～210 m。特殊的是河北兴隆县以北—平泉—辽西的锦西富隆山一带，张夏组以白云岩为主，夹灰紫色、紫褐色、灰绿色页岩，鲕粒灰岩仅在其中部或顶部呈夹层出现。

辽东吉南区的张夏组，变化也较大。太子河流域较为典型，全组基本上为鲕粒灰岩、灰岩，厚 150～240 m。大连一带类似于鲁中南地区具三分性：上部灰岩、鲕粒灰岩，厚 112 m；下部黑色、黄绿色页岩夹泥质条带灰岩及鲕粒灰岩，厚 78 m；底部中厚层鲕粒灰岩，厚 14.5

m。吉林浑江一带，上部主要为中厚层生物碎屑灰岩，含海绿石生物碎屑灰岩，厚 70 m；下部为黄绿色页岩夹鲕粒灰岩、含鲕粒生物碎屑灰岩，厚 90 m。

华北南部的张夏组也较为典型，为中厚层鲕粒灰岩，夹厚层灰岩。厚度自北向南、自西向东增大，安徽淮南一带厚度可达 230 m 以上。但该区张夏组上部多已白云岩化，而应归属三山子组（$\hat{z}$ 段）。白云岩化的厚度自北向南逐渐增加，例如固始一带，自顶面向下白云岩化达 170 m；河南叶县一带张夏组原始厚 270 m，上部 150 m 白云岩化；向北登封一带厚 180 m，上部 60 m 白云岩化。

华北西缘的张夏组变化较大，特别是南北向变化较明显。南部的陕西陇县、甘肃平凉一带，厚 150 m 左右，岩性为鲕粒灰岩夹灰岩，与华北南缘类似，上部大多白云岩化，未白云岩化部分仅 50 m 左右。北部的张夏组类似于燕辽区西部，而泥质条带灰岩、薄层灰岩与竹叶状灰岩更多，中部尚出现大量绿色页岩夹层，鲕粒灰岩多呈夹层出现，所以其与上覆崮山组及下伏馒头组的分界较难确定，若下以灰岩为主划界，上以厚层鲕粒灰岩消失划界，张夏组厚度为 170～310 m，大致表现为东北薄、西南厚。

鄂尔多斯及内蒙古大青山区，张夏组极不发育，其东、南、西边缘可能有厚度小于 60m 的薄层灰岩，向北部及中心部分逐渐变薄，以至尖灭缺失。

综观华北区张夏组，除鄂尔多斯区大多缺失外，各地均较发育。自鄂尔多斯向东、南、西三个方向厚度渐增，大多数地区在 200 m 左右，西缘、南缘厚可达 300～400 m。中南部及东北部广大地区多以灰岩、鲕粒灰岩为主；南部地区（包括西缘及南缘），张夏组自上而下白云岩化，最厚可达 170 m；北部燕辽区及西缘区北段，张夏组中出现大量薄层灰岩、竹叶状灰岩和灰绿色页岩；此时张夏组顶界应以厚层鲕粒灰岩消失划界，底界则应在馒头组紫红色页岩之上，由页岩为主（包括绿色页岩）转变为以灰岩（不一定是鲕粒灰岩）为主时划界。

张夏组富含三叶虫化石。

（3）崮山组　命名时称“崮山页岩”。崮山组岩性为青灰色薄板状、瘤状灰岩夹竹叶状砾屑灰岩及灰绿色页岩（或为互层），并夹少量中厚层灰岩、含鲕粒灰岩、藻礁灰岩。崮山组与下伏张夏组及上覆炒米店组的分界，应以页岩的出现与结束划界，该组穿时比较明显。

华北各地的崮山组岩性组合特征基本一致。一般来讲，在纵向上，上部页岩夹层较少；横向上，东部较西部页岩夹层少，南部鲕粒灰岩夹层多。

崮山组的厚度以西缘的贺兰山一带最厚，达 300～400 m；其次为北部的辽东吉南区、燕辽区唐山及复州湾、浑江一带，厚度大于 200 m；山西大同—恒山、五台山—太行山北段—辽西凌源一带，厚度也多在 100～200 m 之间；东部的鲁西、沂蒙山区、苏北徐州一带，厚度在 150 m 左右；南部的崮山组厚度也较大，多在 100～160 m 之间，但均白云岩化，而归属三山子组（g 段）；山西区的崮山组厚度较薄，自太行山区中段的 80 m 左右，向西至吕梁山区减薄至 50～60 m，到鄂尔多斯区厚度小于 30 m；北部的大青山区，崮山组厚度达 140 m。

崮山组含三叶虫化石丰富（南部白云岩化区除外），很易采到，上部页岩中尚可采到笔石。

3. 炒米店组、冶里组、亮甲山组

炒米店组、冶里组、亮甲山组构成华北早古生代地层的中部。三个组的原始分布虽遍及全区，但大部分地区均已白云岩化（归入三山子组），且南缘的两淮及河南嵩山以南地区和北缘的大青山、桌子山一带多被侵蚀剥蚀（马家沟组沉积前或后）。保留完整且未被白云岩化的地区主要在燕辽区和辽东吉南区。

（1）炒米店组　命名时称“炒米店灰岩”。由于命名时缺乏连续完整的地层剖面，顶底界不明确（顶部白云岩化，底部有具砾状特征的板状灰岩过渡层），与河北唐山地区命名的冶里组又无衔接关系，故二者关系不清。按华北区岩石地层统一划分原则，炒米店组定义为下伏崮山组和上覆冶里组（均为薄板状灰岩、竹叶状灰岩、灰绿色页岩组合）之间的，以中厚层灰岩为主的一套地层；底界和顶界均以下伏、上覆地层岩性组合的结束和出现划界。

按上述统一划分的炒米店组，岩性较为单一，主要为中厚层灰岩，有时含大量藻礁灰岩（辽东吉南区称大涡卷灰岩）或夹少量砾屑灰岩。在南部和西部白云岩化地区，则呈现为厚层、巨厚层粗晶白云岩，划归三山子组（ĉ 段），层面间有时出现一些绿色泥质薄膜。白云岩有时含零星燧石结核。

炒米店组的厚度（除已剥蚀地区外）北薄南厚。北部的辽东、燕辽地区及鲁西地区多在 25～60 m 之间；向南渐厚，太行山北段 65～85 m，太行山南段 100 m 左右，河南境内多达 120 m 以上，但均已白云岩化而划入三山子组（ĉ 段）。根据边缘零星出露和一些井下资料，鄂尔多斯区炒米店组厚 10～20 m，但也已白云岩化。该组亦为一穿时明显的岩石地层单位。

炒米店组在灰岩区三叶虫化石丰富，而南部白云岩化区很难采到化石。

（2）冶里组　命名时也称“冶里灰岩”，但其实际岩性，下部为厚层灰岩，上部为薄层灰岩、竹叶状灰岩夹页岩。之后该组底界几经变更，但多以生物确定的奥陶系与寒武系分界面而移动，以致使冶里组实际上变成了年代地层单位。从唐山开平一带的地层剖面看，张夏组之上直到前人所称冶里组下部的灰岩底面，其岩石组合面貌与山东命名的崮山组完全一致。按岩石地层划分，无疑全部应属崮山组，之上出现的厚层灰岩，理应为炒米店灰岩。这样，河北唐山命名的冶里组与山东长清命名的炒米店组就出现了地层重叠，因此也导致了华北各省的认识不一致。按命名优先原则（炒米店组命名早于冶里组），冶里组应予以厘定，其下部的灰岩应划归炒米店组。这样的处理也与整个华北早古生代地层的划分协调一致。

新含义的冶里组，岩性为薄层灰岩夹竹叶状灰岩、灰绿色页岩，但除北部燕辽区、辽东吉南区外，大多已白云岩化为薄层细晶白云岩夹竹叶状白云岩及灰绿色白云质页岩（北纬 36°30′以南一般不出现白云质页岩）。

冶里组的厚度表现为北厚南薄、东厚西薄。吉林南部最厚，可达 328 m；辽东太子河一带次之，厚 186 m；辽东复州湾、河北平泉、山西恒山一带，厚 100 m 左右；燕辽区大多在 70～75 m。山西怀仁、原平—河北平山一线以南的冶里组（均已白云岩化），厚 50 多米，继续向南减为 30～40 m；河南及淮南地区，大多侵蚀缺失。鄂尔多斯区厚 30～60 m。

华北西缘南段的冶里组与华北南缘相同，厚度不大，26～45 m，为薄层白云岩夹竹叶状白云岩；北段较为特殊，这里的冶里组，虽位于白云岩化的炒米店组之上，但岩性却以薄层灰岩、燧石灰岩为主夹厚层白云岩，顶部是绿色板岩（当地称大南池组）。该组穿时明显。

冶里组化石较为丰富，有三叶虫、笔石等。但南部白云岩化区，化石较难采到，中部白云质页岩中尚能采到种属单调的三叶虫。

（3）亮甲山组　其含义为冶里组之上马家沟组之下的一套厚层、中厚层石灰岩、燧石灰岩，常夹少量砾屑灰岩。

亮甲山组的分布和保留范围比冶里组更小，而白云岩化的范围则更大一些。全部为灰岩（未受白云岩化）的亮甲山组，仅见于辽东吉南区和华北北部的平泉—蔚县一带。这一带的亮甲山组也最厚，太子河一带达 150 m，复州湾 124 m，平泉 191 m，蔚县 224 m，吉林浑江达 311 m。燕辽区亮甲山组厚度大多在 140～170 m，但上部 1/2 左右已白云岩化；向西、向南至山西、鲁西区，亮甲山组则全部白云岩化而划入三山子组（l 段），其厚度为 100～140 m，向南逐步变薄；霍山以南和整个华北南部区及西缘南段，亮甲山组全部缺失。

亮甲山组生物主要有头足类及少量腕足类、三叶虫等。白云岩化区化石同样较为稀少。

4. 三山子组

三山子组指马家沟组底部平行不整合面之下，其底面为不同层位的一套白云岩层，是华北早古生代的一个特殊的岩石地层单位。根据这套白云岩中可见到未白云岩化地层的残留体，白云岩层与未白云岩化地层在宏观构造特征及厚度变化规律上的一致性等，可以认为三山子白云岩组是张夏组—亮甲山组地层成岩后白云岩化的结果。

三山子（白云岩）组广泛分布于华北北部及辽东吉南区以外的地区。其厚度南厚北薄，从上述各组的白云岩化情况，也可看出华北各地三山子组的岩性组合及其白云岩化的层位不尽相同。燕辽区三山子组 0～100 m 左右，仅亮甲山组全部或部分白云岩化，岩性为中—厚层白云岩、燧石白云岩。鲁西、山西区的北部—中部，三山子组厚 130～180 m，白云岩化包括冶里组以至炒米店组；前者为薄层白云岩夹白云质页岩、竹叶状白云岩，后者为厚层粗晶白云岩。山西区南部，崮山组几乎全部白云岩化，厚 200～230 m。南部区，张夏组上部，以至中部亦白云岩化，厚 230～290 m，淮南一带最厚可达 300 m 以上。

三山子组与上覆马家沟组间为平行不整合，前者在马家沟组沉积前，南部地区曾相对抬升，遭受剥蚀。所以，该组由北向南白云岩化层位渐低，而上部被剥蚀地层则越多。白云岩化了的亮甲山组（三山子组 l 段）由北向南逐渐变薄，到山西区南缘全部侵蚀缺失；继向南到华北南部区，白云岩化的冶里组、炒米店组（三山子组 y 段、ĉ 段）相继缺失。华北南缘一些地段，马家沟组可以直接不整合于白云岩化的崮山组，甚至张夏组（三山子组 g 段、ẑ 段）之上。该组为一穿时明显的岩石地层单位。

5. 马家沟组

命名时称“马家沟灰岩”，指石炭系底部平行不整合面之下，亮甲山组灰岩之上的一套以厚层灰岩为主的碳酸盐岩地层。命名后，“马家沟灰岩”为华北广大地区所采用。之后虽进一步划分为上、下马家沟组，或仅将马家沟灰岩的一部分称马家沟组，但“马家沟”一名却未被废弃。现所称马家沟组是指华北广大地区晚古生代地层底部平行不整合面之下，亮甲山组或三山子组之上的一套以厚层灰岩为主的碳酸盐岩组合。该组为一典型的穿时地层单位。

马家沟组原始沉积广泛分布于华北全区，但由于后期的地壳变动，华北南北两侧边缘地带马家沟组多保留不全，甚至早已被剥蚀殆尽，所以马家沟组于山西太行山区—鲁西沂蒙山区，保留地层最厚，最齐全，岩性组合也最具代表性。这一地区的马家沟组显示了由泥质白云岩、白云岩（有时夹石膏层）—厚层石灰岩的基本层组合，并由下而上宏观上显示了由泥质白云岩段—石灰岩段—泥质白云岩、白云岩与石灰岩互层段组成的三个沉积旋回八个段（第三个旋回的顶部互层段未出现）的组合特征。这也是河北省地层表编写组（1979）采用的三组八段的划分依据。至今也有主张划分六个岩性段的，即将灰岩段与之上的白云岩、灰岩互层段，合并为一个段（但这样划分，六个段之间的比例显得很不相称）。

山西太行山区—鲁西沂蒙山区，马家沟组厚度多在 500～600 m 之间；向西渐薄，到山西中部霍山一带厚 400～500 m，吕梁山一带厚 350～400 m，鄂尔多斯区一般厚 200 m 左右；但在陕北米脂县南北一带，膏盐沉积（夹岩盐层）发育，沉积厚度达 900～1 000 m（冯增昭等，1991）。由鲁西、山西区向南北两个方向，本组厚度随上部地层逐渐被剥蚀而变薄。燕辽地区南部一般缺失上部两个段，厚 300～350 m；向北逐渐变薄，到北部边缘大多被剥蚀殆尽。华北南部东段徐州、宿县一带，缺失最上部岩性段，厚 480～500 m；到淮南一带剩四、五两个岩性段，厚 250～330 m。南部西段河南嵩山北侧仅剩底部两个岩性段，厚 116 m；嵩山以南则剥蚀殆尽。

辽东吉南区的马家沟组也颇发育，厚 400～700 m。岩性以厚层灰岩为主，夹角砾状灰岩、薄层灰岩、含燧石灰岩，但白云岩不发育。山西区所显示的三个旋回性在该区不明显，与下伏亮甲山组呈连续沉积。

西缘区的马家沟组虽被断层分割而出露零星，且上覆、下伏地层与华北区主体部分亦有差异，但基本上仍具马家沟组特征。西缘南段陕西铜川—岐山—陇山—宁夏同心一带，地方性岩石地层名称为麻川组、水泉岭组、三道沟组，岩性为厚层石灰岩夹薄层灰岩、白云质灰岩、豹皮灰岩等，总厚 580～800 m，东薄西厚，其下与三山子组白云岩呈平行不整合，其上与克里摩里组（原称桃曲坡组）呈整合接触；西缘中段银川、贺兰山一带，地方性名称为天景山组，岩性为含燧石灰岩、白云质灰岩、含泥质砂网纹结晶页岩，厚 900～1 000 m（可能包括了亮甲山组，但二者界面划在何处尚需进一步研究），与上覆地层克里摩里组（原称米钵山组）呈整合接触；西缘北段宁夏灵武—内蒙古桌子山一带，地方性名称为三道坎组、桌子山组，其岩性下部为石英砂岩—砂质灰岩、生物屑灰岩、白云质灰岩互层，上部为石灰岩、燧石灰岩、白云质灰岩，总厚 240～680 m，北薄南厚，其下与三山子组呈平行不整合接触，其上与克里摩里组呈整合接触。

北缘大青山等地马家沟组，现今虽呈零星残留分布，但原始沉积并非很薄，岩性为厚层灰岩、薄层泥质灰岩、白云质灰岩，上部夹瘤状灰岩、豹皮状灰岩及少量泥质、砂质灰岩，厚可达 600 多米，曾称山黑拉组、二哈公组、乌兰胡洞组（林宝玉等，1984）。

马家沟组产有丰富的头足类、腹足类、腕足类及三叶虫等化石。

6. 克里摩里组、龙门洞组、背锅山组

华北西缘地层分区以发育位于马家沟组之上的数十米至千米归属于奥陶纪的地层，而有别于华北区的主体部分。它们空间分布比较广泛，但出露零星且不连续，故不同研究者先后建立了繁多的地层单位，以致它们在地层序列中的位置，至今仍处于并列的状态。总的看来，它们之间以及它们与马家沟组之间并非简单的上下关系（表 5-3），现仅选用其中的克里摩里组、龙门洞组和背锅山组作为该分区这套地层的代表，分别简介于下：

（1）克里摩里组　克里摩里组由关士聪、车树政 1955 年创名于内蒙古桌子山拉什仲庙。岩性为黑色薄层灰岩夹黑色、灰绿色页岩，分布于桌子山—环县南北地带。下伏地层为马家沟组（原称桌子山组），上覆地层为龙门洞组（包括原称的平凉组、段家峡组、乌拉力克组等），整合接触。克里摩里组岩性及厚度在区域上较稳定：桌子山层型厚 240 m；宁夏同心张大井，岩性主要为黑色薄层灰岩夹黑色板岩，厚度大于 265 m（当地称为米钵山组）；甘肃环县车道乡南庄子，岩性为砾状灰岩、瘤状灰岩、泥质条带灰岩相间，下部夹黄绿色页岩，厚 76 m（林宝玉等称为南庄子组、车道组，1975）；陕西礼泉—耀县一带，岩性为灰黑色厚层灰岩、底部有燧石灰岩、砾状灰岩，上部夹黑色页岩，厚 300 m 以上（以往多称为桃曲坡组）。

克里摩里组的黑色页岩中，含丰富的笔石，灰岩中含三叶虫、腕足类等。

（2）龙门洞组　龙门洞组由陈均远 1978 年（张文堂 1979 介绍）命名于陕西陇县新集川龙门洞。岩性为黑色（上部灰蓝色、蓝绿色）页岩夹钙质页岩、硅质页岩、灰岩等。

本书统称的龙门洞组是指华北西缘马家沟组和克里摩里组之上，一套以黑色、灰绿色页岩为主夹粉砂页岩、薄层灰岩、凝灰质砂岩、砂岩的地层。其下伏地层为克里摩里组，整合接触；上覆地层为背锅山组，平行不整合接触。

表 5-3 华北西缘地层分区奥陶纪岩石地层单位划分对比简表

Table 5-3 The division and correlation table for Ordovicion lithostratigraphic units in Western margin of stratigraphic subregion, North China

地层单位及创名 / 时间 地区 / 岩性组合	陕西陇县 段家峡	陕西陇县 龙门洞	陕西陇县 李家坡背锅山	甘肃平凉 铜洞官庄	宁夏 米钵山	内蒙古 桌子山	甘肃环县 石板沟	甘肃环县 车道南庄子	陕西耀县
厚层灰岩、砾状灰岩、瘤状灰岩夹少量页岩		背锅山组*	背锅山组(1963)		银川组(1989)				
黑、绿、灰色页岩夹灰岩、粉砂质岩、砂岩、泥岩夹砂岩	段家峡组(1975) 马渠岭组(1975)	龙门洞组*(1978)	平凉组	平凉页岩(1923)	平凉组	拉什仲组(1955) 乌拉力克组(1955)	姜家湾组(1984) 平凉组		赵老峪组(1983)
厚层灰岩夹砾状灰岩、黑色页岩					米钵山组	克里摩里组*(1955)		车道组(1975) 南庄子组(1975)	桃曲坡组(1975)

注：*为选择保留的岩石地层单位名称；下伏地层均为马家沟组

龙门洞组发育于陇县—岐山、扶风、礼泉一带及陇县以北—宁夏贺兰山—内蒙古桌子山一带。岩性及厚度变化较大，大致显示为自 NE 向 SW 厚度增大的趋势，岩性变得较复杂。内蒙古桌子山区，下部为黑色页岩夹凸镜状砾岩，厚 34 m（当地称为乌拉力克组）；上部为灰绿色、灰黑色页岩、泥岩、灰质细砂岩夹灰岩砾岩，厚 55～140 m（当地称为拉什仲组）。宁夏灵武以北一带，下部为黑色、灰色页岩夹灰岩；上部为灰绿色砂质页岩—砂质泥灰岩组成的韵律层，总厚 311 m。向南到彭阳县贺兰山，岩性主要为浅紫红、紫灰、黄绿色中厚层凝灰质细砂岩、页岩互层，厚度大于 539 m。贺兰山区的银川市榆树沟，岩性为灰、灰绿色细粒长石砂岩，粉砂质板岩、板岩不等厚互层，夹多层砂质灰岩、灰岩凸镜体，厚 1 420 m（《宁夏回族自治区区域地质志》划归平凉组下段）。甘肃环县石板沟，下部为灰绿色紫灰色页岩、泥岩夹薄层灰岩；中部为砂岩夹砂质泥岩；上部为泥岩、页岩夹少量细砂岩，总厚 1 134 m（《西北地区区域地层表·甘肃省分册》划为平凉组上段；杜德民 1984 年将中上部称为姜家湾组）。陕西陇县段家峡，岩性为灰绿、灰黑色粉砂质页岩夹薄层灰岩、凝灰质砂岩、砾状灰岩，厚度大于 924 m；岐山苜蓿河与段家峡岩性相同，厚 1 470 m。层型所在的陇县新集川龙门洞，厚 146.9 m（原称平凉组）；向西到礼泉县庄河沟—唐王陵一带，下部为黄绿色页岩夹石英砂岩、硅质白云岩，上部为黄绿间紫红色泥砾岩、块状复成分砾岩，厚 700 m（《陕西省岩石地层》称为唐陵组）。耀县相变为深灰色、灰黑色薄板状的页状泥晶灰岩夹粒序砂屑灰岩、凝灰岩、角砾状砂屑灰岩为特征的重力流深水碳酸盐岩沉积（陈景雄、梅志超，1986 年称为赵老峪组）厚 200～400 m。

龙门洞组页岩富含笔石化石，灰岩中可见腕足类、头足类、珊瑚、三叶虫等化石。

（3）背锅山组　背锅山组由车福鑫 1963 年创名于陕西陇县新集川李家坡村北的背锅山。

岩性为灰色、红色厚层块状灰岩、燧石条带灰岩、瘤状灰岩夹少量页岩，平行不整合于龙门洞组之上。其上被晚古生代地层平行不整合覆盖。其分布较广，主要见于华北西缘区中带，岩性及厚度变化不是很大。层型剖面顶部不全，厚 130 m；相距不远的龙门洞剖面上较发育，厚度大于 403 m；宁夏彭阳县罗洼石节子沟，岩性为灰、浅棕色含燧石条带灰岩，泥质斑纹灰岩夹薄层灰岩，出露厚 142.6 m；银川榆树沟岩性为薄层泥质条带灰岩，块状灰岩，厚层泥质细纹灰岩，厚度大于 349 m（《宁夏回族自治区区域地质志》划为平凉组上段）。

背锅山组的灰岩中含有丰富的珊瑚化石，也含有头足类、腕足类、腹足类及三叶虫等化石，页岩中含笔石化石。

二、地层多重划分对比

（一）生物地层划分

寒武纪、奥陶纪地层中含有丰富的生物化石，主要有三叶虫、笔石、头足类、小壳类、古杯类、古介形类、苔藓类、珊瑚、牙形石、藻类等。但对年代地层划分有重要意义和研究程度相对较高的门类为三叶虫、头足类、笔石、牙形石。

自 19 世纪末至今，一个世纪以来，几代古生物地层学家先后开展了对三叶虫、头足类、笔石、牙形石等生物及生物地层的研究，并相继建立了某个地区或全华北的生物地层单位。本次研究，通过搜集、归纳、比较、综合有关资料，编制出华北寒武纪、奥陶纪三叶虫、头足类、笔石、牙形石等生物地层单位如表 5-4。

三叶虫在华北整个古生代时期均较兴盛，以寒武纪—早奥陶世两河口期最为繁盛。华北各地（寒武纪—奥陶纪初）三叶虫的研究程度普遍较高，到目前已建立了较为一致的 24 个（或更多一些）三叶虫带，成为确定早古生代辛集组—冶里组各个岩石地层单位年代属性的主要依据。

晚寒武世时笔石即已出现，但由于保存条件的限制，在华北早古生代地层中，主要出现于崮山组、冶里组和西缘的克里摩里组、龙门洞组、背锅山组的黑色、灰色、灰绿色、黄绿色页岩中。目前共划分出 5 个笔石带，是华北西缘中晚奥陶世地层时代确定的主要依据。

头足类在奥陶纪时期较为繁盛，但研究程度远不及三叶虫。目前已建立化石带（或组合）7 个以上。在华北西缘克里摩里组、龙门洞组、背锅山组中笔石和头足类在地层中相间出现，这就形成了华北各地层分区与华南奥陶纪地层进行年代地层对比的纽带，进而确立了头足类在华北奥陶纪岩石地层单位亮甲山组、马家沟组年代属性研究、划分中的地位。

华北牙形石的研究起步较晚，始于 70 年代，研究程度较低，但在一些地区已取得了长足的进展和可喜的成果。河北、辽东、河南、宁夏各省（自治区）已建立了（晚寒武世—中奥陶世）17 个以上的牙形石带，这对华北早古生代生物地层和年代地层划分对比，特别是华北南部广泛分布、但含大化石极为稀少的三山子（白云岩）组的地层层位和地质年代确定，具有重要意义。

华北早古生代还含有一些其他门类的化石，它们有的在某些层位中较为丰富，可建立一些单独的生物带；有的对某个岩石地层单位的时代确定具有重要作用和意义，如辛集组中的小壳化石，背锅山中的珊瑚（*Agetolites multitabulatus* - *Sarcinula kiangsiensis* 带）等。

（二）年代地层划分

华北寒武纪、奥陶纪的年代地层划分，在几个问题上长期以来存在着不同认识和争论，主要有：毛庄阶归属下寒武统抑或中寒武统；奥陶系三分，还是两分，若三分，下、中、上三个统分界划在何处（而这直接涉及到马家沟组的时代归属）。

毛庄阶的归属，现大多倾向于将其置于中寒武统。本次研究，对寒武系统一划分为下寒武统（梅树村阶、筇竹寺阶、沧浪铺阶、龙王庙阶）、中寒武统（毛庄阶、徐庄阶、张夏阶）及上寒武统（崮山阶、长山阶、凤山阶）。

对于奥陶系的划分问题，目前划分意见仍有较多分歧（见表5-5），华北各省的划分也不一致。

表5-5　奥陶系划分方案表

Table 5-5　Ordovision system division programme

方案1 《中国的奥陶系》 （赖才根等，1982）			方案2 《国际地层时代对比表》 （王鸿祯等，1990）		方案3 《中国区域地质概论》 （程裕淇主编，1994）	
上奥陶统	钱塘江亚统	五峰阶	钱塘江统(O_3)	五峰阶	上统	五峰阶
		临湘阶		临湘阶		石口阶
	艾家山亚统	宝塔阶	艾家山统(O_3)	宝塔阶	中统	滞江阶
		庙坡阶		庙坡阶		胡乐阶
下奥陶统	扬子亚统	牯牛潭阶	扬子统(O_2)	牯牛潭阶	下统	宁国阶
		大湾阶		大湾阶		
	宜昌亚统	红花园阶	宜昌统(O_1)	红花园阶		
		两河口阶		两河口阶		新厂阶

据华北七省（市）成果验收评审会议对若干遗留问题的处理意见，以庙坡阶底界作为下、中奥陶统的分界。这样实质上即采用三分的方案（即统采用表中方案3的划分，而阶则采用方案1、2的划分）。具体划分为：下奥陶统——两河口阶、红花园阶、大湾阶、牯牛潭阶；中奥陶统——庙坡阶、宝塔阶；上奥陶统——临湘阶、五峰阶。

（三）岩石地层单位的年代属性及穿时性

华北寒武纪—奥陶纪各岩石地层单位的年代属性是根据三叶虫、牙形石、头足类、笔石等生物化石确定的（表5-4），且显示了明显的穿时特征（图5-1、2）。

（1）辛集组　分布于华北南缘、东缘和西缘的辛集组，根据含三叶虫*Hsuaspis*，腕足类和小壳化石，地质年代属早寒武世沧浪铺期早阶段。有的学者认为河南、淮南、吉林浑江水洞等地含小壳动物的层位，可与梅树村阶—筇竹寺阶对比，但也有一些学者认为水洞辛集组中的小壳化石，从壳体形态特征看，已演化到一个新的阶段，显然不同于梅树村阶而予以否认。

（2）朱砂洞组　华北各地的朱砂洞组，大多含有三叶虫*Palaeolenus*（*Megapalaeolenus*）带，地质时代应属沧浪铺期中、晚阶段。

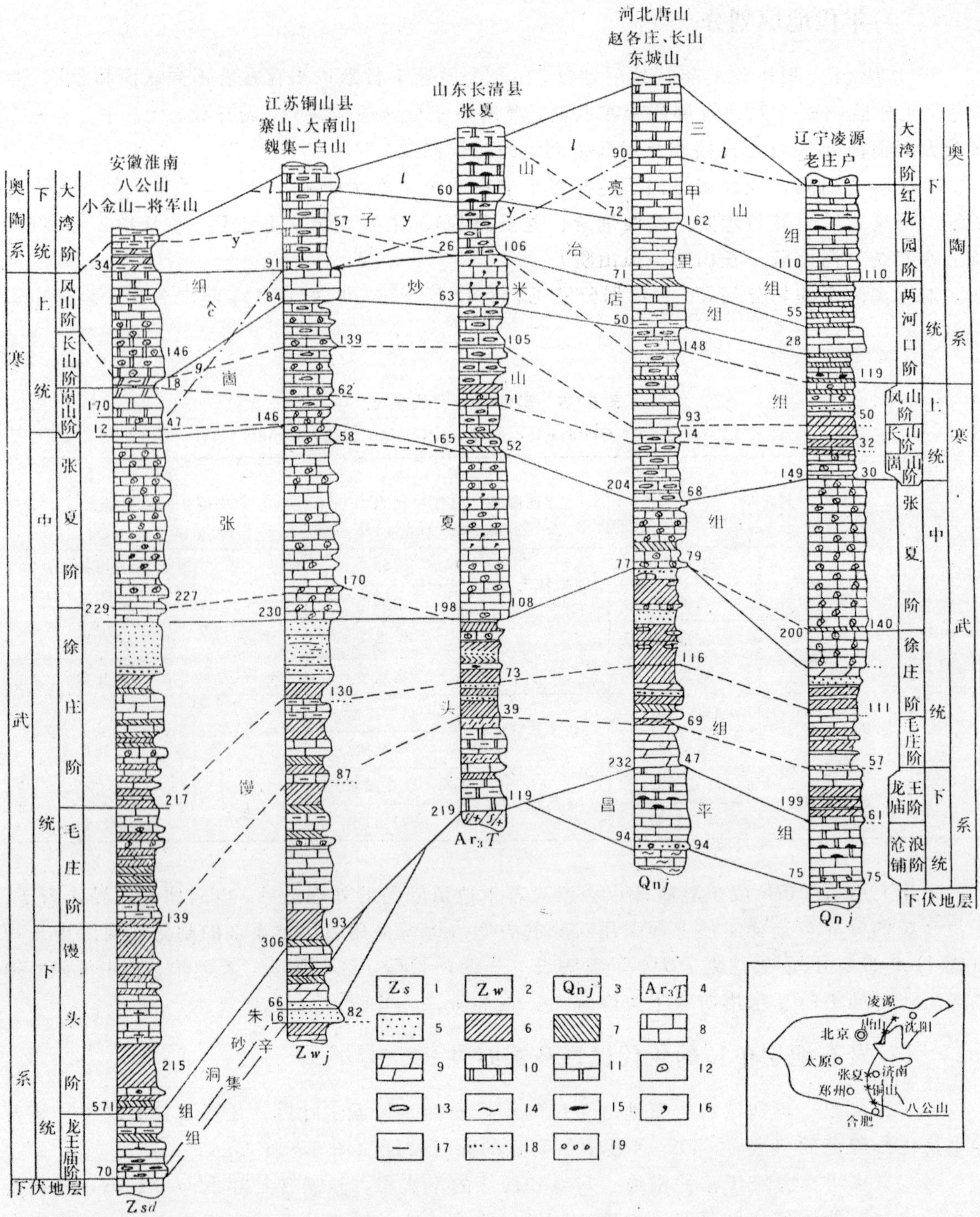

图 5-1　华北晋冀鲁豫地层区寒武纪—早奥陶世早期岩石地层及年代地层柱状对比图（一）

Fig. 5-1　Columnar section correlation map for Cambrian - Early stage of Early Ordovision lithostratigraphy and chronostratigraphic units in Shanxi - Hebei - Shandong - Henan stratigraphic region, North China

1. 四顶山组；2. 魏集组；3. 景儿峪组；4. 泰山（岩）群；5. 砂岩；6. 红紫色页岩、含粉砂页岩、砂质页岩、粉砂岩 7. 绿、淡黑、灰色页岩、含粉砂页岩、粉砂岩；8. 灰岩；9. 泥灰岩；10. 白云岩；11. 白云质灰岩；12. 鲕粒；13. 竹叶状；14. 豹皮状；15. 遂石结核；16. 藻凝块；17. 泥质；18. 砂质；19. 砾质

（注：地层柱左侧数字为岩石地层单位厚度（m）；右侧为年代地层单位厚度（m））

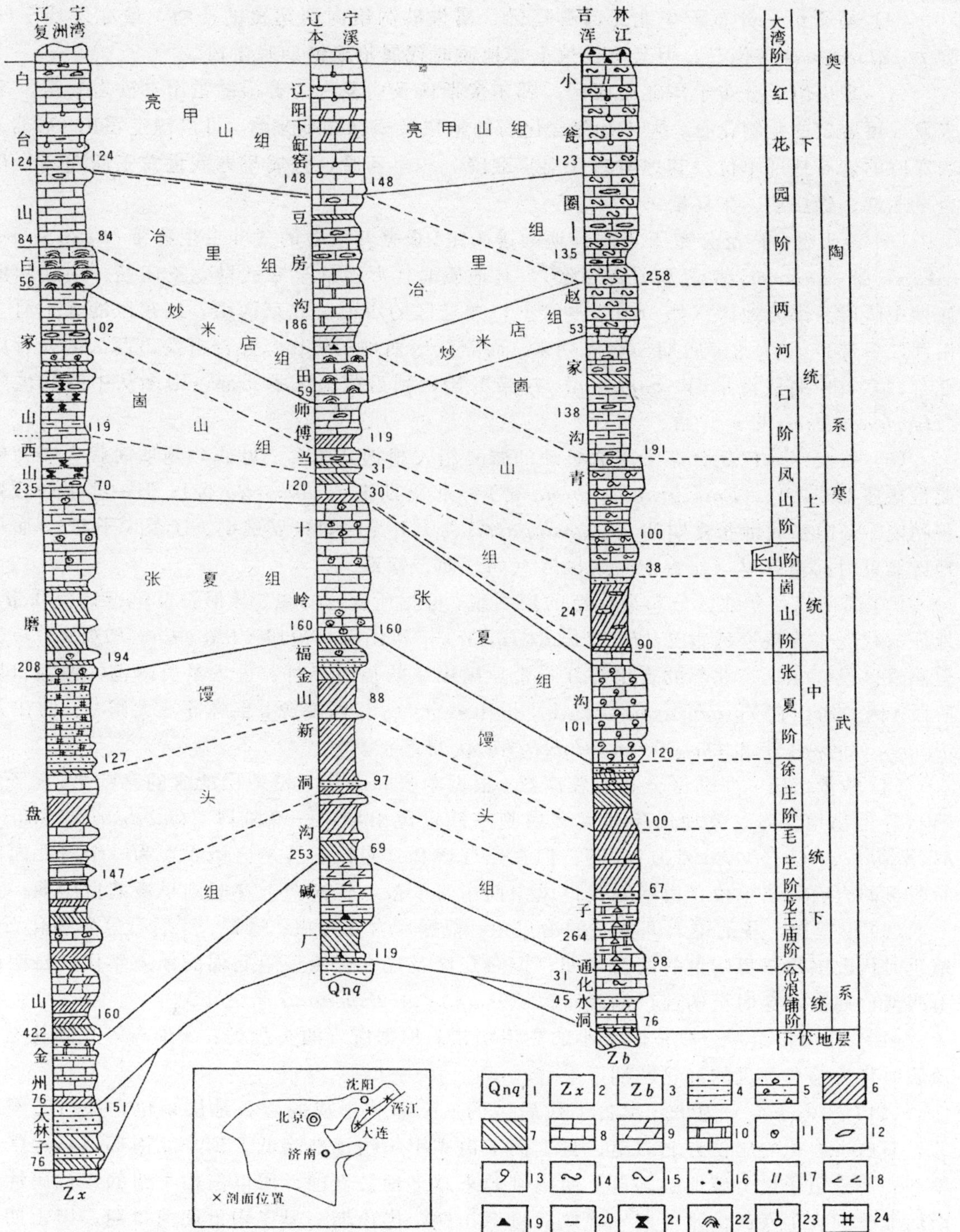

图 5-2　华北晋冀鲁豫地层区寒武纪—早奥陶世早期岩石地层及年代地层柱状对比图（二）

Fig. 5-2　Columnar section correlation map for Cambrian - Early stage of Early Ordovision lithostratigraphy and chronostratigraphic units in Shanxi - Hebei - Shandong - Henan stratigraphic region, North China

1. 桥头组；2. 兴民村组；3. 八道江组；4. 砂岩；5. 含砾砂岩；6. 红紫色页岩、含粉砂页岩、砂质页岩、粉砂岩；7. 绿、黄、黑、灰色页岩、含粉砂页岩、砂质页岩、粉砂岩；8. 灰岩；9. 泥灰岩；10. 白云岩；11. 鲕粒；12. 竹叶状；13. 生物屑；14. 豹皮状；15. 条带状；16. 砂质；17. 白云质；18. 砾质；19. 沥青质；20. 泥质；21. 瘤状；22. 涡状；23. 燧石结核；24. 含海绿石

（注：地层柱左侧数字为岩石地层单位厚度（m），右侧为年代地层单位厚度（m））

(3) 昌平组　分布于华北北部燕辽区，属朱砂洞组向西超覆的产物，虽亦发现三叶虫 *Megapalaeolenus* 带化石，但其层位偏上，地质时代属沧浪铺期晚阶段。

(4) 霍山组　分布于华北山西区，鄂尔多斯区及内蒙古大青山的霍山（砂岩）组，至今未发现可鉴定的生物化石，从其上覆含化石的地层及横向相变来看，可以确定霍山（砂岩）组为穿时的岩石地层单位，其地质时代南早北晚，东早西晚，分属早寒武世龙王庙期、中寒武世毛庄期、徐庄期、张夏期。

(5) 馒头组　广泛分布于华北各地的馒头组，根据其所含的三叶虫生物带（*Redlichia murakamii* 带-*Sunaspis* 带或 *Bailiella* 带），其地质时代大多从早寒武世龙王庙期—中寒武世徐庄期中阶段。部分地区（如山东张夏层型，燕辽区的唐山—北京西山，辽东区的太子河—吉南浑江一带），则从龙王庙期—徐庄期末。而燕辽区西部的恒山、五台山及山西区的太行山中北部，多自中寒武世早期 *Shantungaspis* 带开始；到吕梁山区中北部，则多从中寒武世中期（*Hsuchuangaspis* 带）开始。

(6) 张夏组　广泛分布于华北各地的张夏组，根据其所含三叶虫，地质时代大多为中寒武世徐庄期晚阶段（*Poriagraulos abrota* 带）—张夏期末（*Damesella* 带）；但一些地区开始沉积稍晚，自中寒武世张夏期初（*Liaoyangaspis* 带）开始（如张夏层型、辽东太子河），而一些地区结束时间略提早（如吉南）或推迟（如辽西、徐淮）。

(7) 崮山组　华北区分布最广泛的崮山组，根据所含三叶虫、牙形石及笔石等生物带，其地质时代大多自晚寒武世初（*Blackwelderia* 带）—凤山期早阶段（*Tsinania*-*Ptychaspis* 带）。但燕辽区及辽东区东北部的吉南浑江一带，崮山组的顶面穿时，进入早奥陶世的两河口期中阶段（例如唐山在 *Yosimuraspis* 带之上，恒山悬空寺、辽西凌源，吉林浑江大阳岔，均在 *Missisquoia perpetis* 带和 *Dictyonema flabelliforme* 带之上）。

(8) 炒米店组　华北区分布也较广泛，根据本身和下伏上覆地层所含的三叶虫、笔石、牙形石等生物地层带，其地质年代大多属晚寒武世凤山期中—晚阶段（*Quadraticephalus* 带-*Mictosaukia*-*Calvinella* 带或稍低）；但在燕辽区和辽东区，炒米店组表现为一个自北向南穿时明显的岩石地层单位，由晚寒武世凤山期中晚阶段，逐渐向上穿时到早奥陶世中期。

(9) 冶里组　华北中北部分布的冶里组，根据所含三叶虫、笔石、牙形石等生物化石，其地质时代大多属早奥陶世的两河口期；但燕辽区及辽东区冶里组底面的地质年代，自南向北由两河口期初，穿时至两河口期晚阶段（*Asaphellus trinodosus* 带之下）。

(10) 亮甲山组　分布范围最小的亮甲山组，根据所含的头足类、牙形石等生物化石，其地质时代为早奥陶世的红花园期。

(11) 三山子组　为华北早古生代后生的白云岩化形成的岩石地层单位，如前已阐述过的，其白云岩化的层位自北向南、自上而下由亮甲山组逐渐降低，到华北南部，可达张夏组中部；而三山子组上部地层，自北而南则越来越多地被剥蚀。所以三山子组的年代属性，自南而北分别为中寒武世张夏期—晚寒武世崮山期，崮山期—早奥陶世两河口期，崮山期—早奥陶世红花园期，晚寒武世凤山期—红花园期、两河口期—红花园期，以至仅属红花园期或红花园期晚阶段。

(12) 马家沟组　华北普遍分布的马家沟组根据其中所含头足类、牙形石以及通过对西缘与华南大区生物地层的对比，马家沟组的地质年代大多属早奥陶世大湾期、牯牛潭期—中奥陶世的庙坡期；向西到华北西缘部分地区，可延至宝塔期；而西缘的部分地段则自牯牛潭晚期即开始相变为克里摩里组、龙门洞组。

(13)克里摩里组　华北西缘的克里摩里组为一穿时岩石地层单位。桌子山、米钵山一带，含笔石 *Amplexograptus confertus* 带、*Pterograptus elegans* 带，时代属中奥陶世牯牛潭期晚阶段；环县车道一带，含头足类 *Sinoceras chinense* 带，三叶虫 *Hammatocnemis - Nileus - Trinodus* 组合，时代属宝塔期；耀县桃曲坡一带，含头足类 *Yaoxianceras latilobatum* 组合，时代属晚奥陶世临湘期—五峰期早阶段。

(14) 龙门洞组　华北西缘的龙门洞组，也为一穿时岩石地层单位。根据其所含的笔石 *Glyptograptus teretiusculus* 带、*Nemagraptus gracilis* 带，其地质时代大多属中奥陶世庙坡期；但在一些剖面（龙门洞）的上部含笔石 *Climacograptus diplacamthus* 带，表明该组可延续至中奥陶世宝塔期；环县石板沟该组上部含三叶虫 *Nankinolithus - Cyclopyge* 组合，表明时代已延续到晚奥陶世临湘期；铜川上店，含腕足类 *Sowerbyella*、*Nikiforovaena* 等，时代更延至五峰期。

(15) 背锅山组　分布于陇县新集川李家坡、龙门洞、固原县罗洼等陕、甘交界地带的背锅山组，均含有珊瑚 *Agetolites - Sarcinula* 带，地质时代属晚奥陶世五峰期早阶段。但根据李家坡剖面（安太庠，1985）含三叶虫 *Remopleurides* 、*Parisoceraurus* 等，含牙形石 *Yaoxianograthus lijiapoensis* 等，地质时代可下延至临湘期，以至宝塔期。所以背锅山组也为一穿时的岩石地层单位。

三、寒武纪、奥陶纪地层时空分布特征和地球动力学机制

（一）地层时空分布特征

根据岩石地层单位划分对比和沉积地层学方面所显示的地史记录，现将华北寒武纪、奥陶纪地层时空分布特征和地层格架方面的一些认识分述如下：

(1) 华北寒武纪、奥陶纪地层格架再次证明了海水进退规程——呈天平式摆动或称跷跷板式的海水进退。

早寒武纪早期海水自北向南入侵，到中寒武世时达最高水位——最大海泛面；之后海水向北退去，南部相对抬升；到中奥陶世之后，海水向南西方向退去，北部又抬升，并使全华北高出海平面不再接受沉积。

(2) 华北寒武纪、奥陶纪地层是石灰岩、白云岩、石膏、岩盐的重要含矿层位。

华北寒武纪、奥陶纪地层格架由五个体系域组成。每个体系域中海水处于高位时形成的石灰岩最纯，厚度最大；之后若白云岩化，形成的白云岩最纯，厚度也最大。如馒头组插鼓山灰岩，张夏组灰岩，炒米店组灰岩，马家沟组一、三、五段以及三山子组c段白云岩。各体系域海进初期的潮上萨勃哈相沉积可形成石膏矿产，如朱砂洞组下段，馒头组的云泥岩段，马家沟组二、四、六段。

(3) 华北早古生代地层格架除受全球海水进退、海平面升降的影响外，还与华北区边部和内部构造带有密切关系。

如北纬35°带和41°带，大致分别为华北南缘北界和北缘的南界，而中部的38°带也具重要意义，是天平式摆动的支撑轴。这些构造带对沉积矿产的分布也有控制作用，如炒米店组在38°以北多为优质石灰岩，而38°以南为优质白云岩；又如马家沟组在38°以南含丰富的石膏矿床，而38°以北很少有石膏矿床形成。

（二）地球动力学机制探讨

对华北早古生代时期的地球动力学机制的探讨，只能从华北在青白口系景儿峪组沉积之后整体上升为陆，经过近4亿年的长期侵蚀剥蚀准平原化之后，即又迅速下沉，被海水淹没，并一直下沉，接受了1 000～1 500 m厚的以碳酸盐为主的沉积记录中去探讨。不同的学说可以有不同的解释。

（1）地质力学从地球自转产生的动力，可以解释为在晋宁运动之后，华北陆台处于松弛拉张状态，而海水自南向北流注，造成自北而南的几次海侵，形成由辛集组—张夏组的海进沉积体系；海水的北注，必然造成南部地区相对抬升，海水北深南浅，形成了张夏组—亮甲山组的海退沉积体系。到下次地壳运动（即加里东运动）来临，海水又自北而南流注，造成了马家沟组在华北南部的超覆不整合；随着海水继续南注，华北大部分逐步抬升露出海面，海水退向华北南侧，形成了西南缘的陆棚边缘楔体系域。继之而来的加里东运动受南北向挤压，使华北南北两侧伴随两个活动带褶皱而隆起并遭受侵蚀，造成了马家沟组在华北中部38°带附近保存最厚。

（2）板块学说则可用华北板块与相邻板块及洋壳相互作用，以及全球海平面上升来解释，但这方面的专题论文尚不多见。

本次研究认为震旦纪全球经历了2亿年（800～600 Ma）的寒冷时期（程裕淇，1994）后，到寒武纪转入温热期，两极冰雪融化，全球海平面上升。震旦纪初时（秦岭洋壳褶皱变质）华北南部因受拉张形成弧后盆地，并随全球海平面上升造成向华北主体的海进。寒武纪初华北北缘拉张成古亚洲洋（程裕淇，1994），形成了温都尔庙群（大洋拉斑玄武岩），使华北北部海水变深，奥陶纪之后的加里东期褶皱，使华北整体上升，但华北北部上升较早，而南部较晚。所以形成了西南缘的陆棚边缘沉积体系。

第六章

晚古生代（石炭纪、二叠纪）—早中生代（三叠纪）

华北的石炭纪、二叠纪、三叠纪地层是华北晋冀鲁豫地层区地层的重要组成部分。其下平行不整合于奥陶纪地层之上，其上被侏罗纪或更新地层不整合覆盖，之间基本上呈连续整合沉积。

华北的石炭纪—三叠纪地层原始沉积时，遍布全区。中新生代地壳变动，虽然使其大部分被侵蚀剥蚀，但山西、陕西仍有大面积完整保存，其他各省也或多或少地均有保存。

华北的石炭纪、二叠纪地层是这一地区的主要含煤岩系，三叠纪地层则是陕北油田的主要含油层位。石炭纪—三叠纪地层还含有其他重要沉积矿产，故对华北石炭纪—三叠纪地层的研究具有重要的理论和实践意义。

一、岩石地层单位划分及特征

（一）华北石炭纪、二叠纪、三叠纪地层划分简史

华北石炭纪、二叠纪、三叠纪地层的研究，始于19世纪末—本世纪初。到本世纪20～40年代，中外地质学家，如叶良辅（1920）于北京西山，Norin（1922）于太原西山，Mathieu（1923）于河北开平，谢家荣（1932）于苏北贾汪，孙健初（1934）于河南密县，小贯义男（1944）于山东，野田光雄（1938）于辽东等地，先后进行了地层划分，并建立了地方性的以地理名称命名的地层序列。其中以Norin对太原西山的划分和命名——太原统、山西统（合称月门沟煤系）、石盒子统、石千峰统影响最大，并成为对比的标准。

到50年代末，中国科学院地层队（刘鸿允等）对太原西山石炭纪、二叠纪地层的进一步研究和在宁武、武乡等地对石千峰统的进一步划分以及二马营群的建立，使Norin对太原西山和刘鸿允等对山西二叠纪、三叠纪地层的划分，在第一届全国地层会议之后和全国地层规范（草案）颁布之后，逐渐成为华北石炭纪、二叠纪地层对比划分的标准（层型）。从此，华北石炭纪、二叠纪地层的划分和命名逐步得到了统一，原有的地方性地层名称被舍弃。这一统一化的过程，到70年代各省（市、区）编制区域地层表及80年代编写各省（市、区）区域地质志时，已基本完成。

华北石炭纪、二叠纪、三叠纪地层划分和命名的统一，是大势所趋。但由于上述的统一是在当时岩石地层、生物地层、年代地层三者划分统一的观念下进行的，所以在划分统一、名称统一的形式内，隐藏着实质的不统一。如同一名称的地层单位，其划分依据、单位涵义及上下界限并不统一，以致于华北石炭纪、二叠纪、三叠纪地层划分、地层单位间的界线及时

代归属等很多问题，一直在进行争论。

（二）岩石地层单位划分的统一问题

通过对各省提交的岩石地层清理成果中的层型、次层型剖面进行分析、研究、比较，并从已有的划分看，可以肯定，华北地层区石炭纪、二叠纪、三叠纪岩石地层的划分是完全可以统一的（包括统一地层名称）。本次研究对华北晋冀鲁豫地层区石炭纪、二叠纪、三叠纪岩石地层的划分，其指导思想和遵循原则是：①尽量统一全区的岩石地层单位划分和命名；②减少岩石地层单位名称，一般不恢复早已废弃的地层名称；③充分尊重和贯彻华北区有关的地层划分决议、纪要等；④在上述前提下，允许改进华北区已有的有关地层划分方案，使之更符合客观实际，以充分体现岩石地层划分的客观性和优越性；⑤华北地区统一划分，并不等于每个地方的岩石地层单位完全一致，由于岩石地层单位的穿时和相变，不同地层分区、小区发育的岩石地层单位不尽一致；⑥与同期而略早于“全国地层多重划分对比研究”，由煤炭部煤田地质总局主持完成的“华北煤田富集规律研究”课题中关于岩石地层单位的划分，有可能时采用相同的划分和地层名称；⑦统一划分并不影响对已有的一些标志层（特别是一些在一定范围内具特殊岩性且易于辨认的标志层）的地方性名称的使用，但不能在大范围内推广使用。

本次研究对华北石炭纪、二叠纪、三叠纪岩石地层单位的统一划分如表 2-1、表 6-1 所示。

从表 2-1 可以看出，华北石炭纪、二叠纪、三叠纪岩石地层单位可划分为月门沟群、石盒子群、石千峰群、二马营组、延长群。新的划分方案对各省清理成果中组的划分做了改进，突出了基本岩石地层单位——组在空间上的立体展布，因之，不是一个层型剖面所能囊括和表现出来的。新的划分表中月门沟群的太原组、山西组，至石盒子群下亚群的骆驼脖子组、化客头组，自南而北，自下而上呈斜列展布；石盒子群上亚群的大风口组、天龙寺组、神岩组，自南而北，自下而上亦呈斜列展布，这就充分体现了岩石地层单位（月门沟群、石盒子群各组）的穿时性。

（三）岩石地层分区及地层发育特征

根据岩石地层发育状况及控制地层发育的构造等因素，华北石炭纪、二叠纪、三叠纪断代岩石地层分区可划分为中央区、北缘区、西缘区、西南缘区、南缘区和东缘区。断代岩石地层分区与综合地层分区有很大的一致性，但也有一定的差异，特征如下：

1. 中央区

是华北地层区的主体，包括了综合地层分区的鄂尔多斯地层分区、山西地层分区、华北平原地层分区的大部分和鲁西地层分区。本区除缺少大风口组外，各岩石地层单位发育齐全，保存最多，且较完整。根据岩石地层明显的南北向的变化，可进一步划分为三个次级的岩石地层小区。

北部的准格尔—大同—秦皇岛地带：太原组仅发育 1～2 层石灰岩层，山西组厚度大，月门沟群上下两个煤组相距较近，煤层集中，厚度巨大；石盒子群神岩组发育，天龙寺组相变缺失；石千峰群粒度粗，缺失二马营组及延长群。

中部太原—济南广大地域是中央区的主体，是华北石炭纪、二叠纪、三叠纪大多数岩石地层单位的层型所在。

南部长治—济宁地带：太原组灰岩层数达 9～15 层，但开始沉积晚；山西组不发育，厚

表 6-1 华北晋冀鲁豫地层区石炭纪、二叠纪、(早)三叠纪岩石地层单位划分对比表

Table 6-1 Division and correlation table for Canboniferous Permian-(Early) Trias lithostratigraphis units in Shanxi-Hebei-Shandong-Henan stratigraphic region, North China

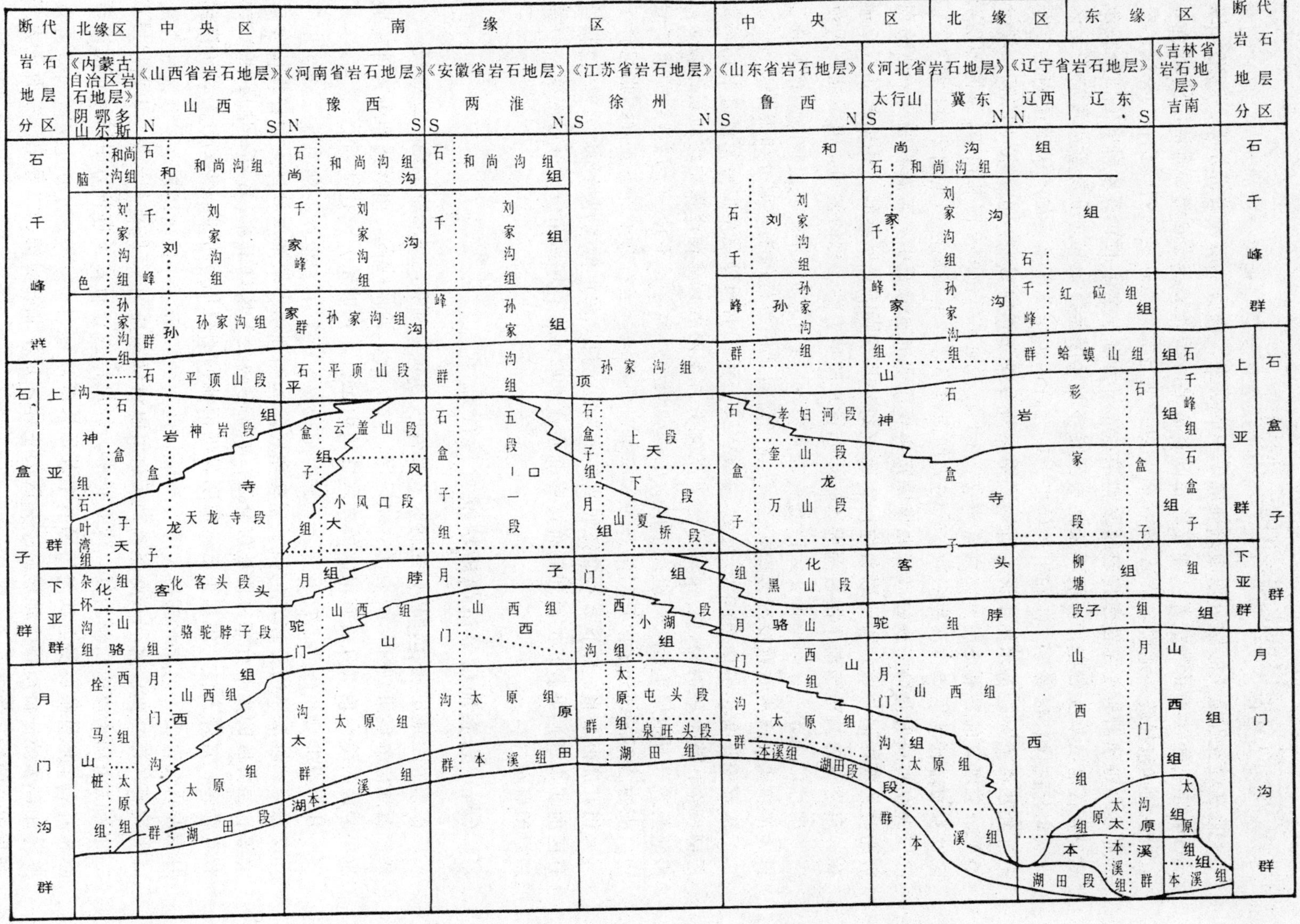

度小；石盒子群主要发育天龙寺组。

2. 北缘区

相当综合地层分区的华北北缘、阴山地层分区及燕辽地层分区的北部，区内石炭纪、二叠纪、三叠纪地层残存甚少。其特征是：月门沟群全部不含灰岩夹层，故只发育山西组；石盒子群上亚群主要由神岩组、平顶山组组成；石千峰群及之上的二马营组，仅局部保存。

3. 西缘区

相当综合地层分区的华北西缘地层分区的中、北段。地层呈南北向展布，各岩石地层单位厚度变化大，东薄西厚。月门沟群太原组之下发育有土坡组。

4. 西南缘区

相当综合地层分区的华北南缘地层分区和华北西缘地层分区的西南段。区内石炭纪、二叠纪、三叠纪地层极不发育，残留更少。

5. 南缘区

包括综合地层分区的豫陕和徐淮地层分区。地层零星残留，但石炭纪、二叠纪、三叠纪各岩石地层单位多有保存。石盒子群含可采煤层，大风口组发育。根据地层明显的南北向变化，可进一步划分为两个次级的岩石地层小区。

北部的郑州—徐州地带：太原组灰岩发育（4～18层），开始沉积时间东早西晚；石盒子群大风口组、天龙寺组共同发育。

南部的平顶山—淮南地带：太原组灰岩欠发育，开始沉积晚；为大风口组和平顶山组的层型所在，石盒子群大风口组最发育，厚度大，含煤层多，燧石层多；石千峰群及以上地层多缺失。

6. 东缘区

指郯庐断裂以东地区，但鲁东没有石炭纪、二叠纪、三叠纪地层残存，故仅指综合地层分区的辽东地层分区。区内太原组灰岩沉积早，层位低；太原组之下发育本溪组，是本溪组的层型所在。

（四）岩石地层单位地质特征

1. 月门沟群（本溪组、湖田段、太原组、山西组）

月门沟群一名，是Norin1924年创名的月门沟煤系演变而来，创名地在山西省太原市西山西铭矿区的玉门沟（月门沟在地质界已沿用多年，不便改正）。

月门沟群现指华北平行不整合于奥陶纪地层之上，上古生界下部的海陆交互相—陆相的含煤岩系。由本溪组（含湖田段）、太原组、山西组组成。本溪组底部多发育有特殊的铁铝岩组成的湖田段，辽宁东部、吉林南部（辽东地层分区）发育较全；在华北区西缘（西缘区），太原组之下发育有自祁连—北秦岭地层分区延伸过来的土坡组；在华北区北缘（北缘区），如内蒙古的大青山，河北北部的兴隆、平泉，辽西的朝阳、锦州和辽东地层分区的吉南浑江松树镇一带，月门沟群以山西组为主，本溪组底部湖田段则时有时无。

月门沟群的厚度，中央区一般为150～170 m；南缘区的苏北、皖北和辽东区的辽东、吉南等地，厚度250～300 m；西缘区的宁夏中卫—胡鲁斯台一带，以及北缘区内蒙古佘太镇的拴马桩一带，月门沟群（包括土坡组）厚度可达700～1 000 m。

月门沟群一般以底部湖田（铁铝岩）段，平行不整合于下伏的奥陶纪马家沟石灰岩之上。但在西缘（宁夏）、北缘（内蒙古佘太镇）等地，可以整合—不整合在祁连—北秦岭地层分区的臭牛沟组之上，或更古老的地层（如阿不切亥组、乌兰胡洞组等）之上。月门沟群上覆地层为石盒子群，整合接触。

(1) 本溪组　本溪组始称本溪系，李四光、赵亚曾1926年创名，创名地点为辽宁省本溪市新洞沟与蚂蚁村沟之间的牛毛岭。

本溪组现在定义是：华北晋冀鲁豫地层区月门沟群下部地层，其组成以黄色夹紫色的砂岩、砂质页岩为主，并夹铝土质页岩，有时夹薄煤层（或煤线）。本溪组底部，于下伏奥陶系石灰岩平行不整合面之上，大多有铁铝岩段（湖田段）分布。本溪组上覆地层为同属月门沟群的太原组，在层型剖面上二者界线划在太原组第一层灰岩的底面。

辽东和吉南的本溪组较为发育。河北唐山市狼尾沟剖面上，太原组第一层灰岩（K_1）之下，杂色铁铝质泥岩之上的11.5m地层（自下而上为：灰色薄层粉砂岩，3.6 m；黄绿色含铁硅质泥岩，1.0 m；黄绿色泥岩与粉砂岩互层，6.9 m）符合本溪组的定义。

辽东本溪一带的本溪组由6个黄色砂岩—砂质页岩构成的韵律层组成，夹薄煤层，厚76.4 m；大连金州一带的本溪组，由黄绿色、紫色铁质岩屑砂岩与粉砂岩构成的韵律层组成，厚46.7 m。吉林南部的本溪组厚度增大，粒度变粗，通化一带下部为黄绿色砂砾岩，上部为黄绿色粉砂岩、页岩，厚77.2 m；到东北部的松树镇一带，由黄绿、灰黄、灰白色砾岩、含砾砂岩、长石石英砂岩夹粉砂岩、泥岩及煤线组成，厚度增大到127 m。

本溪组一般以其底部的铁铝岩段平行不整合覆于奥陶系马家沟组灰岩之上。吉林通化、浑江等地该组底部未发育铁铝岩段，由黄绿色砂页岩等直接与马家沟组呈平行不整合接触。

(2) 湖田（铁铝岩）段　湖田段由关士聪、张文堂1952年创名（丁培榛、范嘉松等1961年介绍）。创名时称湖田组，创名地为山东省淄博市湖田火车站。

湖田段是指华北晋冀鲁豫地层区奥陶纪地层（多为马家沟组石灰岩）侵蚀面之上，月门沟群底部厚度不大，但普遍发育的一套铁、铝质岩层组合。一般由铁质岩（如褐铁矿、赤铁矿、菱铁矿、鲕绿泥石、黄铁矿等）、铁矾土、铝土矿（鲕状、豆状、粗糙状、致密状）、铝土页岩、富铝粘土岩等组成。铝质岩层比铁质岩层发育更普遍，当二者均发育时，多为铁质岩在下，铝土岩居中，铝土页岩在上。铁质岩有时可呈结核状含于铝土岩中。

在华北北部局部地方，如山西北部的原平、河北北部兴隆鹰手营子、北京市门头沟灰峪等地，在铁铝岩底部或其中发育有砾岩层。在华北区南部，如山西东南部、河南、苏北、安徽两淮等地，铝土岩中有时夹有石灰岩、薄层砂岩、薄煤层。

湖田段厚度不大，一般在10 m以内，有时可达10～20 m，特别是当底部有砾岩或其中有其他岩层夹层时。湖田段无例外地位于月门沟群本溪组底部，奥陶纪地层平行不整合面之上。该铁铝岩段之上为同属本溪组的砂页岩、铝土质页岩夹薄煤层（或煤线）。当这一部分岩性缺失时，本溪组则直接由湖田（铁铝岩）段构成。此时，其上覆地层可为太原组（多数地区）或山西组（辽西、冀北）。

湖田段除其岩性、成因特殊外，在华北还是一个含矿的重要岩石地层单位，常形成小型铁矿（山西式）、硫铁矿、大中型的铝土矿、铁钒土、高铝粘土、耐火粘土等矿床。

湖田铁铝岩是华北晚古生代随着海侵，而于长期风化溶蚀、准平原化了的、凹凸不平的奥陶系马家沟组石灰岩侵蚀面之上滨岸泻湖—滨岸湖沼、沼泽环境下沉积的产物。因海水侵入有早有晚，湖田段的形成也有早有晚，其时代属于$C_2—P_1$，为一穿时的岩石地层单位（张守信，1980）。湖田段归于本溪组，该铁铝岩段的穿时现象表明本溪组亦为一穿时地层单位。

(3) 太原组　太原组最早称太原系，翁文灏、Grabau于1922年创名，同年由Norin引用并介绍。创名地点即山西省太原市西山的西铭玉门沟和晋祠柳子沟。

太原组现定义为：华北地区整合于本溪组或本溪组湖田（铁铝岩）段之上的月门沟群下部地层，由海陆交互相的页岩夹砂岩—煤—石灰岩构成的旋回层（1个至多个）组成。其底界划在标志本溪组的特征岩石组合——黄色砂岩、砂质页岩组合的顶界，在本溪组层型剖面即为太原组最下部一层稳定灰岩的底面；当无黄绿色砂岩、砂页岩发育时，也可划在湖田（铁铝岩）段的顶面。太原组的正层型为山西省太原市西山西铭玉门沟内的七里沟剖面。副层型为太原市晋祠柳子沟剖面。

太原组的岩性组合，也即基本层，一般为：灰色页（泥）岩、粉砂质页（泥）岩夹白色、灰白色石英（杂）砂岩—黑色碳质页岩、煤—石灰岩（有时某一岩性可能不出现）。这样的旋回式组合的个数各地不一，由一个到数个，甚至10多个，一般由北向南逐步增多。每个旋回层中的砂岩、煤层、石灰岩的发育程度不尽相同。太原组的砂岩在基本层中出现部位、厚度、成熟度、粒度，也不尽相同。由北向南：所夹砂岩层在基本层中的所处部位逐渐提高，由底部、近底部，逐渐到接近灰岩的部位；砂岩的厚度，由厚变薄；成熟度逐步提高，粒度由粗变细。太原组中的灰岩，自北向南层数由内蒙古准格尔—山西大同—北京西山（中央区北部）的一层，逐步增加到数层、十数层，到苏北徐州一带（南缘区），最多可达18层之多。单层灰岩厚度由数十厘米到三、五米者居多，少数灰岩厚度可达10 m以上，个别也有30 m者。灰岩中一般富含生物化石，主要有䗴，其他还有有孔虫、珊瑚、腕足类、瓣鳃类、海百合、牙形刺等。

太原组的厚度，大体上与灰岩层数的多少呈正相关关系，主要表现为北薄南厚，也显示了东厚西薄。例如内蒙古准格尔—山西大同—北京西山一带厚10～20 m左右，向南到保德—宁武一带厚60～70 m，继续向南到柳林—太原—阳泉—井陉一带厚100～120 m，长治—晋城一带厚130 m左右；华北东部的唐山一带厚110 m，山东淄博一带厚130～160 m，济宁一带厚230 m；到苏北的铜山一带厚230～260 m左右，为华北地区太原组最厚的地带。但从苏北向西到河南平顶山—禹山一带厚50～70 m，继续向西到豫西伊川、陕县，山西的河津、陕西的韩城一带，厚仅20～30 m。较为特殊的是华北西缘宁夏境内的太原组厚度亦自东向西剧烈增厚，例如灵武、盐池一带厚80 m，中部一般为100～180 m，而胡鲁斯台厚度达524.9 m。

太原组的矿产主要是煤，含煤层数随其基本层组合的多少而不同。华北中部和东南部地区，含煤可达10～15层，稳定可采煤层达2～3层。在山西及华北中央地带，相当太原西山“庙沟”、“毛儿沟”灰岩层之下的煤层（组），是太原组的最主要煤层，也是月门沟群的富煤带的下组煤，其厚度巨大，层位稳定，分布广泛。太原组的煤一般具高硫低灰的特点。除煤外，还有耐火粘土（多产于煤层底板）、富钾岩石（苏北）等矿产。一些地区的石灰岩也可被工业利用，做为熔剂灰岩（如河南）。

(4) 山西组　山西组是由Blackwelder与Willis于1907年创名的山西系演变而来。开始时所指范围较大，1922年李四光将山西组范围缩小，只代表晚古生代含煤地层，包括其下的大阳系和上部含煤岩系。同年，Norin和翁文灏、Grabau，将山西系范围进一步缩小，仅指华北晚古生代含煤层的上部，也即Norin的上月门沟煤系。

山西组现指华北平行不整合于奥陶系之上的月门沟群上部地层，由砂岩、页岩、煤构成的旋回层（多个）组成，夹层数不等的含舌形贝及双壳类化石的非正常海相层。其下界为太原组最上一层石灰岩的顶面，上界为石盒子群最底部灰绿色长石石英砂岩或页岩的底面。山西组的正、副层型剖面，与太原组相同。

山西组的岩石组合和基本层构成与太原组颇多相似，不同之处在于不出现石灰岩，但有时可出现含舌形贝、双壳类等非正常海相层，如海相页岩、钙质泥页岩、叠锥灰岩等。具体的基本层构成为：海相页岩、钙质泥岩—白色、灰白色石英（杂）砂岩—灰色粉砂（泥）页岩—碳质页岩—煤。这样的基本层个数各地多少不一，因此山西组总厚度相差很大，并与太原组呈互为消长的关系。华北区北部的阴山—燕山—辽西及吉林浑江盆地东缘的松树镇一带，山西组基本层的个数一般为7～8个或更多一些，厚度一般为100～200 m。但变化大，如内蒙古阴山西端的拴马桩，基本层达10个以上，厚度可达500 m以上；而辽西一带，一般厚仅30～100 m。向南到内蒙古准格尔—山西大同—北京西山一带，山西组基本层减到5～6个，总厚度一般为130 m左右；但北京西山一带，厚度仍在200 m左右。保德—宁武—唐山一带，山西组基本层减到4～5个，厚度一般为80～110 m。到山西柳林、太原、阳泉—山东济南、淄博一带山西组基本层减到3～4个，总厚度一般为40～80 m；继向南到山西乡宁、长治—河北峰峰—山东济宁一带及以南地区，山西组基本层减少到1～2个，厚度一般减少到20～40 m甚至仅10多米（如河南焦作18.3 m，禹县大风口14.8 m）。

山西组多数情况下以粉砂页岩、页岩为主，但砂岩层和煤层是组成它的特征岩层。华北北部（内蒙古拴马桩，山西怀仁、朔州，北京西山等地）的山西组砂岩层，层数多，单层厚度大（常可达20～30 m，粒度粗，常含砾）；向南层数减少，厚度一般小于20 m，但亦有厚者，如著名的“北岔沟”砂岩，厚达50多米，粒度多为中—粗粒，到南部的山西乡宁、长治及徐州一带，砂岩层数减少到1～2层，且厚度小，粒度细。山西组是月门沟煤系的主要含煤岩组，山西北部山西组的煤层层数多、厚度大，一般含煤2～6层，稳定可采煤层2～3层。山西朔州、怀仁、大同一带，月门沟群中的上、下两组煤均包含于山西组中，如大同一带著名的上、下“卄米层”，由于月门沟煤系中的数层厚度巨大的煤层集中出现于不足百米厚的地层中，因此构成了露天开采的条件。华北中部广大地区，仅月门沟煤系中的上组煤位于山西组，该组含煤5～6层，可采2～3层，但稳定可采者仅一层，其产出层位自北向南逐步升高。长治及以南地区，山西组的厚煤层位居该组近顶部，即晋东南一带所称的“香煤”。实际上山西组中的煤，相对太原组的煤质来讲都是“香煤”，其特点是低硫，而灰分相对高。

山西组的顶底界线如何划分，历来就有不同意见，也是较难掌握的。由于山西组中的砂岩均属河流相，厚度变化大，岩性不稳定，因此将该组与太原组的分界面，确定在太原组最上一层灰岩顶面是必须的。这样山西组最底部的岩层，可以是海相页岩、一般页（泥）岩，也可能是砂岩；其顶界划在石盒子群特征性的第一个岩性组合的砂岩底面（石盒子群条目中详述）。这里要说明的是，切忌以煤层、煤线、黑色（泥）页岩的结束划界。因含煤及与煤相伴出现的黑色页岩，不是山西组特有的标志；而灰绿色、黄绿色砂岩、页岩、砂质页岩的出现，恰是石盒子群的重要特征。

山西组的矿产除煤之外，尚有耐火粘土。如山西大同一带，该组含有多层的优质高岭岩，当地称为“黑砂石”，除可做陶瓷、耐火原料外，尚可用于造纸、纺织业。

（5）土坡组　土坡组由斯行健于1954年创名。创名时称土坡煤系，创名地点为宁夏回族自治区中宁县土坡。该组主要分布在祁连—北秦岭地层分区，但也延伸到华北西缘地带的宁夏中宁、吴忠、银川、平罗、胡鲁斯台一带。

土坡组为整合伏于月门沟群太原组之下，由一套灰、灰白色粗—细粒石英砂岩与深灰、灰黑色粉砂岩、页岩、泥岩构成的一系列韵律层组成，偶夹泥灰岩、生物灰岩凸镜体及薄煤层。下伏地层为呈平行不整合的马家沟组或更老地层，向南进入祁连—北秦岭地层分区为呈整合一不整合接触的臭牛沟组。

土坡组厚度变化较大，在华北晋冀鲁豫地层区内厚100～400 m，向南至祁连一北秦岭地层分区内，厚度剧增到2 400 m以上。

本溪组与土坡组均为局限分布于华北晋冀鲁豫地层区东西两侧，厚度变化较大，且均由砂砾岩一粉砂岩、泥（页）岩韵律层组成，偶夹煤线，二者不同之处在于有无灰岩透镜体及岩层组合颜色上的差异。

2. 石盒子群（骆驼脖子组、化客头组、大风口组、天龙寺组、神岩组、平顶山组）

石盒子群　初始称石盒子系，1922年Norin创名于太原东山陈家峪石盒子沟。原始定义是指月门沟煤系之上，石千峰系之下的一套黄绿色、紫红色砂页岩系，并分为下石盒子系和上石盒子系。石盒子系以骆驼脖子杂砂岩底为下界，以大羽羊齿带为上界。创名后不久，Norin（1924）将原石千峰系的"银杏带"归属于石盒子系。至此，石盒子系及进一步分为上下石盒子系的内涵基本定型。但以"石盒子"命名的这套地层，称为系、统、组，还是群，及其进一步划分，曾几经变更，一直没有统一的认识。至于底顶界面的具体界线，以及延伸到层型剖面以外的具体划分，出入也很大。

"石盒子"地层总厚度达450～900 m，其进一步划分的次一级岩石地层单位，可适用于整个华北，故应称为群。

石盒子群现在定义为："华北晋冀鲁豫地层区上古生界上部的近海平原河湖相沉积岩系，主要由灰绿、灰白色砂岩，黄绿、杏黄、巧克力色、灰紫、暗紫红色粉砂质泥岩、页岩等组成，并夹灰黑色页岩、煤（层）线。下伏地层为以灰、灰黑色为特征的含煤岩系月门沟群，以出现绿色砂、页岩为本组底界；上覆地层为以红色为特征的石千峰群，以出现鲜艳红色的泥岩划界"，自下而上包括骆驼脖子组、化客头组、大风口组、天龙寺组、神岩组和平顶山组共六个组。考虑到一些地层小区内，有的组级岩石地层单位厚度过小或特征不够明显等原因，因而将骆驼脖子组、化客头组合并为下亚群，将大风口组、天龙寺组、神岩组、平顶山组归并为上亚群。

石盒子群的六个组并不是在华北各地都有发育，在石盒子群命名的太原西山及华北中部广大地区，发育有骆驼脖子组、化客头组、天龙寺组、神岩组和平顶山组；华北南部的苏北、豫北、豫中的禹县一带，缺少神岩组，化客头组和大风口组也相对较薄；华北东南边缘的安徽淮南、河南平顶山一带则仅发育有骆驼脖子组、大风口组和平顶山组。

石盒子群的厚度，南厚北薄。华北东南部的苏北徐州，安徽淮南、河南禹县、平顶山一带厚750～900 m；河南宜阳、焦作，山西沁水杏峪、左权五里垢，河北峰峰，山东淄博一带，厚550～670 m；太原、宁武、保德、内蒙古准格尔一带厚450～500 m；河北唐山一带厚660 m；北京、辽东、吉南一带顶部不全，保留厚度450 m左右；华北北缘的内蒙古石拐子，河北兴隆，辽西朝阳、锦西一带，厚度较小，250～300 m。

(1) 骆驼脖子组　原称骆驼脖子杂砂岩(Lotoptze Sandstone Complex)。Norin1922年创名，创名地点在太原西山西铭矿区的骆驼脖子山（七里沟西侧）。Norin认为骆驼脖子组杂砂岩是上石炭纪煤系到二叠纪石盒子系的过渡带。明确指出其为"石盒子系底部夹有黑色、黄绿色页岩及薄煤层的巨厚灰黄、灰绿色砂岩层。其特点是已出现作为石盒子组特征的灰黄、灰绿色砂岩、页岩，又还存在着山西组所具有的黑色页岩及煤（线）层，而显示了过渡带特色"。故划为段一级的岩石地层单位将有利于正确划分月门沟群和石盒子组。现随着石盒子称为群，骆驼脖子段也升格为组。

烈，以各类火山熔岩和火山碎屑岩构成盆内堆积的主体），因此岩性变化复杂，地层单位划分命名混乱（一个地层小区或一个盆地常有一套地层系统划分，命名一套地区性的地层单位名称），这就不利于甚至阻碍了地层资料的大区域研究对比；②对有关地层单位的时代归属问题也众说纷纭，一直成为地质界争论的热点。这次地层研究对比过程中，华北大区曾多次召开工作会议，进行专门的研究讨论，意欲对上述问题有所解决，但终因侏罗纪—白垩纪地层本身变化复杂，加之研究程度尚低，因而难以求得统一和简化。有鉴于此，本次研究只能先把地层单位名称基本上统一到各地层分区，少数地层单位由于岩性变化大或工作程度低等种种原因，还不得不在小区范围内继续使用。

（二）岩石地层区划分及分区特征

侏罗纪—白垩纪时，华北陆台上发育了一系列大小不一、活动强度各有差异的陆内盆地。由于受不同的区域地质背景和构造条件的制约，因而这些盆地的类型和产出特征各不相同，这就决定了不同地区侏罗纪—白垩纪岩石地层序列、地层发育完整程度和岩石类型复杂程度以及组合特征上的各种差异，从而有了各级岩石地层区的划分。

侏罗纪—白垩纪断代岩石地层分区的范围与综合地层分区基本一致。相邻的地层分区之间在岩石地层发育程度及特征上有一定的共性，而有些地层分区又可分为几个小区，其地层发育程度有一定的差异或命名各不相同。华北各地层分区侏罗纪—白垩纪岩石地层序列及对比如表 7 - 1。

从表 7 - 1 中可以看出华北侏罗纪—白垩纪地层最大的差异在于东（北）部与西（南）部的差异。西部发育陆内大型稳定的坳陷型沉积盆地，没有火山活动，沉积稳定，地层结构简单，多为连续沉积，只在芬芳河组和保安群的底部出现平行不整合或微角度不整合接触关系。又可具体划分为华北西缘—鄂尔多斯（V_4^1—V_4^4）和山西—豫陕（V_4^5—V_4^6）两个地层分区，两者的主要差别在于山西地层分区提前较早的隆升回返，结束盆地沉积史，相当于鄂尔多斯盆地内的芬芳河组和保安群，在山西地层分区内均告缺失，即从晚侏罗世开始，整个晚中生代地史发展阶段，山西地层分区没有接受沉积。

紫荆关深断裂以东地壳活动性强，发育多世代复合型火山-沉积盆地。多世代盆地复合式叠置产出，开始接受沉积早，火山活动普遍，每一世代盆地内火山岩和沉积岩复合式复杂堆积；地层岩性纵、横向变化大，地层结构复杂，出现多个区域性不整合面，主要据此来划分不同世代的沉积盆地。东部活动性强的沉积区又可具体划分为五个地层分区，各分区虽都发育复杂的火山-沉积岩系，但又显示出不同的地层沉积发育特点。其划分依据：东西方向上受郯庐深断裂带的分割和制约明显，南北方向上则受华北陆台南北两侧两条纬向构造带再活动的影响而区分为地层发育程度有别的北、中、南三部分。

华北北缘—阴山—燕辽地层分区（V_4^2—V_4^3—V_4^7）：分布于华北陆台的北侧，包括辽西、冀北和北京地区，并向西延至内蒙古阴山、大青山。这一分区火山活动强烈。侏罗纪—白垩纪火山-沉积地层序列发育最为特征和完整。

鲁西地层分区（V_4^{10}）：分布于阴山—燕辽地层分区以南，郯庐深断裂带以西，岩层露头仅见于山东省西部，西侧为华北大平原大片新生代沉积所覆盖。该分区地层发育的主要特点是：整个侏罗纪—白垩纪岩石地层序列的下部不发育；表明该地层分区在早—中侏罗世时期曾较长时间处于隆升剥蚀状态，很少接受堆积；晚侏罗世的较晚时期开始，发育晚世代的断陷盆地，从莱阳群往上整套白垩纪的火山-沉积地层发育比较完整。

ic region . North China

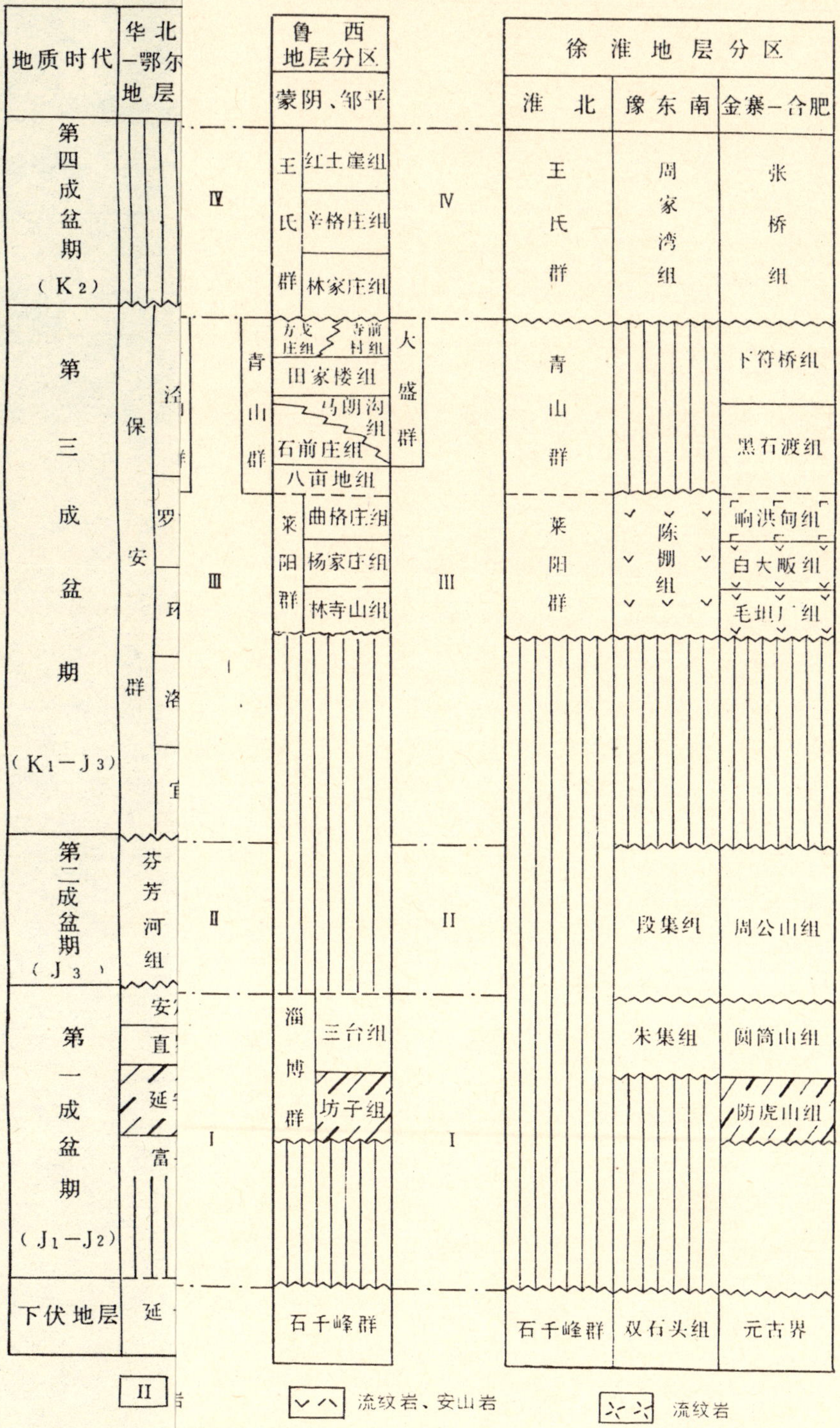

骆驼脖子组现在定义为：华北晋冀鲁豫地层区月门沟群与石盒子群的过渡“带”，岩性主要为黄绿色、灰绿、灰黄、褐色等颜色的砂岩、粉砂质页岩、泥岩与灰色、黑色泥（页）岩及煤线或薄煤层。一般下部以砂岩为主，上部以泥、页岩为主。因为含绿色岩层，而归属石盒子群。以底部砂岩底面与下伏月门沟群山西组划界，多呈侵蚀冲刷接触；顶部以灰、黑色泥、页岩和煤线消失，按上覆化客头组砂岩底面划界。

骆驼脖子组的正层型为太原西山西铭骆驼脖子沟—石千峰山剖面。但该剖面因地下采煤而地表裂陷，很难观察，因此，指定太原晋祠天龙寺剖面作为其新层型。

骆驼脖子组是石盒子群底部的一个厚度不大的组，各地凡有该群保留的地段，其底部均无例外地出现这样一个具过渡特色的岩石组合。这个过渡带的岩层，以往多被划归山西组，目前有的省仍将其归于山西组（如北京市、河南、江苏、安徽等省）。

骆驼脖子组中的煤层多很薄，低于工业指标的最低可采厚度，有时仅呈煤线。

骆驼脖子组的厚度较稳定，多在 50～80 m 之间，变化区间为 30～90 m。

(2) 化客头组　武铁山、肖素珍等 1988 年创名，以代表因不符合岩石地层单位命名原则的下石盒子组。创名地点在山西省太原—古交公路旁的化客头村，显然化客头组即 Norin 的下石盒子组。由于骆驼脖子组的独立划出，因而化客头组只能厘定为下石盒子组除去骆驼脖子组的部分。

化客头组现在定义为：石盒子群下部组级岩石地层单位。岩性主要为灰绿色（石英、长石、岩屑）砂岩夹泥（页）岩。下伏地层为骆驼脖子组，以该组的黑色、灰色泥（页）岩消失，本组砂岩底面划界；上覆地层为天龙寺组，以该组首次出现的紫斑铝土泥岩（常具鲕状结构）底面划界。正层型为山西太原西铭骆驼脖子沟—石千峰山剖面。

紫斑铝土泥岩常具鲕状结构，多呈紫红色，山西晋东南地区称为“桃花页岩”；辽宁、吉林、山东、江苏一般称为“B”层铝土（矿）；河北称为“A”层铝土；河南称为“紫斑泥岩”。尽管各省有不同的称呼，但均将其作为地层划分的一条重要标志；至于此标志层是什么地层单位间的分界，又有不同的认识。华北南部三省（河南、江苏、安徽）当作月门沟群（山西组）与石盒子组的分界；而北部诸省多作为“石盒子”地层内的次级单位的分界，如山西省作为下、上石盒子组，也即“化客头”与“天龙寺”的分界；山东作为“黑山段”与“万山段”的分界；辽宁 作为“柳塘”与“彩家”的分界。大多又是将其顶面或在其上找一层最近的砂岩底面作为分界。现在看来，该层紫斑泥岩的确是一条重要的地层界面，即石盒子群内下、上亚群的分界面，且应以其底面划界。

化客头组灰绿色砂岩层发育是其重要的特色，有些地段往往以砂岩为主，或砂岩占有很大优势（图 6-1），而绿色页岩、粉砂页岩则变成了夹层。山西阳泉地区的煤田地质工作者原来所称的“下石盒子组上部的砂岩带”，即现在的化客头组。

化客头组在华北大部分地方均较稳定分布，厚度一般为 30～40 m。部分地段较厚，如本溪、唐山、太原西山等地厚可达 90～150 m。河南境内和苏北一带较薄，甚至尖灭缺失。

(3) 大风口组　始称大风口层，孙健初 1933 年创名，创名地点为河南省禹县大风口。其所指即后来所称的“小紫斑泥岩”—“平顶山砂岩”的含煤的“石盒子”地层。杨关秀(1985) 称这套地层为大风口群，并按生物进而划分并创名小风口组和云盖山组。《河南省岩石地层》采用“小风口”、“云盖山”两个名称，降级为段，作为河南省境内石盒子组平顶山砂岩（段）以下的两个地层单位。因二者岩性上并无明显差异，实际为生物—年代地层单位，不宜采用。故建议还是采用大风口组，来代表华北南部、东南部含煤的那部分石盒子群地层。

大风口组现在定义为：华北南部、东南部石盒子群内，“平顶山砂岩”之下，“小紫斑泥岩”底面之上的含煤岩系。其岩性组合为灰绿、黄绿、灰白色长石石英砂岩、粉砂岩，灰绿色、灰黄色、灰色夹紫红色砂质泥岩、泥岩及煤层，并夹有多层铝土质泥岩、燧石层、海绵硅质岩及含舌形贝、双壳类的海相页岩层等。大风口组以最下一层具鲕粒结构的铝质泥岩——“小紫斑泥岩”为底面，与化客头组或骆驼脖子组（最南部）分界；之上与天龙寺组或平顶山组的不同层位呈渐变过渡，以不再含煤层划界。正层型为河南省禹县大风口剖面。

大风口组分布的北界在河南的焦作—江苏的沛县一线，西界在宜阳—汝阳一线。其厚度南厚北薄：河南平顶山厚 620 m 左右，禹县大风口近 450 m，焦作减为 330 m，继向北则急速相变为不含煤层的天龙寺组；淮南一带厚 600 m 以上，到徐州夏河、夏桥、铜山县郑集一带，厚仅 100 m 左右（《江苏省岩石地层》称为夏桥段），继向北到沛县则相变尖灭。

大风口组中的海绵骨针硅质层，含舌形贝的海相页岩层，可作为与其他岩石地层单位进行年代地层对比的标志。

大风口组矿产为煤和耐火粘土，含煤层可达 20 层之多，但发育和稳定程度各地不一。

(4)天龙寺组　山西地矿局 212 地质队区调分队在进行太原西山测区 1：5 万区调时创名（陈汉青，1993），用以代替 Norin 创名的上石盒子组。创名地点即晋祠以西的天龙寺。

天龙寺组的现在定义为：天龙寺组为华北中央地带石盒子群中部的岩石地层单位。以灰绿、黄绿、杏黄色及少量紫红色泥（页）岩为主，夹多层黄绿、灰绿色的砂岩、含砾砂岩及极薄的黑色泥岩（偶而还可出现小于 10 cm 厚的碳质层），下部夹 2～3 层具鲕粒结构的紫斑铝土泥岩。下伏地层为化客头组，以最低一层鲕状紫斑铝土泥岩底面划界；在华北南部的河南、苏北的徐州、安徽两淮一带，可覆于含煤的大风口组之上，呈渐变过渡关系。上覆地层在华北中部为神岩组，南部为平顶山（砂岩）组。正层型为山西太原晋祠天龙寺剖面。

天龙寺组的基本层构成为：紫红色粉砂泥岩（厚度薄，向北增厚，南部有时不出现）—黄绿、杏黄色粉砂岩—黄绿色、灰黄色砂岩—黄绿色、灰绿色泥岩—灰色泥岩（厚度不大，向南较厚，偶见碳质泥岩、碳质层）。

天龙寺组中的紫斑铝土泥岩，可形成具工业意义的铝土矿（如辽东），山西一带当其中铁、锰质富集到一定程度时，可形成小型锰铁矿。该组还有很多含铝较高、含砂较低的泥岩层，可做紫砂陶原料。

天龙寺组以山西南部的垣曲窑头、沁水杏峪—江苏北部的沛县、山东济宁一带最厚，达 350～400 m，向北逐渐减薄。山西中北部的平遥、太原、宁武，山东淄博一带厚 200～300m；保德、怀仁、河北唐山一带厚 40～100 m。

(5) 神岩组　1988 年武铁山、肖素珍等创名，以代替 Norin 创立的上石盒子组。神岩村位于骆驼脖子—石千峰山剖面附近，太原—古交公路旁。

神岩组的现在定义为：华北石盒子群上部组级岩石地层单位。主要岩性为巧克力色、灰紫、蓝紫、暗紫红色泥岩、粉砂质泥岩夹黄绿、灰黄色砂岩、含砾砂岩及灰绿色、黄绿色泥岩。北厚南薄，华北南部因相变而消失。在华北中部与下伏天龙寺组呈渐变过渡，北部则以鲕状紫斑泥岩直接覆于化客头组之上。上覆地层为平顶山组，整合接触。正层型为太原市西铭骆驼脖子山—石千峰山剖面；副层型为太原市晋祠天龙寺剖面。

神岩组地质特征是：巧克力色、紫红色、酱紫、灰紫、蓝紫色泥岩、粉砂泥岩，达 50% 以上，甚至更多；杏黄色、黄绿色泥岩夹砂岩，小于 50%，所以黄色泥岩相对更少；石英长石岩屑砂岩，北部厚度大、层数多、粒度粗，中南部一些泥岩中含硅质燧石层。神岩组的基本层构成，实际上与天龙寺组基本一致，惟其每个基本层中的紫红色、紫色泥岩、粉砂质泥岩部分厚度大，而黄绿色泥岩部分厚度变小，顶部灰色泥岩及碳质泥岩出现的几率更小而已。

神岩组的厚度为北厚南薄。例如山西怀仁楼子村为250 m，宁武红土沟170 m，天龙寺145 m，古县松木沟100 m，沁水杏峪60 m，到垣曲窑头不足10 m，河南境内全部消失；河北唐山神岩组380 m；山东淄博减为318 m，继向南因被剥蚀厚度不清，但到徐州以南已全部消失，代之以天龙寺组。

(6) 平顶山组　原称平顶山砂岩，原中南地质局平顶山勘探队于河南平顶山一带进行煤田普查时创名。原始含义是指“石盒子统上部一套灰白色长石砂岩，厚110m，其上有一层杂色页岩及灰黄色砂岩，为石盒子统与石千峰统的过渡沉积”。平顶山砂岩在河南地质界很为著名，使用普遍，但对其层位归属一直有不同认识，存在归属“石盒子”还是“石千峰”之争。其他省很少使用平顶山砂岩，但徐、淮一带也有与之对比的。

鉴于此，“平顶山砂岩”可引用于整个华北，因其中一些夹层主要为灰黄、黄白、灰白等色，具“石盒子”而不具“石千峰”的特征，显然应归属于“石盒子”地层，而称为平顶山组。

平顶山组现在定义为：华北石盒子群最上部组级岩石地层单位，岩性以灰绿、灰黄、黄白色中粗粒、含砾长石石英砂岩为主，夹有黄绿色、灰紫、紫红色泥（页）岩；下伏地层大多为神岩组，南部为天龙寺组，最南部则为大风口组，以本组最底部砂岩底面划界；上覆地层为石千峰群孙家沟组，以该组最底部红色泥岩底面划界。平顶山组选层型为河南省平顶山八矿剖面。

平顶山组厚度变化趋势为南厚北薄。例如河南平顶山厚100 m，登封一带60～70 m，焦作厚68 m；山西古县松木沟60 m，平遥上神南以北地区30～45 m。华北东部地区平顶山组厚度变化不大，为30～60 m，如江苏铜山郑集36 m，山东淄博58 m，河北唐山43 m。

山西境内新划出的几个剖面上，平顶山组中的一些岩屑砂岩镜下研究确定为火山凝灰质砂岩，或含火山碎屑岩，是否具有普遍意义，值得今后注意。另外山西中南部平顶山组的一些泥岩、砂岩夹层中含有硅质燧石层或结核层，这与河南境内大风口组顶部的海绵燧石层，似乎有一定的联系，说明二者之间有部分为横向相变关系。

3. 石千峰群（孙家沟组、刘家沟组、和尚沟组）

石千峰群　原称石千峰系，1922年Norin创名于山西太原西山石千峰山。1924年Norin将创名时所包括的下部银杏植物带下移，归入石盒子系，而只剩下石膏泥灰岩带和其上的砂岩带。由于太原西山石千峰系未见顶，所以石千峰系的上界及范围，当时并不明确。直到1959年，中国科学院山西地层队（刘鸿允等）、裴宗诚、甘克文分别于山西宁武、晋东南、陕北命名“二马营统”、“辛庄沟层”、“纸坊统”，才确立了石千峰系的上覆地层，亦即明确了石千峰系的范畴。1959年刘鸿允等命名二马营统，确立“右千峰”上界的同时，将石千峰统划分为三个组，分别称为孙家沟组、刘家沟组、和尚沟组。这一划分意见后来逐渐被地质工作者所接受和使用。此次地层对比研究采用刘鸿允等的划分和命名，只将石千峰统改称石千峰群，底界略向上移，至鲜红色泥岩开始出现划界。

石千峰群现指：华北晋冀鲁豫地层区石盒子群之上，以鲜红色为特征，由红泥岩和浅灰色长石砂岩组成的一套干旱盆地河流相沉积岩系。以鲜红色泥岩底面与下伏石盒子群划界；以灰绿色长石砂岩出现与上覆二马营组划界。自下而上包括孙家沟组、刘家沟组、和尚沟组三个组，分别为石千峰群下部、中部、上部的组级岩石地层单位。

华北的石千峰群大面积分布和出露于山西和陕西北部。其他省（市、区）也有零散保存，如河北的峰峰、平泉，内蒙古石拐子、准格尔，辽西的南票、朝阳、凌源，辽东的太子河（辽宁被称为红砬组），山东的淄博，苏北的沛县，安徽的淮南、望峰岗，河南的禹县、济源等地。其岩性、厚度基本稳定。当保留齐全时，厚度一般为600～800 m；但也有偏厚、偏薄者，如内蒙古的石拐子（称为脑包沟组），相当石千峰群的部分厚近900 m，而准格尔一带石千峰群厚度仅420 m左右。

(1) 孙家沟组　1959年刘鸿允等创名，创名地点为山西省宁武县化北屯乡孙家沟。主要由红色、砖红色泥岩、粉砂质泥岩夹长石砂岩组成。红泥岩中常含钙质结核，有时夹泥灰岩凸镜体。底界划在首次出现红色泥岩的底面，分界线上下常可见黑色、白色燧石层；顶界划在上覆地层刘家沟组砂岩的底面。正层型为山西省宁武县孙家沟剖面，而太原西山石千峰山剖面更具代表性，可称为副层型。

孙家沟组岩性、厚度基本稳定。泥岩颜色可能较层型有所变化，带紫、灰、棕等色，但与下伏石盒子群比较还是有明显区别。厚度一般为110～170 m，少数地段较厚或略薄，如内蒙古石拐子童盛茂厚达287 m，而山东淄博厚89.5 m。并自北东向南西略显增厚的趋势，陕西的歧山、麟游一带厚达300 m左右，其间夹灰绿色泥岩及含双壳类的泥灰岩层。陇东环县厚达320 m。

(2) 刘家沟组　1959年刘鸿允等创名，创名地点为山西宁武县化北屯乡刘家沟。其组成岩性粗略看，由浅灰红、灰紫红色中薄层间厚层长石砂岩组成，但仔细观察，在数米厚的砂岩间总是夹有数十厘米厚的紫红色、灰红色粉砂岩、粉砂页岩、页岩。实际上刘家沟组是由数十个砂岩→粉砂岩、页岩构成的基本层组成。砂岩斜层理极为发育，显示了河流相、河床亚相二元结构特征。正层型也为宁武县孙家沟剖面，但该剖面交通极不便利，交城县裴家庄剖面可作为其代表性（次层型）剖面。

刘家沟组岩性、厚度基本稳定。最厚部位为甘肃陇东的环县（700 m）—山西的和顺（600 m±）—河北东北部的平泉一带（716 m）；其次为高平、沁水（470 m±），宁武、静乐（470 m±），保德、兴县（390 m±），陕北府谷（470 m）及内蒙古石拐子（388 m）等地；其他地区相对较薄，在230～350 m之间。

(3) 和尚沟组　刘鸿允等1959年创名，创名地点为山西省宁武县东寨乡和尚沟。主要由鲜红色、砖红色砂质泥岩、泥质粉砂岩夹少量长石砂岩组成，与孙家沟组颇为相似。正层型亦为山西宁武孙家沟剖面，榆社县东汇乡红崖头剖面可作为其代表性（副层型）剖面。

和尚沟组厚度，大多在110～160 m，山西襄垣、榆社一带较厚，为248～270 m。由于很多地区保存不全，厚度变化规律不清。

4. 二马营组

1959年中国科学院山西地层队（刘鸿允等）创名。创名时称二马营统，创名地为山西省宁武县东寨乡二马营村。

二马营组是指：华北石千峰群之上，延长群之下，主要由灰绿色长石砂岩与红色泥岩组成。正层型为宁武县孙家沟剖面，但该剖面代表性并不强，故推荐武乡县石壁乡楼子峪龙幻沟剖面为其副层型。

二马营组主要分布和大面积保存于山西西部（吕梁山以西）、宁武—静乐、榆社—武乡和陕北及其以西、以北地区。另外，也零星见于河北峰峰大淑村、承德下板城和辽东本溪等地。

山西广大地区的二马营组，下部红色泥岩夹层少而薄，上部红色泥岩夹层多而厚，甚至砂、泥岩呈互层状，但正层型所在的宁武—静乐一带，红色泥岩夹层很少。所以，很难提出全省进一步划分的统一方案，但大致可分为2～3个岩性段。二马营组底部常有数十米以上的长石砂岩（可划分为第一段），地貌上呈明显的陡坎，是接近底界的标志。

二马营组的岩石组合，与下伏石千峰群和上覆延长群有明显的不同。二马营组岩层组合为灰绿色（具浅肉红色斑点）长石砂岩—紫红色、红色泥岩；石千峰群岩层组合为灰红色、浅灰红色长石砂岩—红色泥岩；延长群则为浅肉红色（具绿色斑点）、浅绿色、黄绿色长石砂岩—灰紫色、灰绿色泥岩、页岩。但二马营组的泥岩夹层，在华北边缘地段也有一定的变化，如陕西铜川一带，夹有黑色页岩及煤线，故有“黑纸坊”之称（1959年以来，陕北称二马营组为纸坊组）；又如辽宁本溪一带（当地称为林家组），也夹有黄绿色页岩及黑色页岩。二马营组砂岩的颜色，在华北边缘地带也有所变化，可由灰绿色变为夹杂有灰紫、浅粉紫、暗紫红及灰白色；而粒径也可变粗，甚至含砾，或变为砾岩层，如内蒙古石拐子沟（当地曾称为老窝铺组）、阿拉善左旗哈拉乌沟、河北承德下板城等地。

二马营组厚度以陕西铜川（813 m）—韩城（651 m）—山西乡宁（700 m）—河北承德下板城（705 m）的南西—北东向带和内蒙古桌子山（598 m）—石拐子沟（729 m）南西—北东向带较厚；其他地区则较薄，340～530 m。

5. 延长群（峪底组、义牒河组、胡家村组、永坪组、瓦窑堡组）

延长群　延长群渊源于王竹泉、潘钟祥1933年对陕北油层划分出的延长组。1936年潘钟祥正式引用于地层，代表陕北晚三叠纪地层，称延长层。之后被引用于陕西和山西，但其级别（层、统、组、群）、上下界线及其内涵，几经变更。1959年刘鸿允等创二马营统，甘克文等创纸坊统之后，以“延长”地理专名代表的地层，统一到“二马营统、纸坊统之上，直至侏罗系不整合面之下一整套地层”的认识上。但到70年代，中国地质科学院地质研究所（1980）研究陕北三叠纪地层后，将延长群属于中三叠统的部分划分出来，创立铜川组，所剩部分称为延长组。1983年陕西省地层表编写组恢复延长群，自下而上进一步划分为铜川组、胡家村组、永坪组、瓦窑堡组。通过地层对比，《山西省岩石地层》（1997）将山西省境内相当于陕西铜川组、胡家村组及永坪组的这一套地层，称其为延长组，自下而上划分为峪底段、义牒河段、永和段和永坪段。本次研究认为“延长”地层命名较早，知名度较高，故称其为群，下分几个组较为合适。

延长群现在的定义为：华北三叠纪地层的上部，主要由灰绿、灰黄绿、浅肉红色长石砂岩为主夹深灰绿色、灰黑色页（泥）岩及煤线组成的，较温暖湿润气候下河湖相沉积岩系。下伏地层为二马营组，整合接触；上覆地层为富县组，平行不整合接触。

鉴于铜川组属年代地层单位，不能作为岩石地层单位，故将峪底段和义牒河段升级为组使用。这样，延长群应包括峪底组、义牒河组、胡家村组、永坪组和瓦窑堡组。

(1) 峪底组　1988年武铁山等创名，创名地点为山西省石楼县西卫乡峪底村。峪底组是指延长群底部的组级岩石地层单位，该组岩石组合特征主要为灰绿、灰黄、肉红色斑状厚层中粗粒—中细粒长石砂岩，夹少量灰紫色泥岩、页岩。由北东向南西厚度增大（陕西神木县窟野河44 m，宁武二马营98.7 m，永和、石楼、太谷一带厚107～129 m），泥岩夹层增多增厚，颜色变深，由灰紫色渐变为灰绿色，有时夹黑色页岩及薄煤层。

(2) 义牒河组　原称下罢骨组，1988年武铁山等创名。《山西省岩石地层》因下罢骨村并不在其所称的地层单位内；且下罢骨剖面上，该组地层出露也不全，故改名“义牒河”。义牒河为山西省石楼县北部的一条黄河支流。义牒河谷中该组地层广泛出露，且该组层型剖面位于义牒河之源头。

现称义牒河组是指：延长群中下部，灰红、肉红、灰绿、黄绿色长石砂岩与灰、灰绿、黄绿、灰紫色泥岩、页岩互层的岩石组合。下伏地层为峪底组，以下伏的厚层长石砂岩顶面，该组大段的泥（页）岩底面划界，上覆地层为胡家村组。在吕梁山以西（山西西部及陕北），义牒河组包含三个标志层，即下部的李家畔页岩、中部的彩色粘土层、顶部的张家滩（黑色）页岩层。张家滩页岩的顶面，即义牒河组的顶面。

义牒河组一般厚 300～380 m，陕西北部的神木一带厚度较小，仅 63 m。

（3）胡家村组　1976 年陕西省地层表编写组创名。胡家村位于陕西省延长县境内延河岸边，延河延长群剖面上。现胡家村组是指延长群中部，灰白色、浅灰色、浅灰绿色细粒长石砂岩夹大量绿色、灰绿色及黑色页（泥）岩和煤线。下伏地层为义牒河组（张家滩页岩）；上覆地层为永坪组。胡家村组主要保存和出露于陕北，厚度 305～315 m，陕北北部的神木一带较薄，厚 210.5 m。

（4）永坪组　1933 年和延长组同时由王竹泉、潘钟祥创名，当时是针对陕北油田油层的划分。之后被当作延长群的一个组。现永坪组是指延长群中上部，以灰绿、黄绿、灰黄色中细粒长石砂岩为主，夹少量粉砂岩的岩石组合。下伏地层为胡家村组，上覆地层为瓦窑堡组，均为整合接触。永坪组也主要保存和出露于陕北，厚 95～190 m。

（5）瓦窑堡组　1934 年潘钟祥创名，创名地点为陕西省瓦窑堡（现子长县）栾家坪。创名时称瓦窑堡煤系。1950 年王尚文在延长一带瓦窑堡煤系中发现一侵蚀面，遂将侵蚀面以上的地层划归侏罗系。1980 年地科院地质所将其归入延长组，称为上段。1983 年陕西省地层表编写组划归延长群，称为瓦窑堡组。考虑到瓦窑堡组除含可采煤层、含黑色泥页岩较多外，在岩石组合上与延长群其他几个组并无本质的差别，故本次研究仍将其归入延长群。

瓦窑堡组现定义为：延长群上部组级岩石地层单位，“以灰黄、灰黑色泥页岩与粉细砂岩互层为主，以发育多层煤线，薄煤层或黑色页岩为主要特征，并以此区别于上下相邻地层”（《陕西省岩石地层》，1997）。与下伏永坪组为整合关系，以一层含煤或煤线的砂泥岩底面为分界；与上覆富县组为平行不整合接触。选层型为陕西省子长县清涧河剖面。

瓦窑堡组保存和出露于陕北的神木、米脂、子长、铜川、韩城等地。由于侏罗系沉积前的剥蚀作用，各地保存厚度不等，变化范围为 96～412 m。

二、地层多重划分对比

（一）石炭纪、二叠纪生物地层单位

华北石炭纪、二叠纪生物极为丰富。海相动物主要有䗴、牙形石、珊瑚、腕足类，其次为有孔虫、瓣鳃类、腹足类、苔藓虫、螢、海百合、头足类及介形虫等门类，陆相生物主要为蕨类、裸子植物门的种子蕨、苛达类等高等植物和低级植物轮藻类以及昆虫等。

尽管石炭纪、二叠纪的生物门类很多，但研究程度较高且对年代地层划分有重要意义的生物，主要为䗴、牙形石和植物。故本文也仅对三个门类的生物地层单位简述如下。

1. 䗴类生物地层单位

䗴类生物地层是华北石炭纪、二叠纪中生物地层研究程度最高，对石炭纪、二叠纪（下部）年代地层划分也最有意义的。20 年代以来，李四光（1927，1931）即研究了山西太原

(西山、东山)、保德、平定(阳泉),辽宁本溪及河南安阳、新安、陕县的䗴类,从而奠定了华北䗴类生物地层研究的基础。之后到50～60年代,盛金章(1958)研究了辽宁太子河流域的䗴类生物带。到70年代以后,䗴类生物地层的研究进入了鼎盛阶段,华北各地的石炭纪、二叠纪含䗴地层均先后开展了生物地层研究。主要的研究者有夏国英等(1987),张志存(1983、1985、1988、1993),张志存、夏国英(1982、1985),盛金章、王仁农(1982、1986),芮琳(1983),韩同相等(1987),李润兰、程宝洲(1992),芮琳、侯吉祥(1987),鲁杏林、孙维汉(1987),肖立功(1986),张遴信(1987),王德有(1987),王云慧(1992),范国庆等(1983),汪曾荫等(1989a、1989b、1994)等。此次全国地层清理,在上述研究的基础上,山西、河南、江苏、山东、河北、辽宁、吉林等省,均对各自省内的䗴类生物地层单位,进行了综合论述或新的划分。特别值得提到的是,与全国地层清理大致同时,由中国煤田地质总局华北课题组(汪曾荫等),在进行"华北晚古生代聚煤规律与找煤"的专题研究中,对全华北的䗴类生物地层进行了野外与室内相结合的全面的研究和单位划分,其成果具有重要的参考价值。

本文在上述各项研究成果的基础上,通过综合、比较,将华北的䗴类生物地层单位划分为7带,8亚带,如表6-2。

2. 牙形石生物地层单位

华北石炭纪、二叠纪牙形石生物地层的研究起步较晚,始自70年代。但由于牙形石在地层大区和洲际间地层划分对比上的重要作用,所以发展较快。赵松银(1983),万世禄、丁惠(1984),汪志浩等(1985、1991),韩同相、王赛仪、鲁杏林(1987),刘渝、李润兰(1987),李润兰(1992),汪曾荫(1984)等,先后对山西石炭纪、二叠纪层型、次层型及河南、苏北、辽宁、吉林等地次层型剖面进行了牙形石的生物地层研究和划分。此次全国地层清理,华北区的山西、河南、江苏、吉林等省也对各自省内的牙形石生物地层,进行了综合论述。

本次研究在上述各项研究成果的基础上,通过综合、比较,将华北的牙形石生物地层单位划分为6个组合带,如表6-2。

3. 植物生物地层单位

华北石炭纪、二叠纪地层为海陆交互—陆相的沉积地层,所以古植物的生物地层研究具有重要的意义,是华北石炭纪、二叠纪地层(特别是上部)年代地层划分的主要依据。华北石炭纪、二叠纪植物的系统研究始于1927年Halle对山西太原西山等地的古植物研究。但对华北石炭纪、二叠纪植物生物地层作出重要贡献的为李星学,他根据山西太原西山、晋东南,河北峰峰,辽宁南票,内蒙古萨拉齐、大青山等五大煤田的古植物化石,于1963年撰写了《华北月门沟群植物化石》,为华北石炭纪、二叠纪的植物生物地层研究奠定了基础。之后,自60年代广泛而系统开展的1∶20万区调和80年代以来煤田地质部门开展的煤田地质研究,使华北石炭纪、二叠纪植物生物地层研究达到了新的水平。有影响的论著作者有:肖素珍(1984、1985),杨关秀(1983、1985),王自强(1987),汪曾荫(1994)。

此次全国地层清理,华北诸省如山西、河南、山东、江苏、安徽、辽宁、吉林,也均在上述研究成果的基础上,综合整理出或重新划分出了各自石炭纪、二叠纪植物生物地层单位。本次研究则在上述各项研究成果的基础上,通过综合、比较,进而对华北晋冀鲁豫地层区的植物生物地层单位划分为5带,5亚带,如表6-2。

（二）石炭纪、二叠纪年代地层划分和岩石地层单位的年代属性及穿时性

以山西太原西山为层型的华北石炭纪、二叠纪地层划分，曾进行过长期的争论，其原因是多方面的。除岩石地层与年代地层混淆，受传统的统一地层划分概念的影响外，其中以哪种门类生物地层划分为准和石炭系、二叠系的界线以何处为标准，也是重要原因。

此次全国地层清理，华北晋冀鲁豫地层区的石炭系、二叠系界线一致采取国际上大多数国家的划法，即以 *Pseudoschwagerina* 出现为标志。石炭系二分，二叠系仍二分。在䗴、植物等多门类生物出现时，主要以䗴类生物地层划分为主要考虑因素。实际上，本次研究所综合出的䗴、牙形刺、古植物三门类的生物地层单位，基本是可以相互对比的。

现将华北晋冀鲁豫地层区䗴、牙形刺、古植物三门类的生物带，按其所产出岩石地层单位及分布，通过与国内（华南）及国际上的标准地层，如北美、俄罗斯的石炭纪、二叠纪的生物地层单位、年代地层单位的对比，从而确定华北石炭纪、二叠纪年代地层的划分，如表6-2。

从表6-2，并结合图6-1，可以看出：

(1) 华北晋冀鲁豫地层区辽东地层分区的本溪组，华北西缘地层分区的土坡组，按其所含的䗴、牙形石及植物带，地质时代属晚石炭世巴什基尔期。从辽东本溪及吉南某些地段所出现的一些早石炭世的植物分子来看，本溪组为一个从晚石炭世初期—巴什基尔期末的穿时岩石地层单位。

(2) 华北广泛分布的太原组和山西组，地质年代从晚石炭世早期巴什基尔期—早二叠世萨克马尔期晚阶段，但各地两个组的发育状况、时代归属差异很大。层型（太原西山）所在地的太原组时代为晚石炭世莫斯科期—早二叠世阿谢里期，山西组时代为早二叠世阿谢里期晚阶段—萨克马尔期末。自层型向北，太原组地质年代大多从莫斯科期开始，但顶界（即与山西组的分界）的地质年代逐步变早，到内蒙古准格尔—河北唐山一线以北，太原组全部属晚石炭世。到华北北缘区则不存在太原组，该区的山西组开始的时代一般从晚石炭世莫斯科期，少数地区（如吉南的松树沟、内蒙古的拴马桩）自巴什基尔期—早二叠纪的萨克马尔期末。自层型向南，太原组与山西组分界的时代逐渐变晚，而太原组开始的时代也逐渐变晚。如华北中央区南部陵川一带，太原组底部自晚石炭世晚期的格热尔期开始；到华北南缘区的平顶山—淮南地带，太原组底部从早二叠世阿谢里期开始，这里的太原组全部属早二叠世；而这里的山西组时代偏晚，基本上均属早二叠世阿丁斯克期。华北东部的辽东复州湾、苏北徐州一带的太原组下界时代最早，从晚石炭世初开始；但它的顶界同样是北部早，南部晚。如复州湾太原组顶界，仅达早二叠世阿谢里期初阶段；而徐州一带太原组顶界，达萨克马尔期的末阶段。太原组、山西组均属穿时的岩石地层单位。

(3) 月门沟群本溪组底部独特的湖田段之时代，随上覆岩层时代的不同，各地有所不同。基本上表现为：自北而南，自东而西，从晚石炭世巴什基尔期—早二叠世早期（阿谢里期）的穿时的岩石地层单位。

(4)骆驼脖子组、化客头组的地质时代，大多分别属早二叠世阿丁斯克期和空谷期；而华北南缘区的骆驼脖子组则属空谷期。中央区南部到南缘区，骆驼脖子组显示了小范围的穿时。

(5) 大风口组、天龙寺组、神岩组，三者在空间上由下而上呈斜列展布。石盒子群的命名地区，天龙寺组大体上属晚二叠世乌菲姆期—卡赞期；其上的神岩组，属晚二叠世鞑靼期早阶段。向南到华北南缘区，天龙寺组的时代向上穿时，其下伏地层出现大风口组。到大风

口组的层型所在地（禹县大风口），天龙寺组时代全部属鞑靼期，大风口组时代属晚二叠世乌菲姆期—鞑靼期早阶段。继向南天龙寺组相变缺失，大风口组顶界达到鞑靼期中阶段。华北北部，神岩组与天龙寺组分界面时代，逐步提早。到华北北缘区天龙寺组相变缺失，神岩组的地质时代，也从晚二叠世乌菲姆期至鞑靼期中阶段。

(6) 石盒子群顶部的平顶山组，至今未采到生物化石，精确的时代不易确定。但其上覆地层石千峰群孙家沟组，年代属晚二叠世鞑靼期晚阶段；下伏大风口组、天龙寺组、神岩组顶界时代均属鞑靼期中阶段。据此推定，平顶山组地质年代为晚二叠世鞑靼期中—晚阶段。

（三）三叠纪生物地层单位及年代地层单位划分

华北晋冀鲁豫地层区的三叠纪地层，几乎全部为陆相地层，因此所含生物较石炭纪、二叠纪大为减少。特别是早、中三叠世，又处于干旱气候环境下，生物更为稀缺。例如石千峰群，直到70年代初，除孙家沟组有零星化石报道外，刘家沟组、和尚沟组均未发现化石，而被视为“哑地层”。

到目前为止，三叠纪地层中已发现的生物有植物、孢粉、轮藻、脊椎动物、鱼、鲎、昆虫、叶肢介、介形虫、双壳类等。而对三叠纪年代地层划分具有重要意义的为植物、脊椎动物和叶肢介。此次全国地层清理，三叠系主要分布区的山西、陕西两省，在前人（潘钟祥，1936；斯行健，1956；中国地质科学院地质研究所，1980；杨钟健等，1959、1963、1964、1979；孙艾玲，1963、1980；中国科学院山西地层队、刘鸿允等，1959；王自强、王立新等，1987、1989、1990；王立新，1983）研究的基础上，分别对本省三叠纪生物地层及年代地层，进行了综合介绍。本次研究则进一步综合为表6-3，以简要说明华北晋冀鲁豫地层区三叠纪生物地层单位及由此而确定的年代地层划分。

从表6-3可以看出：石千峰群的地质年代为晚二叠世晚期至早三叠世；二马营组地质年代为中三叠世早期；延长群地质年代为中三叠世晚期至晚三叠世。

三、石炭纪—三叠纪沉积盆地的地层格架分析和地球动力学机制

（一）石炭纪、二叠纪、三叠纪沉积类型和沉积体系

50～60年代对地层的研究多着重于生物地层、年代地层的划分。70年代则着重于地层的区域对比、总结，各省编制了区域地层表，很多省进行了断代地层总结。进入80年代，在进行岩石地层划分的同时，开始引用现代沉积学和现代地层学的理论，进行沉积相分析和层序地层学探讨，有的还尝试进行地层格架的研究。

80年代以来，一些煤田地质部门的研究单位、院校、煤田地勘单位，对华北的一些主要煤田，进行了沉积环境与聚煤规律的研究和探讨。如：煤炭科学院地质勘探分院与山西煤田地质勘探公司先后对太原西山煤田（1987）、平朔煤田（1987），中国地质大学与山西省地矿局对山西河东煤田（陈钟惠等，1989），中国地质大学（杨起等，1987）对河南禹县煤田，淮南矿业学院（兰昌益，1984）对淮南煤田，焦作矿业学院（陈书龙等，1987）对河南登封煤田，山西矿业学院（贾炳文等，1987；盖宝勋等，1985）对山西沁水煤田（北部），地质科学院地质力学所（钟蓉，1987）对内蒙古大青山煤田等进行的沉积环境的研究。1987～1994年中国煤田地质总局（尚冠雄等）主持开展了“华北晚古生代聚煤规律与找煤”的专题研究，系

表 6-3　华北晋冀鲁豫地层区三叠纪地层多重划分对比表

Table 6-3　Multiple division and correlation table for Trias strata in Shanxi-Hebei-Shandong-Henan stratigraphic region, North China

<table>
<tr><th colspan="2">岩石地层单位</th><th colspan="4">生　物　地　层　单　位</th><th colspan="2">年代地层单位</th></tr>
<tr><th>群</th><th>组</th><th colspan="2">植　物</th><th>脊 椎 动 物</th><th>叶 肢 介</th><th>统</th><th>系</th></tr>
<tr><td rowspan="3">延长群</td><td>瓦窑堡组
永坪组
胡家村组</td><td>Thinnfeldia-Danaeopsis fecunda 组合：
Danaeopsis fecunda
Bernoullia zeilleri
Equisetites sthenodon
Cladophlebis raciboyskii
Thinnfeldia rigida
Neocalamites rugosus
Pityolepis shanxiensis
Sagenopteris lanceolatus</td><td rowspan="2">延长（Danaeopsis - Bernoullia）植物群</td><td rowspan="2"></td><td rowspan="2">Euesthera shenxiensis-
E. cf. minuta 组合：
E. shensiensis
E. cf. minuta
Brachystheria</td><td>上统</td><td rowspan="5">三叠系</td></tr>
<tr><td>文牍河组
峪底组</td><td>Annalepis - Tongchuanophyllum 组合：
Neocalamites carcinoides
N. shanxiensis, N. carrerei
Annalepis, Fengdnodendron
Caulopteris, Willsiostrobus
Tongchuanophyllum
Danaeopsis fecunda
Bernoullia zeilleri
Ctenozamites sarrani
Todites shensiensis
Cladophlebis gracilis</td><td rowspan="2">中统</td></tr>
<tr><td>二马营组</td><td colspan="2">Neocalamites shanxiensis 组合：
Neocalamites shanxiensis
N. corcinoides
Annalepis sp.
Todites shensiensis
Ctenozamites sarrani
Yuccites sp.
Peltaspermum sp.
Equisetites sp.</td><td>中国肯氏兽动物群：
Neoprocolphon paoteodon
Wangisuchus fenhosuchus
Shanxisuchus ordosia
Chasmatosaurus sinognathus
Sinokannemeyeria
Parakannemyeria
Shansiodon
Capitosauridae</td><td>Protomonocarina - Xiangxiella 组合：
P. binoda, X. bicostata
Trisitum multilineatus
Gabonestheria shanxiensis
Palaeolimnadia pusilla
Sphaerestheria minuta
Anyuanestheria shanxiensis
Punctestheria qinxiunensis
Euestheria hubeiensis</td></tr>
<tr><td rowspan="3">石千峰群</td><td>和尚沟组</td><td>Pleuromeia sternbergi 组合：
Pleuromeia sternbergi
P. rossica
Crematopteris circinlis
Willsistrobus hongyantouensis
Yuccites sp.
Annalepis zeilleri
Neoglossopteris shanxiensis</td><td rowspan="2">斑砂岩（Buntsandstein）植物群</td><td>两栖类-前棱晰-府谷鳄动物群：
Capitosouidae
Benthosuchadae
Procolophonidae
Thecodontia
Fugusuchus hejiapanensis
Xllousuchus sopingensis</td><td>Eosolimnadia - Coruia 组合：
Palaeolimnadia magnapicalis
E. xingxianensis E. shanxiensis
Triastheria shanxiensis
Aquilonoglypla xilougougouensis
Euestheria sp., Cornia sp.
Polygrapta sp.</td><td rowspan="2">下统</td></tr>
<tr><td>刘家沟组</td><td>Pleuromeia jiaochengensis 组合：
Pleuromeia jiaochengensis
Crematopteris circinalis
Willsiostrobus hongyantouensis</td><td></td><td>Leptolimnadia shanxiensis 组合：
L. jiaochengensis
Paleoleptestheria cf. endybalica
Lioestheria jiaochengensis
Lexomeagalypta jiaochengensis
Palaeolimnadia shanciensis</td></tr>
<tr><td>孙家沟组</td><td colspan="2">Ullmannia bronnii - Yuania magnifolia 组合：
Ullmannia bronnii
Yuania magnifolia
Pseudovoltzia llebeana
Callipteris martinsii
Quadrocladus solmsii</td><td>锯齿龙动物群：
Shihtienfenia permica
Huanghesaurus liulinensis
Shansisaurus xuecunensis
Sanchuansaurus elaphrosis</td><td></td><td>上统</td><td>二叠系</td></tr>
</table>

…enan stratigraphic region, North China

岩石…（西缘区）	鄂尔多斯区…	…位 生物…	年代地层单位划分：阶	统	系
孙家沟组	石…峰…	*Yuania magnifolia* 组合带 V	鞑靼阶 (Datarian)	上统	二叠系
平顶山组		…*pteris reniformis-Lobatannularia heia-Psygmophyllum multipartitum* 顶峰带	鞑靼阶 (Datarian)	上统	二叠系
神岩组		…*onclea hallei- Lobatannularia lingula-*…*enophyllum sinocoreanum* 顶峰亚带	卡赞阶—乌菲姆阶 (Kazanian-Ufimian)	上统	二叠系
天龙寺组			卡赞阶—乌菲姆阶 (Kazanian-Ufimian)	上统	二叠系
化客头组		…*pteris norinii-Compsopteris wongii* 顶…Ⅲ-3	空谷阶 (Kungurian)	下统	二叠系
骆驼脖子组		…*ctopteridium alatum-Cathaysiopteris* 顶峰亚带 Ⅲ-2	阿丁斯克阶 (Artinskian)	下统	二叠系
山西组		…*nnularia sinensis-Sphenophyllum ob-*…*olim* 顶峰亚带 Ⅲ-1	萨克马尔阶 (Sakmarian)	下统	二叠系
太原组		…-*N. plicata-Lepidodendron posthumii*	阿谢里阶 (Asselian)	下统	二叠系
太原组		…-*N. plicata-Lepidodendron posthumii*	格热尔阶-卡西莫夫阶 (Gzhelian-Kasimovian)	上统	石炭系
太原组		…*ntea-N. kaipingiana-Linopteris neu-*… I	莫斯科阶 (Moscovian)	上统	石炭系
土坡组	湖田段	…*ntea-N. kaipingiana-Linopteris neu-*… I	巴什基尔阶 (Bashgilian)	上统	石炭系

统研究了整个华北的晚古生代（石炭纪、二叠纪）的沉积环境。这些众多的研究成果为确定华北石炭纪、二叠纪沉积类型、沉积体系、探讨地层格架，提供了丰富的基础资料和值得参考的认识。

从众多的华北各地对石炭纪、二叠纪沉积环境研究成果中，可以得出如下的重要的新认识：

(1) 石炭纪、二叠纪岩石地层层型剖面所在的太原西山，石炭纪、二叠纪地层的沉积类型、沉积体系在整个华北同样具有代表性。即从早到晚经历了陆表浅海环境、过渡环境及向大陆环境的演变，相应地形成了下部以障壁岛—泻湖和碳酸盐台地沉积体系为主，中下部以三角洲体系为主，上部以河流体系为主的沉积体系序列。平面上由南往北成带分布的陆表海环境、过渡环境和大陆环境，随时间的发展依次向南迁移，最终转变为大陆环境。相应地依次发生碳酸盐台地和障壁岛—泻湖体系、三角洲体系、河流体系向南的迁移，最终以河流体系的广泛发育结束了华北晚古生代沉积环境的演化历史（程宝洲，1992）。

(2) 内蒙古大青山晚古生代含煤体系，几十年来一直认为是形成于内蒙古地轴上的内陆山间断陷盆地中，属陆相冲积—湖积成因。而新的研究则认为应属于广阔的滨海平原沉积，是华北近海平原——大型聚煤坳陷连成一片的北部边缘沉积（钟蓉，1987）。

(3) 70年代，继山西组、太原组发现海相层之后，石盒子群中也大量发现双壳类、腕足类（舌形贝等)、海绵骨针等化石。这说明石盒子群（特别是华北南部的石盒子群）不是纯陆相沉积，而是属于不时受海水入侵的海湾浅水三角洲环境的沉积。

（二）华北石炭纪、二叠纪地层格架

根据本次研究对岩石地层单位的划分，和已有的石炭纪、二叠纪沉积环境、沉积体系分析研究成果资料，可建立华北石炭纪、二叠纪岩石地层格架如图6-2(a)。进而将图6-2(a)中反映的地层空间分布范围，按本次研究对华北石炭纪、二叠纪的年代地层划分意见，可得出年代地层格架如图6-2(b)。并可总结出如下一些认识：

(1) 图6-2(a)和6-2(b)分别为华北石炭纪、二叠纪岩石地层格架和年代地层格架，图中未采用国内目前流行的地层格架分析所用的低水位体系域、海进体系域、高水位体系域……等术语。因为华北石炭纪、二叠纪的沉积环境不属于被动大陆边缘环境，而总体上属于陆表浅海—近海平原沉积环境。其沉积序列是（平面上从北向南、纵向上自下而上）：陆屑障壁—泻湖体系（Terrigenous clastic barrier—lagoon system），碳酸盐台地体系（Carbonat of platform system)，陆表海三角洲体系(Delta system of epicontinental sea)，河流体系(Fluvial system)，湖泊体系（Lacustrine system）。其中三角洲体系包括有：发育泥炭沼泽（Peat—Mire）的三角洲体系和近陆源（Near terrigenous）的三角洲体系；河流体系包括有：含泥炭沼泽（Peat—Mire）的河流体系、以泛滥平原相（Flood plain facies）为主的河流体系和以河床滞流相（Channal tag facis）为主的河流体系等。

(2) 近20年来西方国家地质学家再次强调全球海平面升降的一致性。但华北石炭纪、二叠纪地层格架则再次证明了我国地质学家李四光(1928)关于晚古生代以来海水进退规程——天平式摆动或呈跷跷板式的海水进退。晚石炭世早期海水自华北北东方向向南西入侵，到晚石炭世末海水退向南东方向；二叠纪时的每次海侵方向，则为南东向北西，但每次海侵到达的范围，一次比一次小，显示了海水向南运动和华北北部抬升的总趋势。

(3) 月门沟煤系是华北最主要的含煤岩系，含煤20多层。煤层位于每个基本层序的上部。

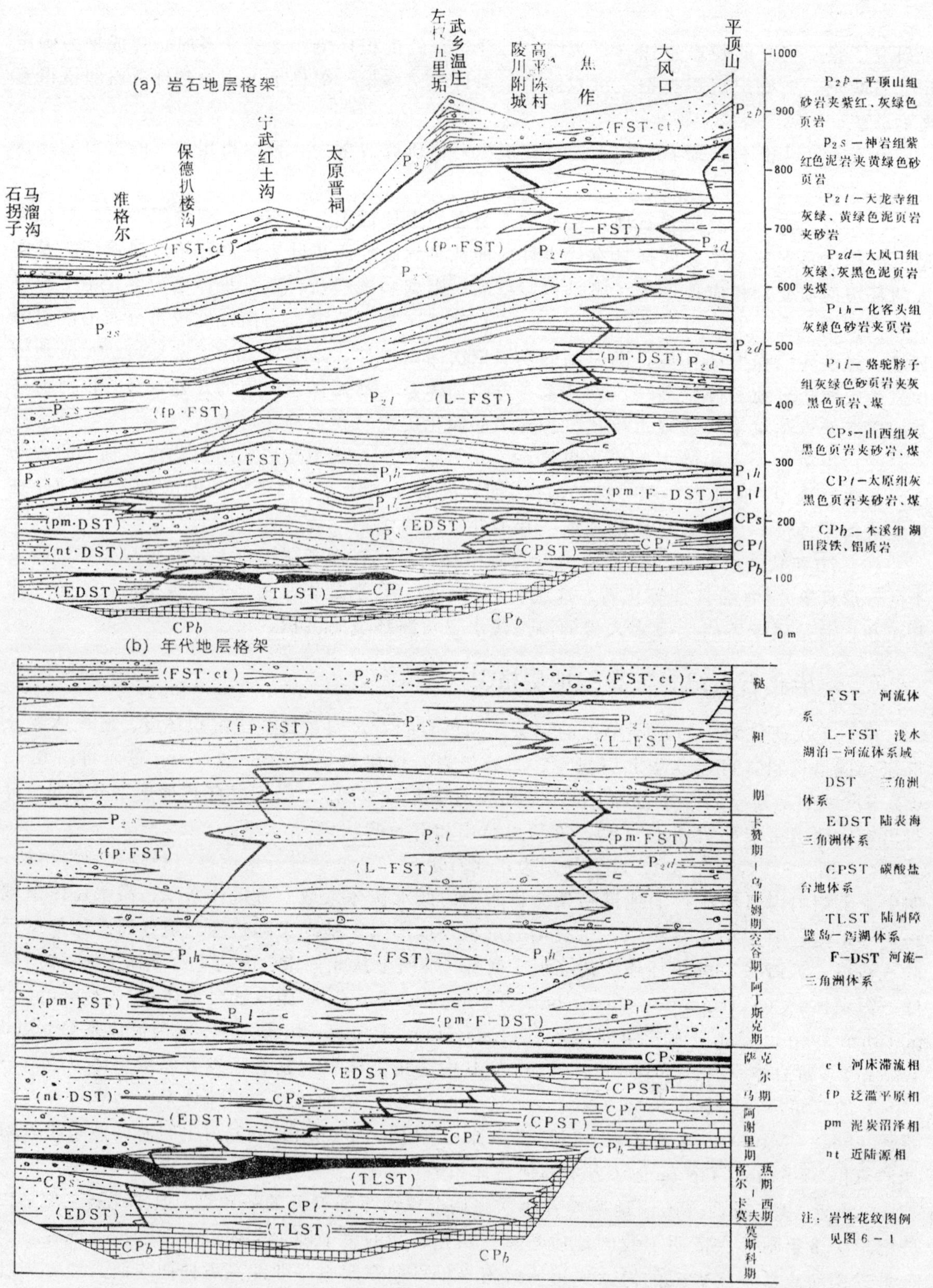

图 6-2 华北晋冀鲁豫地层区石炭纪、二叠纪地层格架图

Fig. 6-2 The carboniferous-Permian stratigrapic framework for Shanxi-Hebei-Shandong-Henan stratigraphic region, North China

但最主要的富煤带有两个，在山西称为下煤组和上煤组。下煤组位于太原组下部，年代地层单位为上石炭统格热尔阶顶部，是华北晚古生代海水天平式摆动处于水平状态时（华北中部全部呈现浅水三角洲环境）的最大一次海侵前的产物。所以分布广、厚度大、层位稳定，属等时煤体，形成时代为晚石炭世格热尔期。上煤组位于山西组，广布华北各地，是华北各地最上一层灰岩之上（太原组之上），也是最后一次海退之后，形成的三角洲泥炭沼泽环境的产物。所以其层位愈向南愈偏高，形成时代自北而南由早二叠世阿谢里期逐渐到萨克马尔期末，并非等时形成的，属穿时煤体。

（4）华北月门沟群各岩石地层单位均属穿时单位。从石盒子群上、下亚群间的具鲕粒结构的紫斑泥岩和孙家沟组底面为两个等时面看，月门沟群的本溪组湖田段、太原组、山西组和石盒子群的骆驼脖子组、化客头组，呈缓倾的雁行式斜列；石盒子群的大风口组、天龙寺组、神岩组，三者呈陡倾雁行式斜列。

（5）各岩石地层单位明显穿时，厚度急剧变化、沉积环境急剧变化的部位大致在北纬35°和40°两条纬向地带，反映了这两条纬向带为两个构造活动带。这两个带对石炭纪、二叠纪古地理、沉积岩相、岩石地层单位的厚度、岩石地层分区及矿产的形成与分布，均起一定的控制作用。35°～40°之间为华北中央区，岩石地层以太原组、山西组、骆驼脖子组、化客头组、天龙寺组、神岩组发育为特征，月门沟群上、下两煤组均发育。40°以北太原组不发育或缺失，山西组发育，月门沟群上、下两煤组厚度大，且相距较近，石盒子群上亚群以神岩组发育为特征。35°以南以太原组沉积开始晚，山西组不发育、厚度小，石盒子群以骆驼脖子组、大风口组发育为特征；月门沟群以下煤组缺失，而石盒子群以大风口组煤层发育为特征。

（三）形成华北石炭纪、二叠纪沉积地层格架的地球动力学机制

华北石炭纪、二叠纪海水进退的历史：“晚石炭世初期海水自东北方向（现唐山一带）侵入，至晚石炭世—早二叠世之交，也即太原西山吴家峪灰岩沉积之后，庙沟灰岩沉积之前，海水退向华北的东南方向；以后，多次的小的海侵均来自东南方向，且一次比一次的海侵范围变小，海水继续向东南退缩，但至二叠纪末之前海水仍不时入侵至华北南东边缘，形成豫东南—徐淮一带的近海三角洲聚煤盆地沉积”。这一结论已被广大的地质学家和煤田地质学家所共识。但引起这一海水进退的原因，也即地球动力学的机制是什么，并不一致。目前，大体上有三种认识。

（1）最早注意到这一事实，并进行了解释的，是我国杰出的地质学家李四光，并由此而创立了“地质力学”学说。他认为海水的这种进退规程是地球自转速率的变化而引起。他最早在《地球表面形象变迁之主因》论文（李四光，1926）中写到：“当造山运动发生之前，地球自转速率增加，赤道方面的海面，应该随而增高，同时两极方面的海面随而变低；反之，在造山运动盛行时期，或造山运动完了的时候，地球自转的速率，应该稍稍减小，于是两极方面沉没，而赤道方面海面降低”。1928年李四光在总结了古生代以后大陆上海水进退后，总结北半球的海水进退规程为：“地球上每一次大改革以前，北半球上的海水，都有往赤道方面移动的趋势；而当改革进行的时期或改革以后，海水又有往北极方面流注的趋势”。这就是说华北石炭纪、二叠纪海水自北东侵入，之后向南退去及所造成的沉积岩相古地理状况，是华力西晚期地壳运动之前地球自转加速造成的。

（2）近些年来一些论著中也试图用板块学说，解释华北晚古生代沉积的形成与演化。但论著为数不多，例如，程宝洲（1992）论述山西晚古生代沉积演化和聚煤规律时，认为：“北

方的西伯利亚板块和南方的扬子板块与华北板块相互运动和作用，构成了盆地构造动力学环境的主体结构”。但本专著编者认为：“更应先考虑华北板块与北、南两侧古阴山、古秦岭海槽（洋壳）的互相作用。早石炭世末，古阴山洋壳和古秦岭洋壳向华北板块之下俯冲，使华北板块受到拉张而下沉，一改自奥陶纪以来一直遭受剥蚀，而接受海陆交互相的沉积；之后由于古阴山海槽闭合（西伯利亚板块与华北板块对接）早于古秦岭海槽闭合（扬子板块与华北板块对接），而使海水和海陆交互相及滨海三角洲相沉积南移，直至二叠纪末，古秦岭海槽闭合，华北全部变为内陆盆地，接受三叠纪沉积。”近十多年来华北（特别是南、北缘）石炭纪、二叠纪岩相古地理的研究成果，也表明石炭纪时期整个华北（包括南北边缘）地势极为平缓，并无板块对接、碰撞、挤压、褶皱隆起而形成的高峻地形。

(3) 全球性的海平面升降，这是一个较早已经盛行的理论。80年代以来，它重新受到重视，并作为“层序地层学”的认识基础。例如我国层序地层学的积极推行者（魏家庸等，1991，陈克强等，1993）称：“基本层序多是某种周期性过程中他旋回与自旋回机制联合作用（以前者为主）的产物，它不仅是解开沉积作用和环境之谜的钥匙，而且在将来其中一部分还可能成为详细测年的工具”。不言而喻，所谓某种周期性过程，即指全球性海平面的周期性升降过程。华北既是全球的一部分，其沉积作用和环境的演化，必然要受到全球海平面周期性同时升降的影响。尽管华北晚古生代海水的北侵、南退并不符合全球性海平面同时升降过程，但华北石炭纪、二叠纪沉积由页岩夹砂岩→黑色页岩夹煤层→石灰岩（或海相页岩）的旋回性基本层序（即在海水总体向南东退去的过程中），显然也不能排除全球性海平面升降的影响和控制。

综上所述：华北晚古生代沉积和演化的地球动力学机制，可能是复杂的、多因素的，是上述三方面的因素联合造成的。至于哪方面在哪个阶段、哪个层次、哪个地域上起主导作用，是需要今后深入研究和探讨的。

第七章

中晚中生代（侏罗纪—白垩纪）

华北晋冀鲁豫地层区侏罗纪—白垩纪地层均为陆相沉积，堆积于各类陆相盆地中。这些大小不一、性质各异的盆地散布于整个华北陆台。太行山以西多为稳定的大型坳陷盆地，其中最大的鄂尔多斯盆地横跨陕西、甘肃、宁夏和内蒙古四个省、自治区，原始沉积面积大于20余万平方公里；太行山以东则多为中小型不稳定火山-沉积盆地，单一盆地的面积大致数百至数千平方公里。北部燕辽地区盆地分布较为集中；中部为华北大平原，被大片新生代沉积覆盖，其下侏罗纪—白垩纪地层的分布产出状况还不十分清楚；南侧大别山—桐柏山北麓地区，侏罗纪—白垩纪地层分布较为零散。参见图2-1。

一、岩石地层单位划分及特征

（一）地层调查研究划分简史

对华北侏罗纪—白垩纪地层的研究始于19世纪末，初期的工作多为外国学者所做的路线穿越考察报导，如Richthofen（1882）考察过大同云岗侏罗纪煤田，但资料较为零散。自本世纪20年代起，我国地质学家开始从事较系统的野外调查，因该时代地层中赋存有煤等重要矿产，所以地层研究工作常伴随着对各煤田的调查而开展。重要的工作成果有：叶良辅等（1920）对北京西山侏罗系的研究；王竹泉等对山西大同（1921）、内蒙古大青山（1928）、辽宁阜新（1929）和北京西山门头沟（1933）中生代煤田所做的地层划分与研究；谭锡畴（1932）对山东蒙阴系、莱阳层、青山层和王氏系的命名和划分；Grabau（1928）在其专著《中国地史》一书中以当时的研究水平对我国的侏罗系—白垩系做了综合叙述。50年代以来，地矿部所属区调队伍在各省（市、自治区）系统开展了中、小比例尺的区域地质调查；地矿、煤炭、石油等部门的地质队伍、科研单位及地质院校，结合不同的任务对象和领域也做了大量的地层调查研究工作，积累了丰富的资料。第一届（1959）和第二届（1979）全国地层会议的召开，促进了对大量区域地层资料作较为系统的研究总结。有关侏罗纪—白垩纪断代的综合性成果则集中反映在下述各份专著中：《中国的侏罗系和白垩系》（顾知微，1962），《中国中生代陆相地层》（斯行健、周志炎，1962），《中国的侏罗系》（王思恩等，1985），《中国的白垩系》（郝诒纯等，1986）。1974～1980年间陆续编印出版了全国各大区区域地层表，表明我国各地区侏罗纪—白垩纪地层系统已普遍建立起来。虽然如此，该断代岩石地层研究中仍存在许多重大且难以解决的问题：①由于该断代沉积时都是一个个孤立的陆相盆地，且盆地类型多样（有的堆积单一的正常沉积岩层，有的发育复杂的火山岩夹层，有的火山活动强烈，以各类火山熔岩和火山碎屑岩构成盆内堆积的主体)，因此岩性变化复杂，地层单位划分命名混乱（一个地层小区或一个盆地常有一套地层系统划分，命名一套地区性的地层单位名称)，这就不利于甚至阻碍了地层资料的大区域研究对比；②对有关地层单位的时代归属问题也众说纷纭，一直成为地质界争论的热点。这次地层研究对比过程中，华北大区曾多次召开工作会议，进行专门的研究讨论，意欲对上述问题有所解决，但终因侏罗纪—白垩纪地层本身变化复杂，加之研究程度尚低，因而难以求得统一和简化。有鉴于此，本次研究只能先把地层单位名称基本上统一到各地层分区，少数地层单位由于岩性变化大或工作程度低等种种原因，还不得不在小区范围内继续使用。

（二）岩石地层区划分及分区特征

侏罗纪—白垩纪时，华北陆台上发育了一系列大小不一、活动强度各有差异的陆内盆地。由于受不同的区域地质背景和构造条件的制约,因而这些盆地的类型和产出特征各不相同,这就决定了不同地区侏罗纪—白垩纪岩石地层序列、地层发育完整程度和岩石类型复杂程度以及组合特征上的各种差异，从而有了各级岩石地层区的划分。

侏罗纪—白垩纪断代岩石地层分区的范围与综合地层分区基本一致。相邻的地层分区之间在岩石地层发育程度及特征上有一定的共性，而有些地层分区又可分为几个小区，其地层发育程度有一定的差异或命名各不相同。华北各地层分区侏罗纪—白垩纪岩石地层序列及对比如表 7-1。

从表 7-1 中可以看出华北侏罗纪—白垩纪地层最大的差异在于东（北）部与西（南）部的差异。西部发育陆内大型稳定的坳陷型沉积盆地，没有火山活动，沉积稳定，地层结构简单，多为连续沉积，只在芬芳河组和保安群的底部出现平行不整合或微角度不整合接触关系。又可具体划分为华北西缘—鄂尔多斯（V_4^1—V_4^4）和山西—豫陕（V_4^5—V_4^6）两个地层分区，两者的主要差别在于山西地层分区提前较早的隆升回返，结束盆地沉积史，相当于鄂尔多斯盆地内的芬芳河组和保安群，在山西地层分区内均告缺失，即从晚侏罗世开始，整个晚中生代地史发展阶段，山西地层分区没有接受沉积。

紫荆关深断裂以东地壳活动性强，发育多世代复合型火山-沉积盆地。多世代盆地复合式叠置产出，开始接受沉积早，火山活动普遍，每一世代盆地内火山岩和沉积岩复合式复杂堆积；地层岩性纵、横向变化大，地层结构复杂，出现多个区域性不整合面，主要据此来划分不同世代的沉积盆地。东部活动性强的沉积区又可具体划分为五个地层分区，各分区虽都发育复杂的火山-沉积岩系，但又显示出不同的地层沉积发育特点。其划分依据：东西方向上受郯庐深断裂带的分割和制约明显，南北方向上则受华北陆台南北两侧两条纬向构造带再活动的影响而区分为地层发育程度有别的北、中、南三部分。

华北北缘—阴山—燕辽地层分区（V_4^2—V_4^3—V_4^7）：分布于华北陆台的北侧，包括辽西、冀北和北京地区，并向西延至内蒙古阴山、大青山。这一分区火山活动强烈。侏罗纪—白垩纪火山-沉积地层序列发育最为特征和完整。

鲁西地层分区（V_4^{10}）：分布于阴山—燕辽地层分区以南，郯庐深断裂带以西，岩层露头仅见于山东省西部，西侧为华北大平原大片新生代沉积所覆盖。该分区地层发育的主要特点是：整个侏罗纪—白垩纪岩石地层序列的下部不发育；表明该地层分区在早—中侏罗世时期曾较长时间处于隆升剥蚀状态，很少接受堆积；晚侏罗世的较晚时期开始，发育晚世代的断陷盆地，从莱阳群往上整套白垩纪的火山-沉积地层发育比较完整。

region . North China

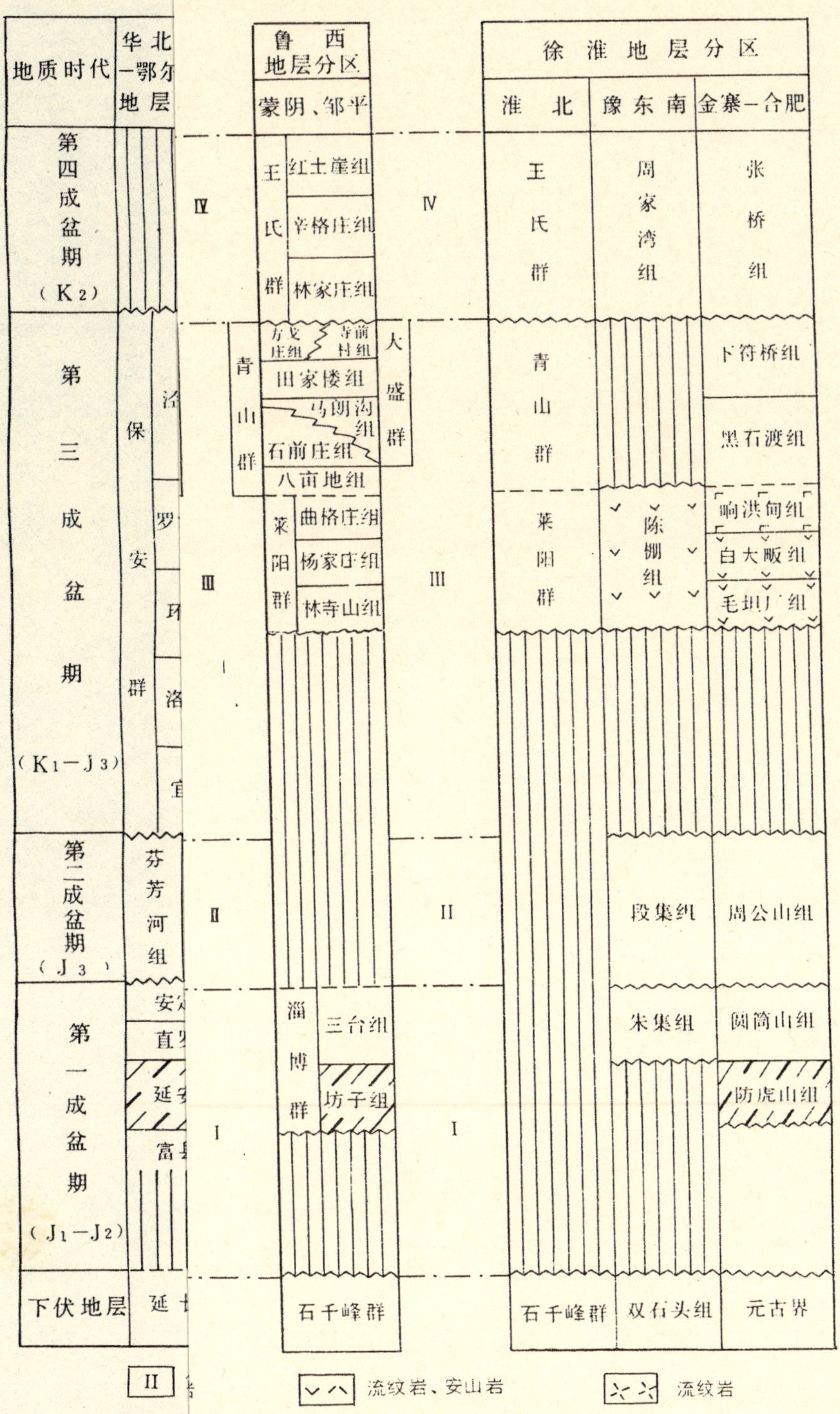

g-Henan stratigraphic region, North China

合	特					征	
	鱼类	鸟类	植物群			孢粉	
						（冀　北）	（辽　西）
			被子植物群： 上部为 *Platanus Cercidiphyllum, Alangium, Viburnum* 下部为 *Ruffordia goepperi, Onychiopsis elongata, Cercidiphyllum* sp., *Paltanus* sp.			*Tricolpites – Schizosporites – Tetranguladinium* 组合	*Deltoidospora – Classopollis – Tricolpites* 组合
			Ruffordia – Acanthopteris 植物群	*Eo – angiosperms* 组合		*Pilosisporites – Triporoletes – Tricolpites* 组合	
类： *sifor*	*Kuyangichthys – Kuntulunia* 鱼群	*Hebeiornis fengningensis*		*Otozamites denticulatus* 组合	*Acanthopteris gothani* 组合	*Cicatricosisporites – Foraminisporites – Astaropollis* 组合	*Appendicisporites – Pilosisporites – Asteropollis* 组合 *Impardecispora – Classopollis – Clavatipollenites* 组合
: *is* *Copto-* *ida* 组	*Lycoptera – Peipiaosteus* 组合					*C. – Concavissimisporites – Classopollis* 组合	*Concavissimisporite – Heliosporites – Cicatricosisporites* 组合
						C. – Jugella – Luanpingspora 组合	*Cicatricosisporites – Foraminiporites* 组合
						Piceitea – Podocarpidites – Shizaeoisporites 组合	
tina *– Yen-* *hinen-*	*Palaeonicoidei – Ptycholepoides* 鱼群		*Coniopteris – Phoenicopsis* 植物群			*Classopollis – Callialasporites – Schzaeoisporites* 组合	
				Zamites williamsonia 组合			
s – *ntiqua*				*Coniopteris hymenophylloides – Nillssoniopteris vittata – Phoenicopsis speciosa* 组合		*Cyathidites – Quadraeculina – Classopollis* 组合	
a *s –* *na* *s*						*Cyathidites – Piceaepollenites* 组合	
				Coniopteris gaojatianensis – Otozaites mikomorphus – Phoenicopsis angustifolia 组合		*Cycadopites – Cyathidites* 组合	

徐淮地层分区（V_4^{12}）：沿大别山、桐柏山北麓散布有小型中生代火山-沉积盆地，本地层分区位于华北陆台南侧，与陆台北侧的燕辽—阴山地层分区遥遥相对，亦具有一定的构造活动性，因此四个世代的盆地均有发育，但地层发育不如燕辽—阴山地层分区完整。各组地层的岩性和厚度横向变化急剧，火山活动则集中发生在第三个世代的成盆时期。

辽东地层分区（V_4^{9}）：位于华北陆台的东北侧，西隔下辽河平原与燕辽地层分区相衔接，因此地层发育情况大体上与燕辽地层分区相似，但又显示出不同的个性。表现为：相当于早—中侏罗世时代的第一世代盆地地层发育不完整，有不少地层单位原始沉积缺失；而晚侏罗世即第二世代盆地成盆时期缺少含煤地层的沉积。

鲁东地层分区（V_4^{11}）：与郯庐断裂带相隔，西与鲁西地层分区相邻。本分区早—中侏罗世直至晚侏罗世前期的地层全部原始沉积缺失，即不发育第一和第二两个世代的盆地，这两个成盆时期，本区均为隆升裸露剥蚀区；从早白垩世开始至白垩纪末，发育断陷盆地，形成一套莱阳群、青山群和王氏群的厚度大、层序很完整的火山-沉积地层。

（三）岩石地层单位特征

本断代各岩石地层单位纵横向变化大，工作和研究程度尚不很高，各主要岩石地层单位目前只能统一到地层分区。现将鄂尔多斯地层分区和燕辽地层分区的岩石地层序列及各岩石地层单位的特征作较全面的叙述介绍，用以分别代表西部没有火山活动的稳定沉积区和东部具多期次火山活动，并发育火山岩与沉积岩复杂堆积这两种类型的岩石地层序列、地层单位划分和岩石地层产出特点。

1. 华北西缘—鄂尔多斯地层分区岩石地层序列及沉积特征

鄂尔多斯地层分区属大型稳定的内陆坳陷盆地沉积，侏罗纪地层发育齐全，白垩纪地层仅有下部早白垩世沉积，晚白垩世时盆地抬升回返原始沉积缺失。该盆地虽横跨陕西、内蒙古、甘肃、宁夏四个省（自治区），其岩石地层单位的划分和命名分区内已统一。地层发育序列见表 7-1，各岩石地层单位（自下而上）主要特征与分布产出情况为：

（1）富县组　以富县大申号沟剖面为该组的选层型。该组在命名地为一套以紫红色为主的泥岩和砂质泥岩，底部为砂砾岩。盆地西南部甘肃华亭一带粒度变粗，为块状砾岩、砂砾岩、粗—中粒石英砂岩；盆地东北部内蒙古准格尔旗的五字湾一带，则为黄绿色砂岩与泥岩互层，并夹有黑色页岩、碳质页岩和油页岩；至盆地西缘宁夏地区缺失。厚度变化 0～165 m，与下伏地层早三叠世延长群为平行不整合接触。受印支运动古剥蚀面的影响，富县组的岩性和厚度横向变化显著。

（2）延安组　以陕西延安西杏子河剖面为选层型。为一套含煤的陆相碎屑岩层，其岩性为灰白、浅黄色砂岩、粉砂岩、页岩不等厚互层，夹煤层。该组在区域范围内岩性和厚度变化不大，一般岩石粒度由粗变细，煤层由薄变厚，地层厚度也相应增大。地层厚度变化 150～400 m，含煤多为 5～8 层。与富县组整合接触，或直接不整合在下伏三叠纪地层之上。富含植物和双壳类等化石。

（3）直罗组　以陕西富县葫芦河剖面为正层型。为一套黄绿色块状长石砂岩与灰绿、灰紫等杂色粉砂岩、泥岩互层的碎屑岩组合。岩性比较单调，变化也较稳定。自东向西地层厚度由 82 m 增至 670 m，贺兰山南段最厚达 832.5m ，与下伏延安组整合或平行不整合接触。

（4）安定组　以陕西子长县清涧河剖面为选层型。在陕北安定一带为灰黑色泥岩、页岩夹油页岩，及桃红色钙质粉砂岩、泥岩夹泥灰岩。向北延入内蒙古境内，岩石特征以杂色碎屑岩为主，夹泥灰岩凸镜体，由南向北碎屑粒度变粗。整个盆地内安定组的厚度变化不大，由几十米至百余米。但盆地西缘宁夏贺兰山地区厚度急剧加大，如贺兰山北段的二道岭和缺台沟一带，本组厚达 667～1 515 m，与下伏直罗组为整合或平行不整合接触。

(5) 芬芳河组　以陕西千阳芬芳河剖面为正层型。岩性组合以棕红色、灰紫色块状砾岩、巨砾岩夹少量棕红色砂岩、泥质粉砂岩为其主要特征。为一套山麓洪积扇冲积—洪积相沉积。仅分布于盆地的西南边缘陕西省千阳县、凤翔县和甘肃省的环县甜水堡、马房沟一带。厚度变化极大，由百余米可急剧增厚至千余米。与下伏安定组为平行不整合接触。

(6) 保安群　潘钟祥 1934 年创名时称保安系。为一套灰紫色粗—中粒砂岩和黄绿、灰绿色粉砂岩、泥岩组合，发育巨型交错层理，含热河动物群化石，厚达 1 600m。潘钟祥命名时的保安系仅包括洛河层、华池层和环河层；张更、田在艺等（1952）将其含义扩大，包括宜君层、洛河层、华池层、环河层及罗汉洞层、泾川层六个地层单位。斯行健、周志炎（1962）在《中国中生代陆相地层》一书中认为保安系的名称与谢家荣（1924）创名的保安页岩重名，建议废弃保安系一词；又认为保安系的岩性与六盘山系可以对比而改称六盘山系。1974 年陕西省地质局石油队认为保安系不能与六盘山系对比，为不与保安页岩一词重名，考虑到保安县已改为志丹县，因此易名为志丹群。本次地层划分对比研究采用保安群这一地层名称，系指宁夏盆地、青龙山以东，榆林、宜君以西，包括陕西和甘肃东部（陇东）等地区不整合覆于晚侏罗世地层之上的白垩纪地层。下分宜君组、洛河组、环河组、罗汉洞组和泾川组五个组级岩石地层单位。

宜君组　选层型为陕西宜君老虎塔剖面。该组仅分布于盆地南缘陕西省的黄陵、沮水、宜君、旬邑、彬县至千阳一带。岩性为灰紫、紫红色砾岩，夹砂岩、泥质粉砂岩。相当于保安群的底砾岩，一般厚 20～65 m，大部分地区缺失，唯千阳芬芳河剖面该组厚度可达 302m，与下伏地层不整合或平行不整合接触。

洛河组　正层型为陕西志丹县北洛河剖面。主要岩性组合为紫红、灰紫色粗至中粒长石砂岩夹泥质粉砂岩、泥岩，局部地方夹砾岩和页岩。发育大型交错层理。该组广泛分布在盆地的北部和南部边缘地带，岩石粒度较粗，夹较多含砾砂岩和砾岩。在盆地靠近中心位置的吴旗、志丹、庆阳一带，岩石粒度较细，出现不少泥岩夹层。其厚度从西南往东北由71 m增至 392 m，含鱼类 *Lycoptera* 和介形类 *Darwinula* 等化石。与宜君组整合接触，当宜君组缺失时，与安定组为平行不整合或不整合接触。

环河组　选层型为甘肃合水县豹子沟—陕西富县黑水寺剖面。该组为盆地内分布最广，岩性横向变化较大的一套地层，盆地的中部与南部岩石粒度较细，为暗棕红色、灰绿色厚层中—细粒砂岩与粉砂岩、泥岩不等厚互层；盆地北部粒度较粗，以黄绿、紫红色长石砂岩为主，斜层理发育。地层厚度从北往中部及西南从 705 m 渐薄为 257 m，与上、下地层均为连续沉积。产鱼类 *Sinamia*，*Lycoptera* 和延吉叶肢介等化石。

罗汉洞组　选层型为甘肃泾川—陕西彬县朱家湾剖面。该组岩性特征：下部为暗紫色、浅灰色泥岩及粉砂岩，上部为棕红色块状长石砂岩。主要分布于盆地的西缘，厚 106～452 m。产鱼类 *Lycoptera* sp.，*Sinamia* sp. 和鹦鹉嘴龙 *Psittacosaurus* sp. 等化石。与上覆、下伏地层均为连续沉积。

泾川组　选层型与罗汉洞组为同一剖面。该组分布于盆地西南的千阳、陇县一带和盆地北部桌子山、杭锦旗及东胜地区，为一套紫红、粉红、灰绿、灰黄、蓝灰色泥岩、砂质泥岩、粉砂岩、细砂岩的互层，夹蓝色泥灰岩。该组向北至内蒙古境内砂岩增多，且夹多层薄层假鲕粒灰岩凸镜体。厚 178～446 m。

小结与问题讨论：

(1) 堆积阶段和盆地世代的划分　从各岩石地层单位之间的接触关系和共生组合分布产出特征来看，鄂尔多斯盆地岩石地层的纵向堆积序列可明显地划分为三大段，即可分为三个世代的盆地，堆积形成三套岩石地层组合。但它们是继承性的坳陷盆地，因此基本上叠覆堆积发育在同一区域空间内。

第一世代盆地形成了从富县组至安定组这一套地层，它们紧密共生，除了富县组由于原始沉积不稳定而断续分布外，其他各组产出上形影相随，各组之间均为连续沉积，这一世代盆地是极为重要的成煤世代盆地，延安组内赋存有具极大经济价值的煤层。盆地稳定沉降，横向上岩性岩相变化不大(图 7－1)。安定组堆积后，整体上隆回返，结束第一世代盆地的堆积。

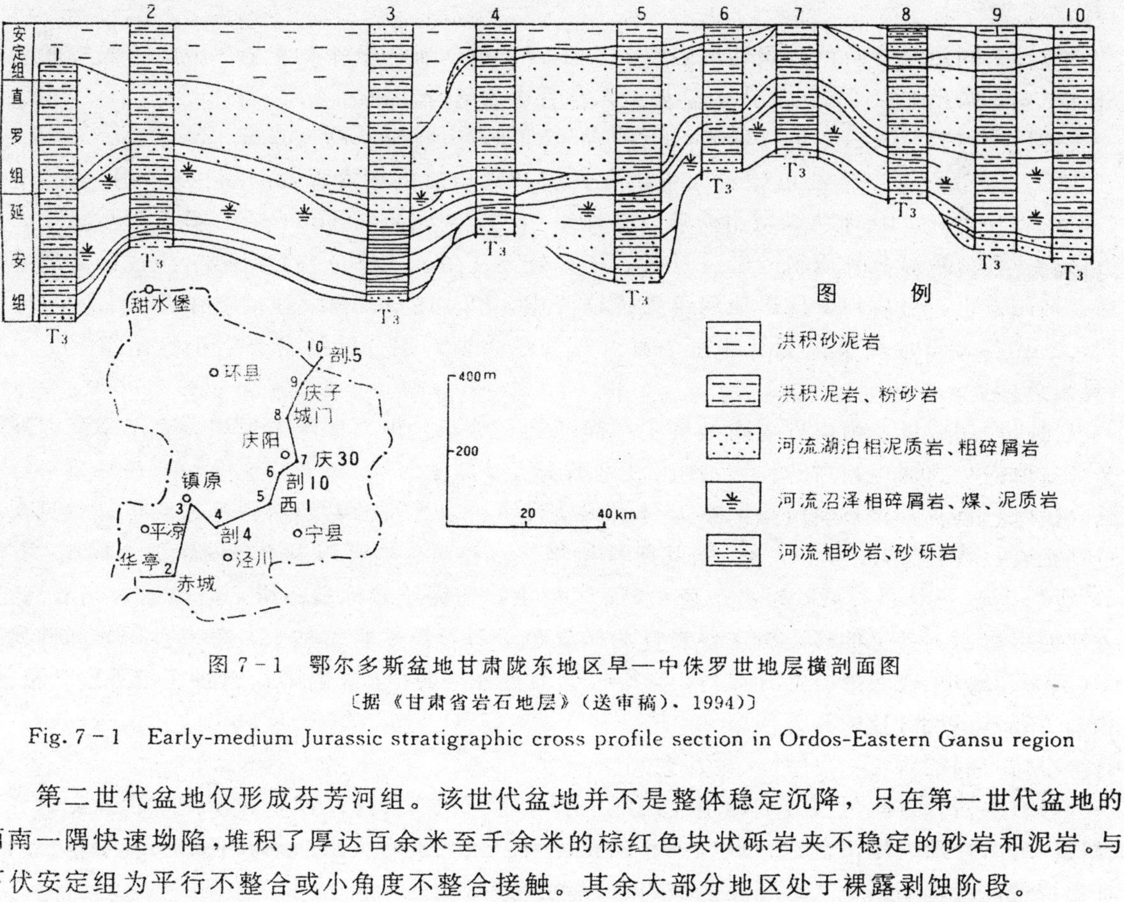

图 7－1　鄂尔多斯盆地甘肃陇东地区早—中侏罗世地层横剖面图

〔据《甘肃省岩石地层》(送审稿)，1994)〕

Fig. 7－1　Early-medium Jurassic stratigraphic cross profile section in Ordos-Eastern Gansu region

第二世代盆地仅形成芬芳河组。该世代盆地并不是整体稳定沉降，只在第一世代盆地的西南一隅快速坳陷，堆积了厚达百余米至千余米的棕红色块状砾岩夹不稳定的砂岩和泥岩。与下伏安定组为平行不整合或小角度不整合接触。其余大部分地区处于裸露剥蚀阶段。

第三世代盆地与第一世代盆地一样，又恢复整体继承性稳定沉降，形成保安群大套以氧化色调为主的杂色碎屑岩系，产有热河动物群化石。保安群沉积后，鄂尔多斯盆地整体上隆结束中生代的沉积史。

(2)盆地稳定程度的不均一性　虽然鄂尔多斯盆地是一个极稳定的大型陆内坳陷盆地，但其稳定程度并不均一，盆地西缘与整体比较具有较强的活动性。表现在：(a) 第一世代盆地堆积时，地层厚度总体上由东向西增厚，如直罗组厚度一般为百余米，盆地西南侧的甘肃省陇东地区的甜水堡厚达 670 m，而盆地西缘贺兰山南段增厚至 832 m；安定组的厚度亦从盆地内部的几十米至百余米，向西缘贺兰山地区急剧增厚至667～1 515 m。(b) 第一世代盆地堆积结束，整体抬升回返，当第二世代盆地开始发育沉积时，其范围仅限于整个盆地的西南部，且快速沉陷，堆积了厚达千余米的红色冲—洪积相粗碎屑岩。其分布范围从陕西省的千阳县草碧镇往北至甘肃省崇信县赤城，再至环县三角城和北部甜水堡马房沟，呈南北向。(c) 第三世代盆地发育阶段，整体沉降普遍堆积了保安群。当沉积接近尾声时，在蟠龙坡至景福山（由古生代地层组成的古隆起）之西产生新的凹陷带，堆积了厚达2 000 m的六盘山群，呈现盆地整体隆升回返而西缘又产生新的坳陷带并接受堆积的格局。

2. 山西—豫陕地层分区岩石地层序列及其沉积特征

山西地层分区：侏罗纪—白垩纪地层见于云岗、宁武—静乐、沁水等地，推测原始沉积时有可能为一个统一的盆地。其地层划分和命名已统一，自下而上为：

(1) 永定庄组　为灰、紫等杂色碎屑岩，与古生界的不同层位呈不整合接触，厚100～170 m。

(2) 大同组　为暗色含煤碎屑岩组，由砂岩—粉砂岩—粉砂质泥岩—泥岩—煤构成基本层。厚200余米，含21个煤层，与上、下岩层均为整合接触。

(3) 云岗组　灰白、黄绿、紫红色砂岩、砂砾岩夹泥岩，厚150 m。

(4) 天池河组　紫红色砂岩为主，夹泥岩和火山岩屑砂岩。与云岗组整合接触。厚约400 m。在山西沁水盆地西缘霍山南麓，云岗组和天池河组直接不整合在三叠纪地层之上，其上尚有一套由黄绿色钙质粉砂岩、页岩、细砂岩夹灰紫、灰红色各粒级砂岩组成的碎屑岩地层，称茹去组。后者与下伏天池河组为连续沉积，厚481 m，曾采到鱼类化石 *Lycoptera*。

上述各岩石地层单位中下部完全可以与鄂尔多斯地层分区的富县组至安定组一一对比（见表7-1）。

豫陕地层分区：河南省境内的济源和渑池义马等小盆地，侏罗纪地层发育不全。在渑池义马盆地内与大同组相当的称义马组，为含煤地层，厚126 m，与下伏三叠纪延长群呈平行不整合接触，其上直接被晚白垩纪东孟村组不整合覆盖。在济源盆地内则称鞍腰组，仅见灰黑色粘土岩，但不含煤，厚246 m，据其所含植物化石和双壳类可相当于延安组或大同组。其上的灰绿、灰白色长石石英砂岩夹杂色粉砂岩、粘土岩与泥质岩称马凹组，厚325 m，与云岗组、天池河组相当。再上的韩庄组主要岩性为砖红色长石石英砂岩、粘土岩，夹砂砾岩和砂质灰岩，厚仅21 m，缺乏生物化石资料，与马凹组不整合接触，上被老第三纪张庄组不整合覆盖，相当于鄂尔多斯盆地的芬芳河组。

小结与问题讨论：

(1) 山西—豫陕地层分区与华北西缘—鄂尔多斯地层分区一样，侏罗纪—白垩纪时亦为稳定的继承性陆内坳陷盆地，形成一套陆相碎屑岩系，没有火山活动，各岩石地层单位划分标志清楚，变化相对稳定，可在区域内较好地追索对比。

(2) 北部的云岗和宁武—静乐盆地含煤性好，大同组内含煤层达21层。往南含煤性变差。

(3) 第一世代盆地发育堆积以后，本区大部整体上隆，没有再出现继承性坳陷，发育晚侏罗世至早白垩世的第二、第三两个世代的沉积盆地，这是山西、豫陕地层分区与华北西缘、鄂尔多斯地层分区之间的最大差别。

3. 华北北缘—燕辽—阴山地层分区岩石地层序列及沉积特征

这三个地层分区范围包括冀北、辽西、京、津及山西省东北部的浑源、灵丘、广灵一带，向西延续到内蒙古阴山地区，略呈东西横贯于华北陆台的北部。其最显著特点是多世代盆地复合式叠置产出，每一世代盆地内又是火山熔岩、火山碎屑岩和沉积岩层交互复杂堆积，形成一套火山-沉积岩系。这一地区又是华北东部侏罗—白垩纪火山-沉积地层发育最好、最全的地区，故以此作为典型代表介绍其岩石地层序列（表 7－1）。各岩石地层单位的主要特征和分布产出情况自下而上为：

（1）杏石口组（辽西称羊草沟组） 选层型为北京门头沟区潭柘寺东山梁剖面。为一套褐黄色、灰黑色砂岩、砾岩，夹粉砂岩、粘土岩和煤线的山间河流相沉积地层。下与三叠纪地层呈不整合接触。分布于辽西的北票、朝阳，冀北的承德、平泉、下花园和北京西山等地，出露较为局限，一般厚 $20\sim100^{+}$m，最大厚度 610 m，不少地区尖灭，变化较为急剧。对其地层时代归属的认识尚不一致，有的认为属晚三叠世晚期，有的则将其归于早侏罗世。

（2）兴隆沟组（北京、冀北称南大岭组） 选层型为北票三宝四坑剖面。为以玄武岩、玄武安山岩、安山质角砾岩及集块岩为主，局部夹沉积岩夹层的一套基—中性火山岩地层。出露于辽西的北票、朝阳，冀北的承德、平泉、怀来和北京西山等地。厚 300 至 600 余米。与上覆、下伏地层均为平行不整合接触，为本区早侏罗世一次强烈的火山活动产物。

（3）北票组（北京称窑坡组和龙门组，河北及天津称下花园组，内蒙古称五当沟组） 以辽宁北票三宝四坑—壬甲剖面为选层型，为陆相碎屑岩系含煤地层。主要分布于辽宁的北票煤田，北京的京西煤田，冀北的尚义红土梁、下花园、赤城古子房、滦平涝洼、下板城、平泉以及蔚县和围场等地；天津市武清县于新生代覆盖层之下亦有下花园组隐伏煤系地层分布。内蒙古的五当沟组产于包头市石拐区、乌拉特前旗营盘湾、乌拉特中旗昂报和察右中旗苏勒图等地，厚度变化一般为 500～800 m，最厚在内蒙古营盘湾可达 2 700 m，含丰富的 *Coniopteris-Phoenicopsis* 植物群化石和双壳类。在北京和冀北与上覆九龙山组平行不整合接触，在辽西则与上覆的海房沟组或其他较新的地层不整合接触。

（4）九龙山组（内蒙古阴山称长汉沟组） 正层型为北京门头沟区岳家坡南山剖面。这是平行不整合于煤系地层之上的一套灰紫色、灰绿色陆相含火山碎屑的沉积岩，岩石类型包括不同粒级的砾岩、砂岩、粉砂岩和粘土岩，常含有数量不一的火山碎屑物质。该组与上覆髫髻山组中性火山岩为不整合接触。其分布在京、津、冀北和阴山地区，与下伏煤系地层基本一致。厚 400～1 500 m。

在辽西地区有一套由灰白色、黄灰色复成分砾岩夹长石石英砂岩和流纹质火山碎屑岩组成的岩层，称海房沟组。不少地质文献将其与九龙山组对比，但该组以明显的不整合接触关系覆于北票组或其他较老地层上，其上为髫髻山组（当地原称蓝旗组）整合或平行不整合覆盖。根据这种接触关系，将海房沟组与九龙山组对比是完全不妥的，以往亦有不少文献提出将它降组为段，并入蓝旗组，本书赞同这一处理。

（5）髫髻山组 正层型为北京门头沟区田庄村（东南）剖面。该组为一套以中性粗安质熔岩、角砾凝灰岩等火山喷出岩为主，夹有凝灰质砂岩、凝灰质砾岩等的火山岩地层。这一岩石地层单位名称全分区统一，分布于辽西的北票、朝阳和建昌地区，冀北的兴隆、宽城、宣化、下花园、赤城、承德、青龙、滦平、易县、涞源，山西省的浑源、灵丘、广灵和北京、天津等地。本组不整合喷发叠覆在九龙山组之上；或产于新生性断陷盆地内，其基底为元古界或其他较老地层。厚度多在千米左右，最厚近 5 000 m。

（6）土城子组 以辽宁朝阳花张营子—项家杖子剖面为选层型。为一套以紫红色为主夹灰绿、褐黄等色的粗碎屑岩系。在北京延庆县的千家店、白河堡地区于土城子组的下部和中部夹有多层流纹质角砾凝灰岩、粗安质凝灰岩等火山岩夹层。该组分布较为广泛，与髫髻山组密切相关，共同产出，在辽西分布于朝阳、北票、建昌、凌源等地，冀北与髫髻山组的分布大致相同；北京见于延庆和密云两县的北部及昌平妙峰山；晋东北分布于灵丘和浑源县。与下伏髫髻山组多呈平行不整合接触。厚 876～2 908 m。

(7)张家口组　正层型为河北张家口元宝山—红泥湾剖面。该组以流纹质熔结凝灰岩、流纹岩和石英粗面岩为主、夹安山岩、粗安岩和砂砾岩层。主要分布于河北省的张家口、沽源、赤城、丰宁、承德、围场等地，北京的门头沟、延庆、怀柔等地，晋东北的浑源县和灵丘县。该组平行不整合于土城子组之上，亦多产于新生性的火山盆地内，不整合于不同时代的老地层之上。厚度变化大，在河北的赤城、围场一带厚 2 688～3 867 m，往东渐薄，滦平厚 622 m，寿王坟仅 294 m。晋东北亦只 400 m 左右。

(8) 大北沟组（北京称东狼沟组）　正层型为河北滦平县大北沟—拉海梁剖面。指张家口组之上的一套火山-沉积岩组合，下部为灰绿、灰白色少量灰紫色凝灰质砾岩、砂岩、粉砂岩，夹凝灰岩及泥页岩，上部为中基性熔岩、酸性熔岩及火山碎屑岩。大北沟组主要分布在冀北的森吉图、滦平、清泉和赤城样田等地，以及晋东北的浑源县；北京的东狼沟组则见于丰台区的坨里盆地。与张家口组为平行不整合接触。厚 120～200 m。丰宁森吉图等地大北沟组上段的火山岩层厚度急剧加大，总厚达 2 000～3 396 m。

(9) 义县组　选层型为辽宁义县马神庙—宋八户剖面。其岩石组合以中、基性火山熔岩、火山碎屑岩为主，局部夹中酸性—酸性和碱性火山熔岩及多层沉积岩，富含热河动物群化石。义县组广泛分布于辽西的阜新—义县、紫都台—红石砬子和朝阳凌源、建昌等地区。在辽西不整合覆于土城子组及其他较老地层之上；冀北则与下伏的大北沟组呈平行不整合接触。厚度变化很大，620～1 835 m，在建昌喇嘛洞沟附近厚达 3 270 m。

(10) 九佛堂组　正层型为辽宁喀左县九佛堂村剖面。为一套以灰、灰绿色为主，偶见紫色，岩性以泥岩、页岩、粉砂岩为主，夹油页岩、泥灰岩、砂岩和砾岩层，并偶夹中性熔岩的沉积岩组合，富含热河动物群化石。在辽西主要分布于朝阳—喀左盆地；冀北则主要分布在滦平至隆化、围场呈 NNE 向排列的沉积盆地内；北京地区发育于丰台区坨里盆地。在辽西平行不整合于义县组之上；在冀北与大北沟组呈平行不整合接触。厚度变化 120～200 m；隆化和建昌南喇嘛洞附近增厚至 1 000～1 500 m，各盆地边部为砂岩、含砾砂岩等粗碎屑岩沉积，向盆地中心渐变为泥岩、页岩等细碎屑沉积。

(11) 沙海组（冀北称下店组）　选层型为辽宁阜新宫官营子—上缶木营子剖面。主要岩性为黑色薄片状页岩、泥岩、泥质粉砂岩，局部夹油页岩及煤层。平行不整合于义县组之上。在辽西见于义县、阜新、黑山、彰武、法库一带；冀北见于丰宁县青石砬附近。厚度在冀北为 113 m，辽西为 942 m。

(12) 阜新组（冀北称青石砬组、阴山地区称固阳组）　以辽宁阜新西北营子 X－17 号钻孔柱状剖面为其选层型。为灰色、灰白色砂岩、砾岩，灰黑、灰绿色粉砂岩、页岩夹多层可采煤层的煤系地层。分布于辽宁阜新，河北丰宁青石砬和内蒙古固阳等地区。与下伏沙海组（下店组）整合接触。为晚中生代的一个重要含煤地层。厚 800 余米。

(13) 南天门组（辽西称孙家湾组，晋东北和内蒙古阴山地区称左云组和助马堡组）　正层型为万全县黄家堡剖面。为一套砖红、黄褐、灰白色砾岩、砂砾岩夹砂岩，局部夹粘土岩。是在干旱、半干旱环境下快速堆积形成的复成分粗碎屑岩。不整合于阜新组和其他更老地层之上。胶结疏松，分布较为零散，各地厚度不一，从 100^{+}m～500 m～900 m。

小结与问题讨论：

本区岩石地层序列尚存在下列主要问题。

（1）关于义县组与九佛堂组的关系问题　该两个地层单位在命名地辽宁省一直被认为是上、下叠置关系；近来通过河北省的地层对比研究，提出二者为相变关系的看法。即由于不同地区构造活动性的差异，使得不同盆地内堆积的分异现象日趋明显，有的盆地内火山活动强烈，堆积以火山岩为主，夹有具水平层理的湖相沉积层，其中富含热河动物群化石，称义县组；有的盆地内火山岩夹层很少或者缺失，形成一套湖相沉积为主的岩层，亦富含热河动物群化石，此类地层称九佛堂组。这两类盆地常分别排列成带，如图 7-2 所示。因此义县组和九佛堂组应该为同时异相的关系。限于目前资料尚不充分，上述不同认识留待今后工作证实。

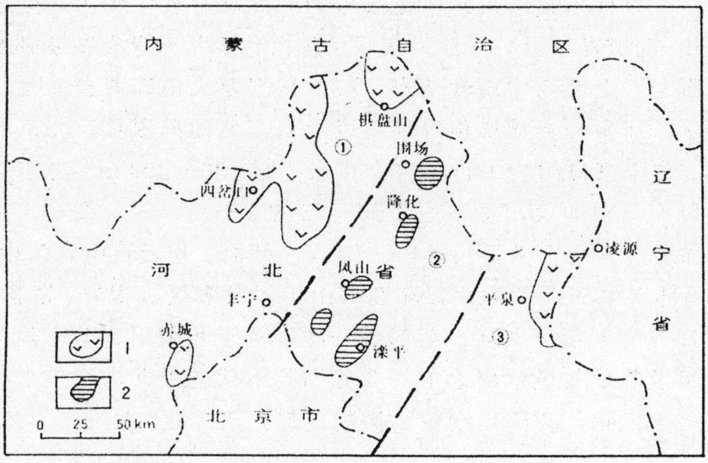

图 7-2　冀北、辽西义县组、九佛堂组分布图

〔据《河北省岩石地层》，1996，略有修改〕

Fig. 7-2　Schetch map showing distribution of Yixian Formation and Jiufutang Formation in Northern Hebei - Western Liaoning region

1. 火山堆积为主盆地（义县组）；2. 沉积为主盆地（九佛堂组）

①丰宁—棋盘山带；②滦平—围场带；③平泉—凌源带

（2）关于热河群问题　最早将热河这一地名冠之于地层名称上，作为专用名词使用的是 Grabau（1923），他将热河（今承德、辽西一带）凌源大新房子地区夹于“上斑岩层”和“下斑岩层”之间厚 50～100 m，富含鱼动物群的页岩、砂岩及砾岩的沼泽层称“热河系”。“热河动物化石群”也是 Grabau（1928）首先提出的。以后热河一名即广泛见于有关地质文献中，如植田房雄、笹仓正夫（1937）的下热河层、中热河层、上热河层；赵宗溥（1959）的热河上火山岩、热河下火山岩、热河油页岩等；顾知微（1962）以后作为群一级的地层名称单位来使用。然而热河群的含义和内容各家认识不完全相同。一般的趋向是：在辽宁地区将义县组至阜新组这一大套地层归入热河群；在冀北则将下部的张家口组和大北沟组也包括进去。这次地层划分对比研究，河北省地矿局提出热河群包括大北沟组至阜新组（青石砬组）这一套地层。不同划分的共同点集中在热河群是指以含独特的十分丰富的热河动物群为特征的那一套地层，因此其划分的基础是生物。按《国际地层指南》上的规定：“群最普通地用于具有共同突出的统一岩性的两个或两个以上紧挨着共生的组的序列”，而目前归入热河群的这些组级

单位岩石类型则极为复杂，不具有“共同突出的统一岩性”这一最基本的条件。因此再继续使用以生物为基础而划分建立的群一级岩石地层单位，显然不十分妥当。

另外，含热河动物群这套地层的时代归属历来亦争论不休，综合起来不外有晚侏罗世、晚侏罗世—早白垩世及早白垩世三种意见。目前暂按晚侏罗世—早白垩世来协调处理。

(3) 阜新组在大区域范围内的沉积相变问题　阜新组在辽西和冀北地区是早白垩世一个极为重要的含煤岩组，往西大致处在同一纬度上的内蒙古阴山地区的固阳组亦为地质时代相当的含煤岩组。进入东北地区，与阜新组相当的含煤地层为扎赉诺尔群，构成许多重要的大煤田。但在北京地区则形成另一套面貌的岩石地层，下部为砖红色、棕红色、土黄色厚层砾岩、砂岩夹粉砂岩、泥岩；上部变为杂色、灰绿色、灰白色细碎屑岩夹泥岩、泥灰岩。见于北京南部丰台区的坨里盆地，分别称坨里组和夏庄组。其总体岩石面貌特征截然不同于阜新组或青石砬组，却与陕西的保安群等可以对比。看来大体在现今的北纬40°左右有一古气候的明显分界，由此往北为潮湿气候条件，盆地内均发育含煤地层，形成工业煤层；以南则为干热气候，为氧化色调极强的碎屑岩堆积。是否如此尚待进一步深入研究，并对古气候分带和沉积相变作出周到的分析和解释。

总观本分区的侏罗纪—白垩纪断代岩石地层具有以下主要特点。

(1) 为一套复杂的火山-沉积岩系，厚度巨大。

(2) 按照地层间的接触关系、各组地层的空间分布产出共生组合特征和褶皱变形特点，可在纵向上划分出四个世代的盆地：第一世代盆地形成了从杏石口组到九龙山组这4个组的地层。杏石口组很不稳定，分布较为局限，沉积物的结构成熟度和成分成熟度都比较低，与上覆的兴隆沟组（南大岭组）中—基性火山岩一起，均为成盆早期盆地活动性较强阶段的产物。杏石口组与下伏地层为不整合或平行不整合接触，这一界面为印支运动所造成的构造面，该世代盆地的基底多数为二叠纪—三叠纪地层，大多为继承性盆地。火山岩之上为暗色沉积碎屑岩和粘土质页岩，是极重要的含煤地层，各地普遍分布产出。再往上的九龙山组变为以紫红、黄褐色调为主夹灰绿色的氧化环境下河流相（局部为山间湖盆）碎屑沉积。九龙山组的顶界面为不整合或平行不整合面。这一世代盆地的沉积地层除了火山岩以外，与鄂尔多斯地层分区和山西地层分区亦可清楚对比。第二世代盆地包括髫髻山组和土城子组，它们多数表现为新生性盆地，在新的构造部位断陷堆积，与不同时代的老地层不整合接触。亦有的作为继承性盆地在前一大套地层基础上延续堆积。这一世代盆地所形成岩石地层的最大特点是氧化色调极强，主体为紫红色，夹有褐黄、灰绿、灰白等杂色。碎屑物的粒度粗，成熟度低，成分复杂，含有多量火山物质。暗色夹层极少见，局部地方见有一点煤线；火山岩则以中性粗安质为主。第三世代盆地多为新生性断陷盆地，显著地受切穿性很强的北北东向构造所控制。形成了从张家口组到阜新组这一大套地层。张家口组是以大量酸性火山熔浆中心式猛烈喷发为主要特征，形成巨厚的流纹质熔结凝灰岩为该期火山岩的特征性岩石类型。它分布于本地层分区的西部，从冀北、北京、晋东北的一角到大青山，辽西不发育。大北沟组平行不整合在张家口组之上，是以灰绿、灰白为主色调，夹少量灰紫红色，岩性组合下部为凝灰质砂岩、页岩、砾岩夹泥岩、泥灰岩；上部出现安山质、流纹质火山熔岩和火山碎屑岩。产有早期热河动物群化石。其上的义县组为紫红、紫灰、灰绿色玄武岩、安山岩及各类火山碎屑岩，夹多层富含淡水动物化石的灰白色凝灰质砂页岩。它在辽西由于下部缺失张家口组和大北沟组，因此以明显的不整合覆于土城子组或更老的长城系之上；而冀北地区则以平行不整合关系与大北沟组接触。义县组与其上的九佛堂组两者所含化石组合相同，为热河动物群的鼎盛时期或发展高峰，代表热河动物群的顶峰带。至于这两个地层单位的关系，是上下叠置还是同时异相？前已述及尚待研究解决。九佛堂组之上，通过沙海组（下店组）又发育形成一个新的重要的含煤地层——阜新组，然后褶皱回返，结束第三世代盆地的堆积。第四世代盆地在本区很不发育，分布局限，形成的岩石地层单位冀北称南天门组，辽西为孙家湾组，阴山为左云组和助马堡组，均为紫红色砂砾岩，这是晚白垩世华北大区内所形成的各地都基本雷同的一套反映干旱气候条件的紫红色复成分碎屑堆积。

(3)上述由四个世代盆地沉积地层叠覆形成的岩石地层序列在空间上亦有一定的变化，大致由西向东可分为阴山，冀北、京、津和辽西三个小区。

阴山地区由于位于紫荆关深断裂带以西，南接稳定的鄂尔多斯地层分区，因此火山活动不发育，在一、二两世代盆地堆积时均无火山活动。但又绝不同于鄂尔多斯盆地，本区均为断陷盆地，活动性强，岩性与厚度侧向变化极大。如早—中侏罗世的五当沟组含煤地层，其厚度变化由 4 421 m 至 2 700 m；又如大致相当于土城子组的大青山组，厚度竟达 4 520 m。

冀北地区侏罗纪—白垩纪地层发育最全，辽西地区则缺失九龙山组、张家口组和大北沟组这三个岩石地层单位。

4. 鲁西地层分区岩石地层序列及沉积特征

岩层露头仅出露于山东西部，东以郯庐断裂与鲁东地层分区分开。本分区岩石地层序列如表 7-1 所列，与地层发育完整的燕辽地层分区相比有如下特点：

(1) 第一世代盆地开始发育接受堆积的时间晚于燕辽地层分区，侏罗纪最下部的岩层为淄博群坊子组（相当于北票组或其上部），它直接不整合覆盖在三叠纪或更老的地层之上，坊子组厚仅 100 余米，含煤性与上述各区相比明显变差，而且在本分区内具有自北向南地层厚度减小，煤层数减少的趋势，直至荷泽—济宁一带缺失，更往南至苏北和淮北均不复存在。坊子组之上为三台组，亦为一套以紫红色为主，夹灰绿、黄白色调的碎屑岩，相当于九龙山组，厚 200 余米。三台组的分布要广于坊子组，在江苏北部丰县、沛县、睢宁等地的钻孔中都有揭露。它在多数情况下与坊子组整合接触一起产出，当缺失坊子组时，则与古生代不同地层呈不整合接触。上述情况表明本分区的第一世代盆地开始发育晚，而且接受堆积很差。

(2) 第一世代盆地堆积结束隆升回返后，本区较长时间处于剥蚀状态，未发育第二世代盆地，故不存在相当于髫髻山组和土城子组的岩石地层。

(3) 和辽西地区相类似，在第三世代盆地底部也缺失相当于张家口组和大北沟组这两套地层，直接发育堆积了莱阳群和青山群。莱阳群为一套黄绿、灰绿、紫灰，夹紫红色调的碎屑岩系，在鲁西以蒙阴盆地和邹平盆地内较发育，分为林寺山组、杨家庄组和曲格庄组。林寺山组属盆地边缘山麓洪积相砾岩及粗砂岩沉积，灰绿、灰黄及灰紫色；杨家庄组在蒙阴盆地厚 712 m，为河流相局部浅湖相沉积，灰色细砂岩、泥质粉砂岩，夹中粗粒砂岩及少量灰紫色粉砂岩、细砂岩，发育交错层理。曲格庄组主要岩性为蓝灰色中粗粒含岩屑长石砂岩、凝灰质砂岩和含砾凝灰质岩屑砂岩，砾石为安山质，厚 370 m。莱阳群内含丰富的热河动物群化石，与下伏三台组平行不整合接触。该群从山东的荷泽—济宁往南至淮北和江苏西北虽然均有分布而且岩性和含化石情况相同，但无明显的标志将群再作细分，也可降群为组。莱阳群之上的青山群为一套火山岩系，间夹正常沉积岩层。在鲁西地区划分为三个组：下部八亩地组，以中—基性火山岩发育为标志，在邹平盆地内厚达 4 000 余米，主要岩性为粗安岩、安山岩、玄武安山岩及集块岩、角砾岩和凝灰岩，而在蒙阴盆地内该组主要为中性火山碎屑岩，厚度仅数十米至百余米；中部夹有大盛群田家楼组，岩性以灰紫、黄绿色细砂岩、粉砂岩为主，夹安山岩及泥灰岩、白云岩，亦产有与莱阳群生物面貌基本一致的热河动物群化石；上部为方戈庄组，为又一套中—基性火山熔岩和火山碎屑岩。邹平盆地内厚达 2 200 m，主要岩性为粗安岩、粗安质角砾岩和熔结角砾凝灰岩。蒙阴盆地内该组也相应减薄，厚 260 m，与田家楼组整合接触，其上被老第三纪官庄群不整合覆盖。

近年来山东省地矿局区域地质调查时，发现青山群石前庄组流纹质酸性火山岩在大量喷发堆积时，横向相变极为明显，准同时沉积形成了一套正常的碎屑沉积岩。这一套紫灰色碎屑岩系发育在郯庐断裂带内，以前一直将它对比为王氏群，经研究后重新正确厘定了它的层位，命名大盛群，自下而上分为马朗沟组、田家楼组、寺前村组和孟疃组，它们是石前庄组火山地层单位的同时异相堆积。

(4) 第四世代盆地形成一套很醒目的红色碎屑岩系，称王氏群，时代为晚白垩世，它在郯庐断裂带以西的鲁西地区只局部发育。亦分三个组：下部称林家庄组，是以砾岩为主的粗碎屑岩沉积，砾石成分多为各种火山岩，不整合于青山群之上；中部称辛格庄组，以细粒级为主要标志，以粉砂岩、细砂岩、泥岩为主，发育水平层理；上部称红土崖组，由砾岩—具板状交错层的含砾砂岩—细砂岩—粉砂岩、泥岩组成正粒序的基本层序，大致有 4 个，厚 132 m。

5. 徐淮地层分区岩石地层序列及沉积特征

本分区包括皖北大部和河南的东南部。北与鲁西地层分区相邻，南达华北陆台南界，东以郯庐断裂为界。本区侏罗纪—白垩纪地层分布较为零星，主要分布于合肥凹陷及大别山北麓一些断陷盆地内。其地层发育情况如表 7-1 所列，具有以下特点。

(1) 四个世代的盆地均发育，但地层发育都不甚完整。

(2) 在一、二两个世代的盆地内不见火山岩，火山活动集中发生在第三世代盆地内。

(3) 盆地的断陷性质明显，各组地层其岩性和厚度横向变化急剧。

第一世代盆地内早侏罗世的含煤地层仅见于合肥西部的防虎山地区，称防虎山组，不整合于元古宙变质岩之上，厚度大于 400 m。该组之上为红色、杂色砂岩、泥岩，安徽称圆筒山组；与防虎山组整合接触，厚达 1 388 m。河南相同的层位称朱集组，以紫红色粗碎屑岩为主，直接不整合在石炭纪双石头组之上，其下的含煤地层等原始沉积缺失。厚 200～2 200 m。

第二世代盆地堆积形成一套巨厚层粗粒级紫红色砂砾岩。安徽合肥以西称周公山组，不整合在圆筒山组之上；河南大别山北麓则称段集组，不整合在朱集组之上。前者厚度大于 707 m，未见顶；后者厚度变化 400～1 440 m。

第三世代盆地堆积形成的地层组合在安徽较为复杂，最底部为一套安山质火山岩，称毛坦厂组，夹凝灰质砂岩，产有双壳类、叶肢介、腹足类、介形类等热河动物群中的常见分子，厚 150～1 033 m，与下伏地层平行不整合或不整合接触。其上为白大畈组，为粗面质、石英安山质熔结凝灰岩，夹凝灰质砂砾岩，厚 100～1 180 m，与毛坦厂组整合接触。再上为响洪甸组，其岩性由碱性玄武岩、碱玄质响岩、假白榴石响岩、碱性粗面岩等组成，底部凝灰质砂砾岩，厚 94～320 m，与白大畈组整合接触。在这三个火山岩岩石地层单位之上，堆积了一套杂色凝灰质砂、砾岩，称黑石渡组，厚 110～642 m，含热河动物群晚期群落的常见分子，如延吉叶肢介等。最上为下符桥组，为紫红、暗红色砂岩、泥岩、砾岩，与黑石渡组整合接触，厚 338～910 m。据生物化石面貌，其时代为早白垩世晚期至晚白垩世早期。

在河南发育一套浅红色火山角砾岩、角砾凝灰岩、凝灰岩，向上为安山岩、流纹岩等，夹深灰色砂岩，称陈棚组，与下伏段集组不整合接触，厚 300～600 m。与上述安徽省的这套火山岩相当。

第四世代盆地与其他地层分区一样亦形成一套特征性的紫红、砖红色砂、砾岩。在安徽省金寨、六安一带称戚家桥组，与下伏白大畈组不整合接触，厚度大于1 783 m。在淮河南岸合肥盆地称张桥组，厚度大于986 m。至河南大别山北麓则称周家湾组，与下伏陈棚组不整合接触，厚400～1 330 m。产恐龙蛋等化石，时代应属晚白垩世。

6. 辽东地层分区岩石地层序列及沉积特征

本分区处于辽宁省的东部，西隔下辽河平原与燕辽地层分区相衔接，东南以图门江和鸭绿江与朝鲜相隔。侏罗纪一白垩纪地层产在互不相连的一些山间断陷盆地内，多集中分布在本分区的中部，地层发育情况与燕辽地层分区有很多雷同之处，但亦有不少差异。现以太子河小区的岩石地层序列为代表，介绍辽东地层分区的地层发育和沉积特点（见表7-1)。

(1) 第一世代成盆期，缺失相当杏石口组、南大岭组或羊草沟组、兴隆沟组的层位，但含煤岩系发育，包括四个含煤岩石地层单位，是该地层分区的特色。底部长梁子组，灰黑、灰绿色页岩为主，夹砂岩、粉砂岩及不稳定煤层、泥灰岩，厚153～1 320 m。下部转山子组，岩石粒度较粗，有较多石英岩质砾岩和石英长石砂岩，并夹有凝灰岩，含煤层，厚53～490 m。中部称大堡组，粒度较细，以粉砂岩、页岩为主及夹煤层，厚118～427 m。上部称三个岭组，粒度又变粗，以灰色、深灰色石英质砾岩为主，夹砂岩、粉砂岩和煤层，厚234～464 m。在三个岭组之上整合覆盖以紫灰色为主色调的砾岩、砂岩、粉砂岩，局部夹泥灰岩透镜体，称小东沟组，厚218～1 003 m。

(2) 此次地层对比研究，经辽宁省地层清理组野外检查确认小东沟组与下伏三个岭组为整合接触，属同构造地层序列，并结合其化石组合呈现中侏罗世面貌，将小东沟组归于第一成盆期。这样，本地层分区就缺失第二世代成盆期的沉积。

(3) 第三世代成盆期的底部为火山岩层，称小岭组，不整合于小东沟组或其他较老地层之上，以中一酸性熔岩、火山碎屑岩为主，夹沉积岩层，含介形虫、鱼、双壳、植物等化石，厚1 159～1 959 m，相当于义县组。整合于小岭组火山岩之上的为灰色、灰黑色页岩夹灰黄色细砂岩、粉砂岩，称梨树沟组，厚350～523 m，含狼鳍鱼等动植物化石。再往上为聂尔库组，是相当于阜新组的暗色含煤碎屑岩组合，但含煤情况差，多为碳质页岩和煤线，厚658～1 400 m。

(4) 第四世代盆地形成以紫色为主色调，局部地区为灰色或灰黄色碎屑岩，称大峪组。它不整合覆于聂尔库组或其他地层之上，厚266～1 260 m。

7. 鲁东地层分区岩石地层序列及沉积特征

本分区与鲁西地层分区地层发育情况的差别是缺失坊子组和三台组，即第一、第二世代盆地全不发育，仅产出第三世代盆地的莱阳群、青山群和第四世代盆地的王氏群。这三个群与鲁西相比表现为地层发育完整，厚度大。鲁东的胶莱盆地是最主要的一个火山-沉积盆地。其岩石地层序列发育情况见表7-1，不重复叙述。

二、生物地层单位及主要岩石地层单位时代归属的讨论

（一）生物地层概况

华北陆台侏罗纪一白垩纪时为陆相环境，生物界以陆生植物和淡水动物空前发展、繁盛

为特征。陆生植物以裸子植物和蕨类植物为主，被子植物则在晚白垩世始现。早、中侏罗世是我国北方极重要的成煤期，产著名的门头沟植物群。早白垩世则在冀北和辽西形成另一成煤期，产阜新植物群。陆生无脊椎动物以淡水软体、叶肢介、介形虫和昆虫为主，其中的东方叶肢介（*Eosestheria*）、三尾拟蜉蝣（*Ephemeropsis trisetalis*）与狼鳍鱼（*Lycoptera*）是构成晚侏罗世—早白垩世著名的热河动物群（E—E—L）的典型分子。

侏罗纪—白垩纪还是恐龙类发生、发展、演化和绝灭的时期。晚侏罗世时分化产生了原始鸟类和原始哺乳类动物，在生物演化史上具有重要意义。

早在本世纪二三十年代就有Grabau（1928）、周赞衡（1923）、秉志（1928，1933）、斯行健等对一些地区的淡水软体动物、鱼类、植物、昆虫、恐龙及叶肢介等类生物化石进行专题研究。50年代以来，更有众多学者在不同地区对众多生物门类做了大量调查研究，发表不少重要专著和文章，而《华北地区古生物图册（二）·中生代分册》（天津地质矿产研究所，1984）的编著完成，则基本上概括反映了本区中生代古生物方面的研究现状和各断代主要的化石组合面貌。

依据有关的生物地层研究成果，包括顾知微（1976）、于菁珊、姚培毅（1989）对双壳类，张文堂（1976）、陈丕基（1982）、王思恩、刘淑文、牛绍武（1984）对叶肢介，杨仁泉（1979、1985）、庞其清（1982、1984）、张立君（1985）、曹美珍（1985）、王先起（1985）对介形类，王希汉（1987）、肖宗正（1994）对腹足类，洪友崇（1984）、肖宗正（1994）对昆虫类，刘宪亭（1963、1978）、斯行健（1956）、斯行健、周志炎（1962）、王志强（1984）对植物，张望平等（1985、1989）、余静贤等（1986、1989）对孢粉等的研究成果资料，本专著编制华北晋冀鲁豫地层区的生物地层单位划分见表7-2。

（二）主要岩石地层单位地质时代归属的讨论

华北地区侏罗纪—白垩纪岩石地层单位众多，为方便起见，按各盆地发展演化的四个世代来讨论其时代归属。

1. 第一世代岩石地层单位的时代归属

本世代以发育含煤沉积为特征，产*Coniopteris*-*Phoenicopsis*植物群，时代为早侏罗世至中侏罗世。燕辽地区在煤系之下还发育一套火山岩。

(1)富县组　本组产*Palaeolimnodiopsis wuziwanensis*叶肢介群。植物化石很丰富：*Hausmannia papilionacea*, *Phlebopteris digitata*, *Coniopteris hymenophylloides*, *Baiera* cf. *furcata*, *Czekanowskia rigida*, *Phoenicoepsis angustifolia*。孢粉为*Cycadopites*-*Cyathidites*组合。时代为早侏罗世晚期。同时代地层有永定庄组、北票组下部及长梁子组。

(2)延安组　本组产有丰富的动植物化石。双壳类属于*Ferganoconcha*-*Yananoconcha*组合，植物化石属*Coniopteris*-*Phoenicopsis*植物群。主要属种有：*Baiera manchurica*, *B. furcata*, *Phoenicopsis angustifolia*, *P. speciosa*, *Coniopteris hymenophylloides*, *C. tatungensis*, *Cladophlebis asiattica*, *Czekanowskia rigida*, *Elatocladus manchurica*, *Todites* cf. *williamsoni*, *Ginkgoites* sp. 等。孢粉属于*Cyathidites*-*Piceaepollenites*组合。根据动、植物化石，延安组地质时代应属于中侏罗世早期。与其同时代的地层有：内蒙古五当沟组，山西大同组，辽西北票组上部，冀北下花园组上部，北京窑坡组、龙门组，河南义马组，鲁西坊子组，辽东转山子组、大堡组。

(3)直罗组　本组所产化石较少。植物仍以*Coniopteris*-*Phoenicopsis*植物群为主，孢粉

为 *Cyathidites－Quadraeculina－Classopollis* 组合，时代一般定为中侏罗世晚期。山西云岗组、内蒙古长汉沟组下部、辽东的三个岭组可与之对比。

(4)安定组　本组植物化石较少，却含有丰富的动物化石。腹足类：*Valvata* sp.，*Bulimus* aff. *mengyinensis*；双壳类：*Psilunio suni*，*Unio ansaiensis*；介形虫：*Darwinula impudica*，*D. sarytirmenensis*，*D. magna*，*Timiriasevia bella*，*T. shensiensis*，*T. armeniacumiformis*，*T. humilis*。介形虫组合与辽西海房沟组所产相近。由于腹足类 *Bulimus* aff. *mengyinensis* 和孢粉 *Classopollis－Callialasporites－Schizaeoisporites* 组合都反映为晚侏罗世面貌，所以安定组时代定为晚侏罗世早期。山西天池河组、内蒙古长汉沟组上部、辽东的小东沟组在岩性上与陕北安定组相似，但不含或很少含有化石，通过区域对比，认为时代一致。

(5)兴隆沟组　本组为一套火山喷发岩系夹沉积岩。北京和冀北称南大岭组，其沉积夹层中未找到可靠的化石。在辽西产少量植物化石：*Cladophlebis* sp.，*Ctenis* sp.，*Czekanowskia rigida*，*Podozamites lanceolatus*。根据其上、下地层确定为早侏罗世。

(6)九龙山组　九龙山组为一套陆相火山碎屑沉积岩，在其层型北京西山未发现任何化石，为哑地层。但在河北涿鹿县九龙山组剖面曾采到植物化石 *Coniopteris hymenophylloides*，*Dicksonia* cf. *concinna*，*D. mariopteris*，*Hausmannia leeiana*，*Cladophlebis delicatula*，*Niossonia linearis*，*Neocalamites* cf. *hoerensis* 等。平泉、承德等地的九龙山组采到双壳类：*Ferganoconcha subcentralis*，*Yananoconcha hengshanensis*；介形虫：*Darwinula impudica*，*D. sarytirmenensis*，*Timiriasevia catenularia*；昆虫：*Rhipidoblattina hebeiensis*，*Yenliaocorixa chinensis* 等；孢粉为 *Cyathidites－Quadraeculina－Clasoopollis* 组合。在北京地区，九龙山组与下伏煤系地层形影不离，分布产出状况一致，而与其上的火山岩地层呈平行不整合或不整合接触，分布产出状况不同。冀北承德一带所谓的九龙山组其下并未见与煤系直接接触，能否对比到北京的九龙山组，河北地层清理报告中也提出了疑问。肖宗正等（1994）根据北京延庆县花盆乡土城子组所产昆虫化石组合与洪友崇（1984）“九龙山昆虫组合”极相似之事实，认为冀北承德一带的“九龙山组”应属土城子组。本次研究支持这一观点。九龙山组时代推定为中侏罗世晚期。可与本组对比的有内蒙古阴山地区的长汉沟组和鲁西地层分区的三台组。

辽西海房沟组是一套河流相沉积岩，下与北票组不整合接触，产有大量丰富的动植物化石。主要有双壳类 *Ferganoconcha elongata－F. haifanggouensis* 组合；叶肢介 *Euestheria haifanggouensis－E. ziliujingensis* 组合；昆虫 *Sunoplecia liaoningensis－Mesoneta antiqua* 组合及植物化石等。该组分布局限，相变较大。根据其岩性特征、化石组合及与上覆髫髻山组的密切关系，认为其层位比九龙山组高，以并入髫髻山组为宜。

2. 第二世代岩石地层单位的时代归属

本世代岩石地层单位不多，主要有鄂尔多斯地层分区芬芳河组，燕辽地层分区髫髻山组、土城子组，徐淮地层分区周公山组（段集组）。

(1) 芬芳河组　本组为一套山麓相快速堆积，仅分布于鄂尔多斯盆地西南隅，没有发现化石。根据上、下地层推定为晚侏罗世。

(2) 髫髻山组　北京西山髫髻山组曾在沉积夹层中采到少量动植物化石。在河北宣化夏家沟产 *Coniopteris hymenophylloides*，*Eboracia lobifolia*，*Hausmania leeiana*，*Cladophlebis* sp.，*Sphenopteris* sp.，*Taeniopteris* sp.，*Ginkgoites huttoni*，*Baiera* sp.；承德和辽西凌源一带还产有 *Neocalamites* sp.，*Solenopteris* sp. 等。其植物化石反映中侏罗世面貌。另外根据火山岩同位素年龄值，本次研究将髫髻山组归入中侏罗世晚期到晚侏罗世早期。

（3）土城子组　土城子组分布于燕辽分区，产有较丰富的动物化石。如北京延庆产双壳类 *Unio* – *Margaritifera* 组合；叶肢介 *Nestoria* – *Yanshanoleptestheria* 组合；昆虫以 *Rhipidoblattina* 为代表。冀北产 *Mesolimnadis* – *Yanshanoleptestheria* 叶肢介群；介形虫 *Walburgia* – *Mantelliana* – *Djungarica* 组合。这些化石组合反映了晚侏罗世的面貌。辽西朝阳、北票等地还产有恐龙 *Chaoyoungsaurus liaosiensis* 和 *Jenolosauripus s-satoi*；前者被认为是早白垩世鹦鹉嘴龙的祖先，时代为晚侏罗世。河北宣化土城子组中产 *Xuanhuasaurus niei* 等。因此，土城子组应属晚侏罗世。内蒙古阴山地区的大青山组产有丰富的动植物化石，其生物面貌可与土城子组对比。

3. 第三世代岩石地层单位的时代归属

本世代岩石地层单位众多。如鄂尔多斯盆地的保安群，燕辽地区张家口组至阜新组，山东莱阳群、青山群，徐淮地层分区的毛坦厂组至下符桥组，辽东地层分区的小岭组至聂尔库组。本世代以产著名的热河动物群为显著特征。热河动物群以 *Eosestheria* – *Ephemeropsis* – *Lycoptera* 组合为标志，并富含其他门类化石。植物化石则隶属 *Ruffordia* – *Acanthopteris* 植物群早期组合。由于涉及到侏罗纪与白垩纪的界线，各家一直争论不休。本次研究将含热河动物群的地层时代处理为晚侏罗世至早白垩世。概括起来，热河动物群含有下列各门类化石：

（1）腹足类　*Lioplacodes* – *Probaicalia vitimensis* 组合产于北京东狼沟组，*Viviparus* – *Probaicalia gerassimovi* 组合产于北京九佛堂组，*Viviparus*? cf. *matumotoi* – *Probaicalia vitimensis* – *Bithynia haizhouensis* 组合产于辽西义县组和九佛堂组。

（2）双壳类　以 *Ferganoconcha quadrata* – *Solenaia mengyinensis* 组合为代表，广布于华北各地。

（3）叶肢介　主要是 *Eosestheria* 叶肢介群，广布于华北各地，为热河动物群重要成员之一。

（4）介形虫　下部为 *Eoparacypris* – *Luanpingella* – *Darwinula* 组合，产于冀北大北沟组；中部为 *Cypridea tumescens* – *C. dumkeri* – *C. granulosa* 组合，分布于燕辽义县组，山东莱阳群；上部为 *Cypridea sulcata* – *C. koskulensis* – *C. vitimensis* 组合，分布于燕辽义县组、九佛堂组、下店组，山东莱阳群、青山群。

（5）昆虫　以 *Ephemeropsis trisetalis* 为代表，广布华北各地，是热河动物群的重要成员。其他共生的还有：*Coptoclava longipoda*，*Mesotendipes gregaria*，*Clypostemma xyphidle*，*Sinaeschnidia heishankowensis*，*Sinogomphus taushanensis* 等，以新翅式昆虫占绝对优势。

（6）鱼类　以 *Lycoptera* 为主，数量多，分布广，是热河动物群标志之一。辽西还建立了 *Lycoptera* – *Peipiaosteus* 组合，其主要成员有：*Lycoptera davidi*，*L. nuroii*，*L. tokunagai*，*L. longicephalus*，*Peipiaosteus pani*，*Sinamia* sp. 等。

（7）爬行类　以 *Manchurochelys manchuensis* – *Yabeinosaurus tenuis* 组合和 *Rhynchosaurus orientalis* – *Psittacosaurus chaoyoungi* 组合为主，主要产于燕辽地区义县组和九佛堂组。山东莱阳群产有 *Euhelopus zdanskyi*，*Stegosauria* sp.，*Sinemys lens*，*Sinochelys applanata*，*Scutemys tecta* 等。

（8）植物群　属于 *Ruffordia* – *Acanthopteris* 植物群中的早期组合（*Otozamites denticulata*）。

总之，保安群、莱阳群、青山群及燕辽地区张家口组、大北沟组（东狼沟组）、义县组（九佛堂组），沙海组（下店组）均含热河动物群常见分子，时代定为晚侏罗世至早白垩世。

辽西阜新组和冀北青石砬组及内蒙古固阳组为一套含煤地层，含有部分热河动物群分子，但不见 *Lycoptera*。在内蒙古固阳组还产有 *Kuyangichthys - Kuntulunia* 鱼群，其结构比 *Lycoptera* 进步。植物以 *Acanthopteris gothani*（阜新型植物群）为主，总特征是其蕨类最繁盛，次为银杏类。时代为早白垩世。北京的坨里组和夏庄组不含煤，为同时期的另一类沉积。

4. 第四世代岩石地层单位的时代归属

属于本世代的岩石地层单位有：燕辽地层分区的南天门组（辽西称孙家湾组，晋北称左云组和助马堡组），山东的王氏群，徐淮地层分区的戚家桥组（周家湾组），辽东的大峪组。以产丰富的恐龙化石和出现原始被子植物群、被子植物群为主要特征。

(1) 南天门组　本组产有丰富的动植物化石。双壳类：下部为 *Sphaerium* cf. *wiljuicum* 组合，上部为 *Multiplicanaia tujingziensis - Pseudohyria formosa* 组合；叶肢介：上部为 *Orthestheria* 组合；介形虫：*Cypridea*（*Morinina*）- *C.*（*Bisulcocypridea*）- *Cypridea* 组合；爬行类：Titanodsauridae - Hadrosauridae 恐龙群；植物：下部产 *Ruffordia goepperti*，*Onychiopsis elongata*，*Cercidiphyllum* sp.，*Paltanus* sp.，属于原始被子植物组合，上部产 *Platanus*，*Cercidiphyllum*，*Alangium*，*Viburnum*，属于被子植物群。南天门组地质时代为早白垩世晚期至晚白垩世。晋北助马堡组也产有丰富的双壳类、介形虫、爬行类和植物化石等，时代为晚白垩世。左云组含介形类、叶肢介、孢粉等，时代为早白垩世。

(2) 王氏群　山东王氏群产有丰富的动物化石。双壳类以 *Pseudohyria* 和 *Sphaerium* 为代表；叶肢介有 *Yanjiestheria* 等；介形虫属 *Talicypridea - Cypridea - Candona* 组合；爬行类化石极丰富：*Tsintaosaurus spinorhinus*，*Tainius chinkangkouensis*，*T. sinensis*，*Chinkangkousaurus fragivis*，*Szechuanosaurus* cf. *campi*，*Psittacosaurus sinensis*，*P. youngia*，*Peishanemys latipons*，*Shantungosaurus giganteus*，*Tyramusaurus* cf. *res*，*Protoceratops* sp.，及恐龙蛋：*Oolithes spheroides*，*O. elongatus* 等。以上化石表明王氏群属于晚白垩世。河南东孟村组和周家湾组也产较多的爬行类化石，尤其近年来发现数量极丰，保存完好的恐龙蛋群，世界罕见，属于 *Elongatoolithus - Mocroolithus* 组合。

三、地层时空分布及沉积盆地演化

侏罗纪—白垩纪时，华北陆台上发育了一系列大小不一、活动强度各有差异的陆内盆地，各类岩石地层均堆积形成于这些盆地中，因此特定的区域地质背景决定了盆地空间分布规律和成生发展特点，也从根本上决定了该地质时期岩石地层的时空分布特点。

发生于早—中侏罗世的第一世代盆地，是在晚三叠世印支运动强烈的南北向构造作用后的应力松弛阶段形成的。印支运动发生时的主压应力矢量方向由北而南，由于西伯利亚地台向南驱动，围绕西伯利亚盾形古陆的南缘形成一个弧形褶皱系，这样一个褶皱冲断带影响到华北陆台的北缘，越往南影响越弱。基于这种区域地质构造背景，第一世代盆地的形成与分布、盆内沉积地层的发育与变化，表现出如下主要特点：

(1) 在强烈的构造运动后应力松弛，陆台的主体部位形成继承性坳陷盆地。其空间分布格局：陆台的西半部，鄂尔多斯和山西是晚古生代和早中生代的稳定沉积区，这阶段继承性地发育了大型稳定的陆内坳陷型盆地；陆台的东半部，即紫荆关深断裂以东盆地规模变小，稳定性变差，到东南侧的鲁东和苏北，构造作用影响微弱，已不发育第一世代盆地，一直为裸露剥蚀区，而在陆台的南北两侧，即燕辽和阴山地区以及大别山北麓，除了形成坳陷型盆地外，还利用印支期或更早的断裂构造，引张发育一部分断陷盆地，盆地的数量和规模则北侧远远大于南侧。

(2) 第一世代盆地内的沉积地层，在纵向柱状剖面上可分为三部分：下部是盆地发育早期形成的杂色粗碎屑岩，沉积物的结构成熟度和成分成熟度都比较低；中部是该世代盆地的沉积主体，是一套暗色细碎屑岩为主的含煤地层；上部则是以紫红、黄褐色调为主，夹灰绿色的河流相局部为山间湖盆的碎屑沉积，发育板状交错层理，顶界面为不整合或平行不整合面。

(3) 地层的横向发育变化情况：西半部的鄂尔多斯和山西这两个地层分区沉积稳定，地层发育齐全，横向上岩性岩相和厚度变化小，岩石地层单位的可对比性强。东半部地层发育最全的为燕辽地区，尤其是冀北和北京，其他地层分区多有各种变化缺失。从燕辽地层分区往南到鲁西及徐淮普遍缺失盆地的下部地层，在鲁西，中部含煤的坊子组直接不整合覆盖在三叠纪或更老的地层之上，坊子组厚仅100余米，且自北而南厚度急剧减小，到菏泽、济宁一带完全缺失。在徐淮地区，含煤地层仅见于合肥西部的防虎山，称防虎山组，但含煤性差。至于盆地上部的杂色碎屑岩系，则从鲁西到徐淮普遍存在，不同的是徐淮地区断陷活动性强，地层的岩性和厚度变化比较急剧。在东西方向上从冀北往西，晋东北下部和中部地层皆缺失，仅见上部的九龙口组。至内蒙古阴山，中部含煤地层（五当沟组）和上部杂色岩层（长汉沟组）都很发育，而且断陷盆地内岩性与厚度的侧向变化极大。从冀北往东，至辽西地层发育也较齐全。辽东和内蒙古阴山地区相近，除缺失羊草沟组和兴隆沟组外，其他各组均发育，且均含煤层或煤线。至于鲁东地层分区则根本不发育第一世代盆地。

与地层发育息息相关的含煤性问题也是西好东差，资源的战略远景在鄂尔多斯和山西。山西云岗盆地含煤层数最多，达20余层；鲁西、徐淮和辽东这三个地层分区含煤性差；鲁东则不成煤。*Coniopteris*－*Phoenicopsis* 为典型分子的植物群，是产于本世代岩石地层中特征性的生物群。

(4) 火山岩作为一个岩石地层单位仅仅发育于燕辽地区，北京和冀北称南大岭组，辽西称兴隆沟组，火山作用发生在成盆早期，这也与燕辽地区构造活动性强有必然的联系。

中、晚侏罗世之间的燕山运动第一幕，使第一世代盆地沉积物褶皱或隆升回返。

第二世代盆地发育在晚侏罗世。该世代盆地发育和展布的空间格局为：当时整个华北陆台整体处于隆升剥蚀环境，仅在陆台的北、西、南侧三个部位受燕山运动第一幕挤压褶皱后应力松弛的影响而发育断陷盆地接受堆积。主要发育在陆台北侧，从辽东、辽西、冀北、北京、晋东北、一直到内蒙古大青山发育众多断陷盆地；陆台西侧仅在鄂尔多斯盆地的西南缘有第二世代的断陷堆积；南侧徐淮地区亦有一些断陷盆地，但不如北侧发育。产于第二世代盆地内的岩石地层有如下特点：

(1) 多为快速堆积而形成的粗碎屑岩，其岩性以块状砾岩、巨砾岩夹砂岩、泥质粉砂岩为主要特征，分选性差，颗粒成熟度低，横向厚度变化急剧，如芬芳河组由百余米可急剧增厚至千余米，土城子组厚度变化从876米至2 908米，段集组由400米于短距离内急增至1 440米。

(2) 其主体色调为棕红色、灰紫色、土黄色夹灰绿色、灰白色，反映堆积时的强氧化环境。

(3) 与第一世代盆地的情况一样，本成盆期内的火山活动也仅发育于冀北、北京、晋东北和辽西地区，称髫髻山组，形成于盆地发育的早期，岩性主要为中性粗安质、安山质。

（4）与第一世代盆地对比的最大差别是在盆地堆积序列中均不发育含煤的暗色细碎屑岩沉积。这也表明了本成盆期堆积时的整体不稳定性。

（5）环境的不稳定必然影响到生物的繁衍发育，本世代盆地的岩石地层含化石较少，局部地区产少量叶肢介和介形虫，此外在辽西土城子组中发现朝阳龙 *Chaoyoungosaurus*，冀北找到过宣化龙 *Xuanhuasaurus*，它们与鹦鹉嘴龙的关系颇为密切，但具十分明显的原始特征。

第二世代盆地发育的时间不长，晚侏罗世偏晚期即结束堆积而消亡。

第三世代盆地是在中国东部 NNE 向巨型扭断裂系起控制作用的区域构造背景下发育形成的，NNE 向扭断裂系起主导作用标志着一次构造体制大转换的完成，即从印支期南北向挤压的区域构造应力场，转变为燕山期西太平洋板块与亚洲大陆东部发生斜向碰撞，主压应力方向转为 NWW—SEE 向，除和主压应力方向一致之外，沿二者的碰撞边界，两大板块之间还发生水平滑移，这种动力机制，形成了我国东部以郯庐断裂为代表的一系列 NNE 向巨型扭断裂系，由它而导生出第三世代同方向盆地系的发育。

由于区域构造背景的转变，第三世代盆地的发育和空间展布又出现一种新的格局。受 NNE 向巨型扭断裂系的控制，构造活动表现为不同断块的升降和左旋平移剪切占主导地位。陆台西部，紫荆关深断裂以西表现为断块的一升一降，即山西继续隆升为正性地貌单位，除局部地区外，不再接受沉积；而鄂尔多斯则恢复整体沉降，发育第三世代盆地，形成保安群的紫红、桔黄色为主的大套碎屑岩系。接近盆地堆积的晚期阶段，盆地向西掀斜，在西缘六盘山地区出现新的沉陷带，形成的六盘山群厚达 2 000 余米。陆台东部，紫荆关深断裂以东，则发育一系列中小型火山-沉积盆地，在东部各地层分区普遍发育，整体呈 NNE 向排布．受扭断裂系的控制，盆地性质表现为拉分或各种断陷。这一世代盆地的岩石地层有如下特点：

（1）盆地多为新生性，因此形成于该世代盆地内的岩石地层序列常不整合覆于其他老地层之上。

（2）火山活动强烈，在紫荆关深断裂以东的各地层分区内均发生强烈的火山活动，形成火山岩石地层单位或以火山岩夹层夹于沉积岩层中。第三成盆期的火山活动大体上有三个强烈活动阶段，最早一个阶段的火山活动分布较为局限，仅见于冀北、北京、晋东北（称张家口组）；第二个阶段的火山活动分布最为广泛，其特点是火山熔岩和火山碎屑岩，夹多层沉积岩，在沉积夹层中富含热河动物群化石。在冀北、辽西称义县组，到辽东称小岭组，在内蒙古阴山称白女羊盘组，河南称陈棚组，皖北则根据火山岩石类型在上下层位上的差别又细分为毛坦厂组、白大畈组和响洪甸组。这一阶段的火山活动虽然分布极为广泛，但其活动强度在横向上有较大差别，表现在火山岩层和沉积岩层在剖面上的比例关系有很大变化。因此河北省地层清理组提出义县组和九佛堂组为“同时异相”的看法，即当沉积岩层成为主体，火山岩层只作为夹层而存在时，则称九佛堂组。同样，发育于鲁西和鲁东两个地层分区内的莱阳群，是否也可看成为义县组火山活动的“同时异相”，莱阳群为一套碎屑沉积岩系，富含热河动物群化石，岩层中含凝灰物质和火山岩砾石以及各粒级火山碎屑，而火山岩层则很少存在。第三个阶段的火山活动偏东，发育于鲁西和鲁东，称青山群。

（3）该世代盆地堆积晚期又发育一套含煤地层，辽西称阜新组，冀北称青石砬组，内蒙古称固阳组，辽东称聂尔库组。植物化石以 *Acanthopteris gothani* 为主，真蕨类最繁盛，次为银杏类，称阜新植物群。同时共生有部分热河动物群分子，但不见 *Lycoptera*。这是早白垩世时一个重要的含煤层位，不过它的分布受一定古纬度的限制，大体在现今北纬 40°左右有一古气候的分带变化，在此以北为成煤盆地，以南则气候干热，为强氧化色调的碎屑岩系，如北京的坨里组和夏庄组，构成了另一种同时异相截然不同的两套岩石地层。

(4) 发育于华北陆台上的各个沉积盆地看来各有水体沟通，因此以 *Eosestheria* - *Ephemeropsis* - *Lycoptera* 组合为标志的热河动物群生物化石在本世代盆地的岩石地层中普遍分布。既具有生物地层意义，也是本成盆期岩石地层的显著特征。

早白垩世末盆地堆积结束，经历了第二次构造体制大转换，区域最大主压应力方向转为NE—SW 向，使先存的 NNE 向断裂发生正断右行走滑，由此而控制了新一代断陷盆地的发育，形成了发育于晚白垩世，并可延续到早第三纪的第四世代断陷盆地。第四世代盆地空间展布的格局又与前有所不同，表现为沉积盆地的分布向东迁移，主要发育于紫荆关断裂以东，西部山西和鄂尔多斯两区明显上升，不接受沉积。这一世代的沉积岩层则以鲜明的砖红色调碎屑沉积为其显著特征，而且岩石结构不致密，相对较为疏松。在生物面貌方面又出现重大变化，以产恐龙化石和出现原始被子植物群为主要特征。

总观侏罗纪—白垩纪这一地质历史发展阶段，正是在两次构造体制大转换的过程中，制约了四个世代盆地的发育和展布，决定了各岩石地层的发育及延展变化的整体格架。

第八章

新生代（老第三纪、新第三纪、第四纪）

华北晋冀鲁豫地层区新生代地层分布极为广泛，但各地发育程度颇不一致。由于明显受构造及地貌条件的控制，因此各地形成的岩石地层在岩性特征和岩石组合上差别较大，成因类型也不一致。区内老第三纪地层总的为一套陆相碎屑沉积，其中古新世地层主要分布在渤海湾沿岸的潍北、抚顺及豫西的潭头等盆地；始新世—渐新世地层则广布于下辽河—华北平原、河套、银吴、渭河、三门峡—垣曲、豫西、苏鲁皖及潍北、抚顺—桦甸等断陷盆地，发育一套包括火山喷发岩在内的多种成因的含油、含煤及含蒸发岩的碎屑岩系；燕山、阴山等隆起区则因新构造运动间歇性差异升降的影响，层序发育多不完整，分布亦较零星。新第三纪—第四纪地层分布极为广泛，其中晋陕高原新第三纪上新世—第四纪土状堆积及坝上高原、长白山、太行山东麓、渤海湾沿岸晚新生代期间频繁喷溢的玄武岩，为本区具特色的地层序列。区内第四纪堆积物成因类型比较复杂，其发育和分布受地貌类型和古气候条件的影响十分明显。

一、岩石地层单位划分及特征

（一）地层划分简史

华北晋冀鲁豫地层区新生代地层的调查研究工作，可追溯到19世纪60年代。1862年起，Pumpelly，Richthofen，Обруцев 即已涉足本区的河北、山西、安徽等地，进行地质考察。进入20世纪，外国学者 Andersson，Barbaur，Chardin，Zdansky 等，以及我国地质工作者丁文江、李捷、朱森、王竹泉、李悦言、杨钟健、卞美年、裴文中、谭锡畴、宋之琛、张席禔、袁复礼、谢家荣、叶良辅等，曾分别对本区的新生代地层进行化石采集，剖面测制及地层划分对比等工作，并发表过许多著述。本世纪50年代以后，随着区域地质填图和矿产普查勘探的广泛开展，本区新生代地层的调查研究工作进入了一个新的阶段，相继取得了许多丰硕的成果。第一届（1959）和第二届（1979）全国地层会议的召开，各大区区域地层表、古生物图册及各省（市、自治区）区域地质志的编著出版，《中国区域地层表（草案）》(1956)、《全国地层学术报告汇编（总论）》(1962)、《中国的新生界》(1964)、《中国各纪地层对比表及说明书》(1982)、《中国的第三系》(1984)、《中国的第四系》(1988）等地层专著的编写与出版，集中反映了本地层区不同时期新生代地层的研究程度和成果水平。这些成果对本地层区已有地层资料进行了全面总结，深化、提高了对新生代区域地层的认识，并对地层划分对比方案进行了归纳统一，因而发挥了积极的促进作用。近年来，广大地层工作者还在陆相盆地地层序列、黄土堆积、磁性地层、冰川遗迹、古人类遗址和古文化层、古地理和古气候、同位素测年以及沉积矿产等方面，相继取得了许多令人瞩目的成果。其中张宗祜、周慕林、刘东生、杨子赓、陈茅南等对第四纪地质及环境地质的研究，在国内外同行中引起了极大的关注。所有这些，都为本次地层划分对比研究奠定了坚实的基础。

本地层区新生代地层的总结工作，是在各省（市、自治区）项目组划分对比研究的基础上，以现代地层学理论为指导，遵循《国际地层指南》(1973) 和《中国地层指南及中国地层指南说明书》(1981) 对岩石地层单位划分命名的原则而进行的。按照“全国地层多重划分对比研究”项目总体设计的要求，区内第三纪地层为本次划分对比研究的重点之一，而研究程度较差且划分方法不一的第四纪地层则不属清理范围。有鉴于此，本章将侧重于对第三纪地层的总结和论述，并重点分析新生代不同地史阶段各岩石地层分区的岩石组合特点、序列特征及发育分布情况，以及盆地演化进程等；而对于目前尚有争论的“冰碛层”、分布局限的洞穴推积及未予地理专名的属于年代地层划分或岩石成因类型之类的地层单位，则只作简单小结或未予涉及。

（二）岩石地层分区及地层发育特征

岩石地层是地质历史演化的记录，它的种种特征和属性，与其物质来源、形成环境和所处的区域地质构造背景密切相关。由于形成时所处的构造-地貌背景条件不同，因此不同地区的岩石地层在发育程度、岩石组合、接触关系、古生物特征及含矿性等方面存在着明显的差异。这些差异直接反映在岩石地层分区和序列特征上。新生代岩石地层的重要特征是岩性岩相的多变性，因此，断代地层分区和综合地层区划尽管在划分原则上是一致的，分区名称也颇多相似，但二者在分区范围及地层发育特征上却明显不同。华北晋冀鲁豫地层区新生代岩石地层分区如图 8-1 所示，各分区岩石地层发育的主要特征见表 8-1。

通过层型进行地层分区，并利用地层分区检验层型这样的反复过程，华北晋冀鲁豫地层区新生代地层可划分为七个地层发育程度和序列特征基本一致的地层分区，各地层分区又可进一步划分为岩石组合、成因类型、接触关系等特征基本相似的地层小区，其岩石地层单位序列见表 8-2。

（三）岩石地层单位的地质特征

1. 晋冀蒙区〔燕辽地层分区（V_4^7）、华北北缘地层分区（V_4^2）及阴山地层分区（V_4^3）北段〕

本区的辽西—冀西小区为新生代隆起区，地层发育不全；阴山小区缺失老第三纪沉积，新第三纪地层分布亦不广泛；燕山小区地层发育较全，老第三纪开地坊组和新第三纪汉诺坝组、石匣组在区内具有代表性。区内第四纪除土状堆积外，尚发育有河湖相堆积（泥河湾组、小渡口组、迁安组），其中泥河湾组研究程度较高。

区内新生代岩石地层序列以燕山小区为代表，自下而上为：

开地坊组　主要岩性为灰白、灰绿、灰黑色杂以棕、黄色的粘土岩或页岩，夹少量的砂砾岩、砂岩、粉砂岩、泥灰岩、含膏粘土岩及褐煤等。与下伏中生代地层、海西期花岗岩及太古宙片麻岩呈不整合接触，其上被汉诺坝组覆盖。郭家湾一带本组粘土岩中产脊椎动物、腹足类、介形类及丰富的孢粉等。张北一带厚 301～467 m，尚义地区厚约数十米。

汉诺坝组　本组主要分布在坝上地区，覆盖于开地坊组之上或与南天门组及更老地层呈

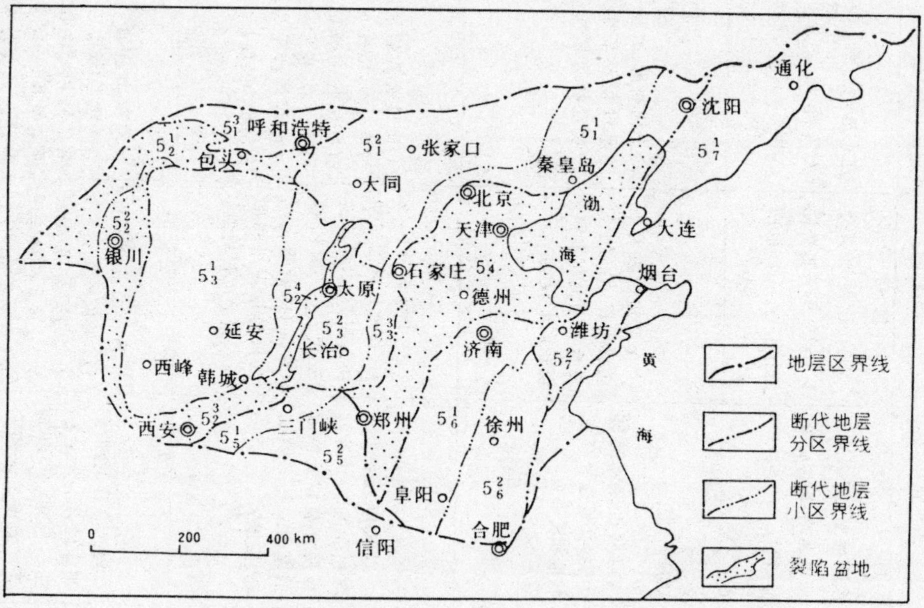

图 8－1　华北晋冀鲁豫地层区新生代岩石地层分区图

Fig. 8－1　The Cainozoic lithostratigraphic regionaliation of Shanxi-Hebei-Shandong-Henan stratigraphic region, North China

5_1. 晋冀蒙区（5_1^1. 辽西-冀西小区、5_1^2. 燕山小区、5_1^3. 阴山小区）；5_2. 环鄂尔多斯区（5_2^1. 河套盆地、5_2^2. 银吴盆地、5_2^3. 渭河盆地、5_2^4. 晋中盆地）；5_3. 晋陕区（5_3^1. 鄂尔多斯小区、5_3^2. 山西小区、5_3^3. 太行山小区）；5_4. 下辽河—华北平原区；5_5. 豫西区（5_5^1. 三门峡—垣曲小区，5_5^2. 洛河—汝河小区）；5_6. 苏鲁皖区（5_6^1 鲁西—豫淮小区、5_6^2. 鲁中—徐淮小区）；5_7. 胶辽区（5_7^1. 辽吉小区，5_7^2 鲁东小区）

平行不整合接触，岩性以灰—深灰色玄武岩为主，间夹灰绿、灰白、棕红色砂砾岩、粉砂岩、粘土岩、碳质页岩及褐煤等，产哺乳类及植物化石。张北一带厚 87～454 m，围场（44～458 m）、尚义（14～40 m）、阳原—蔚县（5～158 m）等地亦有分布。围场玄武岩、蔚县玄武岩、棋盘山玄武岩、乌良台玄武岩、天镇玄武岩、右玉玄武岩及蔚县组等与之同物异名，建议停用。

石匣组（“三趾马红土”）　分布于阳原—蔚县、怀来—延庆、尚义—张北及康保、商都、丰宁、围场等地，与下伏汉诺坝组及上覆泥河湾组均呈整合接触。其岩性下部为深棕色、褐红色含钙质结核粘土岩，底部为不稳定的灰紫色砾岩；上部为浅棕红色砂、砾岩互层夹粉砂质粘土岩，顶部为浅棕黄色—浅粉红色砂岩，半固结—固结状。阳原县红崖村一带本组产哺乳动物、腹足类及瓣鳃类化石等，厚 50 m。其他地区厚度小于 30 m。“三趾马红土”、朝阳红土、恩格尔庙组、红崖冰碛层、壶流河组、蔚县组等与之同物异名，建议停用。

泥河湾组　最早称“泥河湾层”（Barbour，1924），指的是桑干河盆地内位于三趾马红土层之上，黄土堆积之下的一套淡水湖相地层，当时将其归于上新世晚期。1948 年第 18 届国际地质大会把维拉方期划归早更新世，并建议把“泥河湾层”作为中国第四系的下限。在 1954 年召开的纪念中国猿人第一个头盖骨发现 25 周年的会议上，我国正式采纳了这一建议。1963 年，裴文中等在《中国的新生界》中首次采用了泥河湾组。本次地层划分对比研究，河北省地层清理组将阳原—蔚县盆地中心部位整合于下伏石匣组红色粘土岩之上，由灰绿色、淡黄

表 8-1　华北晋冀鲁豫地层区新生代岩石地层分区特征表

Table 8-1　Cainozoic lithostratigrapic characteristics of regionalization in Shanxi - Hebei - Shandong - Henan stratigraphic region, North China

新生代地层分区		晋冀蒙区 (5_1)	环鄂尔多斯区 (5_2)	晋陕区 (5_3)	下辽河-华北平原区 (5_4)	豫西区 (5_5)	苏鲁皖区 (5_6)	胶辽区 (5_7)
综合地层分区		燕辽地层分区(V_4^7)、华北北缘地层分区(V_4^2)及阴山地层分区(V_4^3)北段	华北西缘地层分区(V_4^1)、阴山地层分区(V_4^3)南段、豫陕地层分区(V_4^6)西段及山西地层分区(V_4^5)中部	鄂尔多斯地层分区(V_4^4)及山西地层分区(V_4^5)	华北平原地层分区(V_4^8)	豫陕地层分区(V_4^6)及华北南缘地层分区(V_4^{13})	鲁西地层分区(V_4^{10})、徐淮地层分区(V_4^{12})及华北平原地层分区(V_4^8)东南缘	辽东地层分区(V_4^9)及鲁东地层分区(V_4^{11})
地层发育特征	第四纪	土状堆积分布局限。湖相—河湖相沉积的泥河湾组与下伏新第三纪地层为连续沉积，大同、尚义等地玄武岩喷发强烈	河湖相沉积为主，沉积厚度巨大，且具东薄西厚的特点，相变明显。间歇性沉陷使得各组之间均有沉积间断	新第三纪上新世—第四纪土状堆积大面积发育，广泛覆盖于黄土高原的塬、峁、梁之上，低山丘陵区亦有分布。山间盆地和盆地边缘发育有以河流相为主的河湖相堆积。黄河、汾河、滹沱河两侧第四纪发育有以不同高度阶地为特点的河流相堆积。 中新世陆相碎屑沉积仅见于太行山东麓	河湖相沉积为主，含有海相夹层，火山活动以过碱性玄武岩喷溢为主	河湖相碎屑沉积为主，盆地边缘有土状堆积分布	丘陵边缘发育有土状堆积，山前平原发育有河流相堆积，沉积间断较多。	土状堆积、冰碛—冰水堆积及基性火山喷发物等依次叠置产出
	新第三纪	广泛发育溢流相的汉诺坝组玄武岩(与下伏地层呈喷发不整合)和含三趾马的红土(石匣组或宝格达乌拉组)	红色咸化—半咸化泻湖相细碎屑沉积，夹石膏、白云岩、泥灰岩及鲕粒灰岩等，沉积厚度巨大，具超覆式沉积特点。 上新世强烈的裂陷作用形成晋中盆地		河湖相沉积为主，含有海相夹层，馆陶组底部砾岩分布广泛，形成区域性超覆，基性火山喷溢仅见于黄骅坳陷中，为裂谷盆地坳陷阶段的产物	以湖相为主的河湖相堆积，临汝等盆地发育裂隙式喷溢的基性—超基性岩(大安组)	鲁中地区缺失沉积，徐淮地区以河湖相沉积为主，局部夹玄武岩，本区西部(豫淮)的新第三纪沉积与馆陶组和明化镇组的沉积相似	橄榄玄武岩沿断裂带分布，以发育含有硅藻土、硅藻粘土的砂页岩、粉砂粘土及凝灰质砂岩等湖相沉积为其特征
	老第三纪	分布零星，暗色砂泥岩为主，间夹煤线及褐煤层，局部为粗碎屑岩。繁峙、山阴等地发育巨厚的、多间断面的玄武岩	棕红色河湖相砂、泥岩为主，普遍含有石膏等蒸发岩，沉积范围较局限，沉积厚度巨大。 沉积盆地为地堑-半地堑式，内部次一级凹陷和凸起发育	缺失沉积	地层发育齐全，为一套含煤、蒸发岩、油页岩的陆相红色及暗色碎屑岩组合，属河湖、浅湖—半深湖—深湖相沉积，夹有海相层，裂隙式基性玄武岩喷溢强烈，为裂陷阶段的产物	红色含膏、盐的陆相碎屑岩组合为主，三门峡-垣曲、济源等盆地夹有碳质页岩、煤线、薄层褐煤及油页岩等	为一套陆相棕红色、灰色砂泥岩(含石膏、盐类等蒸发岩)及暗灰色细碎屑岩(夹油页岩、自然硫等)组合，成盐期不只一期	地堑型盆地中发育一套含煤和油页岩的陆相暗色细碎屑岩沉积，抚顺含煤盆地底部夹较多粗碎屑岩、溢流相玄武岩及凝灰岩

褐色粘土、粉砂质粘土、粉砂、细砂夹砂砾石及泥灰岩，且普遍含有钙质结核的一套地层定义为泥河湾组。这一部分地层可进一步划分为下部（含早维拉方期东窑子头动物群）、中部（含中维拉方期辛窑子动物群）及上部（含晚维拉方期“狭义”的泥河湾动物群）三个段（杨子赓、林和茂，1993）。松山/高斯极性时转换面（约 2.48Ma，B. P.）位于一段与二段之间，因此泥河湾组实为一个跨时的岩石地层单位。

小渡口组　指与中更新世离石组大致同期的河湖相沉积，厚约 19 m，产哺乳动物化石等。古地磁测量结果位于布容正向极性时期（陈茅南等，1986），其底界为布容/松山界线。

迁安组　主要分布于滦河、青龙河及其上游各支流主河道两侧的Ⅱ级阶地上，为一套以河流—牛轭湖相为主的沉积，与下伏小渡口组（相当离石组）呈平行不整合接触，其上被次生黄土所覆盖。其层位与马兰组下部大致相当，岩性主要为灰色细砂层，夹灰绿、酱紫色泥质粉砂及粘土层、砂砾石透镜体。产丰富的哺乳类、腹足类、介形类、轮藻、硅藻及孢粉等，厚 13～30 m。

本区岩石地层单位具以下特征：①桑干河流域晚新生代地层以湖相沉积为主，具继承沉积的特点，其他地区除汉诺坝组与开地坊组呈喷发不整合及迁安组与小渡口组呈平行不整合接触外，余皆为连续沉积；②燕山地区的开地坊组和冀西地区的西坡里组、灵山组，其层位大致相当，岩性既有相似之处，又有明显差别，后者粗碎屑岩较多，乃下辽河—华北平原裂谷盆地边缘部位的沉积产物；③燕山地区的石匣组和阴山地区的宝格达乌拉组，在岩性及所含哺乳动物化石方面极为相似，它们是否与晋陕地区的静乐组同物异名，有待进一步核查；④区内离石组分布零星，而马兰组分布则相对广泛，辽西朝阳一带的“宁城黄土”和“上三家子组”分别与晋陕地区的午城组和离石组相当或部分相当；⑤辽西—冀西地区第四纪洞穴堆积比较发育，有北京猿人洞、周口店新洞、北京山顶洞及喀左鸽子洞、沙锅屯洞穴堆积等，其中埋藏有丰富的哺乳动物和古人类化石，且保存有古文化遗迹。

2. 环鄂尔多斯区〔华北西缘地层分区（V_4^1）、阴山地层分区（V_4^3）南段、豫陕地层分区（V_4^6）西段及山西地层分区（V_4^5）中部〕

本区包括河套、银吴、渭河及晋中诸裂陷盆地。各盆地周围多被断裂所围限，新生代以来接受了巨厚的河流—湖泊相沉积。这些盆地沉积类型复杂，厚度巨大，属地堑—半地堑式盆地，共同构成了环鄂尔多斯地堑系。

渭河盆地老第三纪时仅局限于西安—临潼一带，盆地内部具次一级凹陷和凸起，发育有红河组和白鹿原组，厚 2 000 余米；新第三纪盆地范围扩大，西达哑柏一带，北抵礼泉、蒲城附近，盆地内部分割不明显，发育有冷水沟组、寇家村组、灞河组及蓝田组，厚达 3 000 余米；第四纪时盆地中心以河湖相为主，边缘为土状堆积，发育有三门组（阳郭组、游河组）、泄湖组、乾县组、半坡组，坳陷南侧底板埋深在 2 000 m 以上。由于新生代期间地壳升降频繁，因而盆地边缘部位的堆积物多互相叠覆，各地层单位之间亦多呈不整合或平行不整合接触。其岩石地层序列在本分区内颇具代表性，自下而上简述于下：

红河组　本组岩性基本稳定，以紫红色泥岩、砂质泥岩为主，夹砂岩或与之互层，底部为砾岩或砂砾岩。厚度变化较大。含两个化石层位：近底部产小型貘类 *Breviodon* sp.，为我国晚始新世地层中普遍分布的哺乳动物化石；上部产熊雷兽类 *Arctotitan honghoensis* 及貘类 cf. *Deperetella* sp.，后者在亚洲晚始新世地层中广泛分布。其厚度变化较大，红河上游厚 260 m。

白鹿原组　本组岩性主要为块状砂岩，夹紫红色泥岩或与之互层，底部为砂砾岩或含砾粗砂层，具明显的三分性。产哺乳类及植物等化石。厚度变化较大，西安市灞桥区毛西村仅厚 43 m，红河、戏水河一带厚 508～785 m。

冷水沟组　由棕红色砂质泥岩与灰黄、灰绿色砂岩互层组成，底为砂砾岩。产哺乳动物化石等。厚度变化较大，陕西省临潼县骊山冷水沟厚 59 m。

寇家村组　本组地表岩性比较稳定，以棕红、桔黄色泥岩、砂质泥岩为主，夹灰白色、棕黄色砂岩，底为砾岩或砂砾岩，钻孔中见其顶部夹黑色碳质页岩或煤线。产哺乳动物化石等。厚 28～79 m。

灞河组　岩性以棕红、桔黄色泥岩、砂质泥岩与砂岩、砂砾岩互层为主。产哺乳动物化石等。厚 20～362 m，变化较大。

蓝田组　以紫红色、棕红色富含钙质结核的粘土岩、砂质粘土岩为主，下部夹棕灰色砂砾岩，底部为灰白色砂砾岩或砾岩。产三趾马动物群的重要成员 *Hipparion plocodus*，*Gazella gaudriyi*，*Cervavitus* sp.，*Chleuastochoerus* sp. 等哺乳动物化石。厚 25～62 m。

三门组　本组下部习称"绿三门"，也有称"游河组"的（薛祥熙，1978），为一套灰白、灰黄色粉细砂与灰绿色粘土、砂质粘土互层的湖泊相沉积，厚 40～221 m，与下伏上第三系呈不整合接触，产游河动物群，既含有晚第三纪残留的哺乳动物属种，也含有早更新世泥河湾动物群的典型分子；上部习称"黄三门"，为一套棕黄、灰褐色含砾粘土、粘质砂土与粘土互层，夹砂砾石层的河流相—湖泊相沉积，所产哺乳类化石中，新第三纪残留属种减少，第四纪属种增多，比游河动物群显得进化。二者之间呈平行不整合接触。厚 4～88 m。

阳郭组　为棕红、橘红色石质黄土或黄土状砂质土、黄土状粘土，夹浅褐色古土壤层及灰白色钙质结核，与下伏三门组呈平行不整合或整合接触。厚 4～28 m。从岩性看，本组与午城（黄土）组相似。

泄湖组　本组岩性厚度变化较大，为一套河湖相沉积，与下伏三门组（或阳郭组）呈平行不整合接触。其下部为黄土状粘质砂土，含大块钙质结核，夹 4～12 层褐红色古土壤层，底为砂砾石层，产公王岭哺乳动物群，与周口店北京人动物群比较接近，厚 20～50 m；上部为浅灰褐、棕黄色黄土状砂质土，钙质结核常富集成网状，夹 8～10 层红褐色古土壤层，底为砂砾石层，产陈家窝子动物群，厚 20～86 m。

乾县组　分布于渭河谷地及其支流的Ⅱ级阶地上，由冲积—洪积成因的粘质砂土、砂质粘土及砂砾石层组成，含哺乳动物等化石，厚 5～60 m。其岩性和所含化石与萨拉乌苏组相似。

半坡组　本组发育于渭河Ⅰ级阶地上，由浅黄褐色砂质粘土、粘质砂土、粉—细砂及砂砾石层组成，其上连续堆积有现代冲积物及风成砂丘等。产半坡动物群并见有多处仰韶—西周时期的半坡文化层。厚 10～83 m。

河套盆地　新生代沉降幅度较大，地层隐布于各次级坳陷（呼和浩特、乌拉特、临河、吉兰泰）中，直接不整合于早白垩世地层之上。其间缺失晚白垩世至老第三纪古新世的沉积。该盆地第三系自下而上包括乌拉特组（棕红色粉—细砂岩与泥岩互层，底为砂砾岩，厚 172～278 m）、临河组（暗色泥岩夹粉—细砂岩，偶夹白云岩及次生石膏层，厚 1 005 m）、五原组（杂色泥岩为主，粉—细砂岩次之，夹薄层泥灰岩及鲕粒灰岩，含黄铁矿结核及硬石膏斑块，厚 1 119 m）及乌兰图克组（棕红色泥岩与灰黄色粉—细砂岩互层，偶夹薄层泥灰岩等，普遍含有石膏，厚 1 815 m）。第三纪地层总厚度达 4 000～5 000 m。第四系亦为一套河湖相沉积，最大厚度可达 2 200 m，研究程度较差。

银吴盆地　新生代沉积厚度亦较大。该区老第三纪地层称固原群，其下部的寺口子组在

ic regon, North China

岩石/地质	…)及华…(V_4^{13})*	鲁西地层分区(V_4^{10})及徐淮地层分区(V_4^{12})*		辽东地层分区(V_4^{9})及鲁东地层分区(V_4^{11})*	
		(苏鲁皖区)		(胶辽区)	
	汝河	徐淮	鲁西	鲁东	辽吉
新生代		蚌埠组 / 丰乐镇组	沂河组 临沂组 黑土湖组		庄河组 ～ 金龙顶子组 大孤山组 ～ 四海组 泡子组 ～ 冰场组
	会兴镇组	颍上组 / 戚咀组	大站组 (马兰组) 大埠组		马兰组 / 南坪组 二道岗组
	…县组	临泉组 / 泊岗组	羊栏河组 (离石组) 于泉组		离石组 / 大椅子山组 布老克组 / 白头山组
	…门组	太和组 / 豆冲组	史家沟组 小埠岭组		军舰山组 四等房组
	…安组 / 路王坟组	明化镇组 / 宿迁组	巴漏河组	临朐群: 尧山组	船底山组
	…田组	馆陶组 / 下草湾组		临朐群: 山旺组 牛山组	土门子组
	…峪组				抚顺群: 耿家街组
	…氏组	界首组 / 土金山组	官庄群: 大汶口组	五图群: 小楼组 李家崖组	抚顺群: 西露天组 计军屯组 古城子组 / 梅河组 / 桦甸组
	…村组 —?— 高峪沟组	双浮组 / 定远组	官庄群: 朱家沟组 常路组 卞桥组 固城组	五图群: 朱壁店组	抚顺群: 栗子沟组 老虎台组
下	晚白垩世秋扒组	中生代或古生代地层		白垩纪王氏群	中生代或前中生代地层

宁夏的固原、同心一带发育最全，但盆地内缺失；上部的清水营组与寺口子组为连续沉积，其岩性以褐红、砖红色泥岩和粉砂岩为主，夹灰绿色砂岩、泥岩、泥灰岩及石膏等，含哺乳动物及孢粉等化石，厚 10～309 m，灵武、盐池、牛首山等地可直接超覆在白垩系或更老地层之上。新第三纪地层称甘肃群，其下部的红柳沟组为平行不整合于清水营组之上的一套桔红、桔黄色粘质砂土、砂质粘土、粘土夹砂岩、砂砾岩及泥灰岩等沉积，厚 280～703 m；上部的干河沟组与红柳沟组为连续沉积，其岩性由灰色砂砾岩、砂岩及土红色粉砂岩、砂质泥岩组成，偶夹泥灰岩和石膏，厚 84～805 m。二者均含有丰富的脊椎动物、腹足类、介形类、轮藻及孢粉等化石。第四系分布于盆地内部及清水河、苦水河谷地的下部和两侧高阶地上，为一套河流—湖泊相沉积，发育有银川组、贺兰组、萨拉乌苏组、水洞沟组及灵武组等，各组之间均有沉积间断。

晋中裂陷盆地　指纵贯山西中部，并呈斜列式近南北向展布的运城、临汾、太原、忻定等一系列新第三纪上新世以来形成的断陷盆地。盆地中心以河湖相为主，边缘地带则以河流相为主。其地层序列自下而上包括下土河组、小白组（张士亚等，1975）、大沟组、木瓜组（曹家欣，1973）和汾河组以及中更新世以来黄河、汾河、滹沱河、桑干河等一二级水系两侧形成的阶地堆积（含古文化层的匼河组、丁村组、峙峪组及全新世选仁组、沱阳组），列述于下：

下土河组　下部为棕褐色砾岩夹灰紫色粘土、砂质粘土和薄层砂砾石凸镜体；上部为棕黄、灰褐色砂层与棕黄、棕红、灰褐色亚粘土、粘土互层。与下伏中生界呈不整合接触，上覆地层为连续沉积的小白组。厚 40～67 m，盆地中心最厚可达 955 m。

小白组　与下伏下土河组及上覆静乐组呈微角度不整合或平行不整合接触，多隐伏于盆地深处，为一套富含动植物化石的河湖相灰色、灰绿色粘土、亚粘土夹灰白色泥灰岩、黄色细砂、砂砾石等堆积。厚 74～156 m，盆地中心（地下）最大厚度可达 1 000 m。

大沟组　与下伏静乐组呈微角度不整合接触，不整合于木瓜组或直接伏于离石组黄土之下。为一套黄色砾石层与灰紫色粘土、砂质粘土互层，夹灰绿色粘土及少量砾石层的河湖相堆积，含丰富的瓣鳃类、腹足类及介形类化石。厚 50～90 m。

木瓜组　与下伏大沟组及上覆离石组呈微角度不整合或平行不整合接触，为一套灰黄色细砂，夹少量棕褐色亚粘土及薄板状泥灰岩，有时还夹砂砾石透镜体的河流相堆积。多隐伏于盆地中心，厚 142 m。

汾河组（张士亚等，1978）　晋中裂陷盆地中心部位的一套以河流相为主的河湖相堆积，岩性为灰黄色夹灰色砂质粘土、砂砾石等，厚 200～300 m。时代属中更新世—全新世。

匼河组　指晋南一带黄河及汾河Ⅳ级阶地堆积。其下切割至组成黄土塬堆积的离石组黄土下部，多叠覆于大沟组或木瓜组之上；其上被Ⅲ级阶地堆积（丁村组）上覆或内叠，也可直接被Ⅱ级阶地堆积（峙峪组）内叠。其二元结构清晰，由下部砂层、砂砾石层和上部略显层理的微红色砂土夹凸镜体状砾岩组成，厚 29 m。为匼河古人类文化遗址所在层位。

丁村组　指山西省境内二三级河流Ⅲ级阶地堆积，主要分布在汾河下游Ⅲ级阶地的中上部。其二元结构明显，由下部砂砾石层和上部水平层理明显的粉砂、粉砂土等组成，厚 16m。为著名的丁村古人类文化遗址所在层位。

峙峪组　指山西省境内二三级河流的Ⅱ级阶地堆积。其特征为二元结构明显，由下部砂砾石层和上部粉砂土、亚砂土、次生黄土等组成。顶部有时尚夹有牛轭湖灰绿色、黑色粘土层，厚度一般不超过 30 m。由该组组成的Ⅱ级阶地多内叠于丁村组组成的Ⅲ级阶地内侧，或呈基座阶地坐落于更老的新生界或基岩地层之上。为峙峪古人类文化遗址所在层位。

选仁组　为山西省境内现代河流Ⅰ级阶地堆积。

沱阳组　为山西省境内现代河流河漫滩和河床堆积。

3. 晋陕区〔鄂尔多斯地层分区（V_4^4）及山西地层分区（V_4^5）〕

本区包括贺兰山—六盘山以东及太行山以西广大地区。区内缺失老第三纪地层，新第三纪中新世地层也只见于太行山南段东麓，其他地区以发育新第三纪上新世—第四纪土状堆积为特征。

早在19世纪后期，即有外国地质学家（如Pumpelly，Richthofen，Willis等）开始对本区新生代地层进行考察。20世纪初期，Andersson在《中国北部之新生界》一书中，提出了中国黄土分为原生黄土、次生黄土的观点，并创立了马兰黄土这一名称。1926～1930年Chardin、杨钟健调查研究了晋西和陕北的新生界，先后测制了保德、静乐一带的含三趾马的红土地层剖面，将黄土分为马兰黄土及红色土，指出红色土是介于三趾马红土与马兰黄土之间的一套新地层，并将其划分为A、B、C三带，时代分别属于上新世、早更新世及中更新世。之后的地质工作者一直沿袭他们的划分，“保德红土”、“静乐红土”等名称遂被广泛引用。1957年刘东生提出了古黄土、老黄土（上、下部）、新黄土之称。1962年刘东生、张宗祜进一步将其先称的古黄土（相当红色土B带）、老黄土（相当红色土C带）分别命名为午城黄土和离石黄土（其所称新黄土即早已创名的马兰黄土）。

晋陕高原晚新生代土状堆积岩性稳定，分布广泛，在华北晋冀鲁豫地层区内具有代表性，其岩石地层单位序列自下而上为：

芦子沟组　Zdansky（1923）称“芦子沟系”。指保德（红土）组之下局限分布的一套河湖相地层，其岩性下部为红、黄、褐灰等杂色砂砾层与粉砂粘土互层，上部为灰白色砂层与绿色、黑灰色粘土、粉砂粘土互层，并夹泥灰岩。厚数十米至百米以上不等。

保德组　位于黄土层堆积之下，红土层的下部。岩性为棕红色、黄红色粘土、粉砂质粘土，其间常夹钙质结核及层数不等的砂砾层或砾岩层。产保德冀家沟三趾马动物群。分布不及静乐红土广泛，厚度变化大，一般20～30 m，有时也可达数十米至200 m。

静乐组　位于黄土层堆积之下，红土层的上部。岩性为深红色—褐红色粘土，常夹星散状及层状分布的钙质结核，下部及底部有时含砂砾石或砂砾岩（凸镜体或底砾层）。一般厚10～30 m，部分地段可达60 m，分布较午城黄土广泛。产贺凤三趾马动物群。

午城组　黄土堆积的下部黄土层。岩性为棕黄色、浅棕褐色粉砂土、粉砂质粘土，间夹多层密集平行排列的棕红色古土壤及灰白色、灰褐色钙质结核层，底部夹有砂砾石透镜体。产哺乳动物化石。厚10～70 m，甘肃省平凉、西峰及陕西省靖边一带厚度最大。

离石组　土状堆积的中上部，岩性为灰黄色—棕黄色粉砂土、粉砂质粘土，间夹棕红色、淡红色古土壤条带，含白色钙质结核（层）。一般出露于黄土冲沟的中下部，垂直节理发育。本组上部以粉砂土为主，较疏松，古土壤色调深，层数少而单层厚度大；下部以粉砂粘土为主，古土壤色调浅，层数多而单层厚度薄。亦产脊椎动物化石。层型地区厚90 m左右，陕甘宁一带最大厚度可达150 m，具自西北向东南逐渐增加的趋势，其中吕梁山区发育最好。

马兰组　黄土高原塬、梁、峁及黄土丘陵区土状堆积的顶部黄土层，其下平行或斜披覆盖于离石组之上。岩性为淡黄—灰黄色亚砂土，质纯、疏松，大孔隙、垂直节理发育。近顶部夹一层灰褐色古土壤，下部夹一层棕褐色古土壤，边坡地带有时夹砂砾石（呈透镜体状、囊状、夹层状）。生物化石很少，厚10～30 m。层型剖面位于北京西山斋堂马兰村北。

亲戚沟组　分布在黄土丘陵顶部，为浅褐黄色及灰黄色黄土，底部含稀疏泥砾，局部具黑垆土层，厚约 5 m。1984 年，宁夏区调队在固原县沈家河亲戚沟黄土剖面采获全新世孢粉组合。

晋东南榆社盆地上新世—早更新世地层为一套河湖相堆积，自下而上可划分为三部分(Chardin、杨钟健，1933；桑志华、汤道平，1935；Chardin，1942；裴文中，1963)。1975 年王兴武、郭立卿将原榆社组改称榆社群，并依次分别称为任家垴组（卵石层与土黄色粉—细砂和紫色砂质粘土互层，含榆社 I 带动物群，厚 47～215 m)、张村组（灰绿、灰黑、黄绿色粘土夹灰白色泥灰岩，并与灰黄色砂层及紫色粘土、砂质粘土互层，含榆社 Ⅱ 带动物群，厚 72～293 m)、楼则峪组（灰黄色砂层夹紫色、灰绿色粘土、砂质粘土，含榆社 Ⅲ 带动物群，厚 45～134 m)。榆社群与下伏中生界及上覆大墙组、小常村组或离石组、马兰组均呈不整合接触，各组之间则呈整合或微角度不整合接触，其岩性组合分别与下土河组、小白组、大沟组相似。

太行山南段东麓地区缺失老第三纪地层。新第三纪主要为一套伴有火山岩的山麓相碎屑岩堆积序列，自下而上发育有雪花山组（深灰色橄榄玄武岩，下部为灰色灰质砾岩与半固结的浅棕红色粉砂岩、砂质粘土岩互层，厚 20～207 m，分布于太行山南段的井陉、平定、昔阳和左权、武安等地）和九龙口组（灰白—浅褐色砾岩、粉砂岩，半胶结的棕红、紫褐色砂岩、粉砂岩、粘土岩及灰绿色含铝质粘土岩，厚 5～99 m，马头一带夹有 2～3 层褐煤，中部砂岩中产哺乳动物化石，分布于赞皇、邯郸、磁县及其以南地区，与河南省安阳一带的“障武组”断续相连)。第四纪除见有午城组（?)、离石组、马兰组外，还分布有冰碛—冰水堆积（临城组、赞皇组、井陉组)。

4. 下辽河—华北平原区〔华北平原地层分区（V_4^8)〕

下辽河—华北平原的第三纪地层划分和地层层序的确定，始于 50 年代而完善于 60 年代。1960 年，原地质部第一普查勘探大队首先将华北平原的第三纪地层划分为甲、乙、丙组，并先后创立了上第三系黄骅群和下第三系济阳群。1961 年，石油部华北石油勘探处根据华 1 井（河北省南宫县明化镇，1956. 10—1957. 11 施工)，华 3 井（河北省馆陶县房儿寨，1958. 5—1958. 8 施工)，华 7 井（山东省商河县沙河街，1960. 5—1960. 11 施工)，华 8 井（山东省广饶县东营村，1961. 1—1961. 4 施工）钻遇的地层资料，分别建立了明化镇组、馆陶组、沙河街组和东营组。1964 年，大港油田据河北省黄骅县孔家店村孔 1 井钻遇的一套“红、黑、红”的地层命名为孔家店组。至此，华北平原第三纪地层的划分和层序的建立工作已基本完成。此后，石油化学工业部石油勘探开发规划研究院与中国科学院南京地质古生物研究所合作，于 1978 年对区内早第三纪介形类、腹足类、孢粉、轮藻等门类化石进行了系统的描述和研究。所有这些，都为本区第三纪地层的划分及与邻区对比奠定了坚实的基础。本次地层划分对比研究，采用了渤海湾沿岸地区第三次统层会议确定的第三纪地层系统，并重新启用济阳群和黄骅群。

(1) 济阳群

孔店组　分布于渤中、冀中、沧州、黄骅、济阳、潍北等断陷—坳陷盆地内。不整合于中生界或其他更老地层之上，自下而上分为三段：孔三段（下段）为棕红、棕褐色泥岩夹泥质砂岩、砂质泥岩，底部时有灰白色砾岩，厚 481 m；孔二段（中段）为深灰色、灰绿色泥岩夹泥质粉砂岩、钙质砂岩及碳质泥岩、油页岩、薄层煤等，底为灰色砂砾岩，厚 386 m；孔一段（上段）以棕红色砂质泥岩与泥质粉砂岩为主，夹粉—细砂岩，白云质泥岩及石膏等，厚

598 m。孔三段发育时期，伴有强烈的玄武岩喷溢，其单层厚度一般几米到十几米，有的多达28层以上。下辽河地区的玄武岩喷溢活动发生较早，持续时间也较长，与棕红色泥岩、砂岩等互层，称房身泡组，其岩性组合和层位与孔店组大致相当。

沙河街组　1960年创名时划分为三段，1972年后改为四段。其与下伏孔店组呈平行不整合接触，局部地区超覆于更老地层之上，与上覆东营组则为连续沉积，自下而上为：①沙四段——下部为灰色、紫红色含钙质、白云质的泥岩、砂岩夹含膏泥岩、硬石膏及盐岩，厚0～600 m；中部为灰色泥岩夹泥质白云岩、含膏泥岩，厚20～100 m；上部为褐灰色泥岩、油页岩夹泥灰岩、灰岩及白云岩，厚20～300 m。②沙三段——为主要的生油层和含油层，沉积厚度大，与沙四段呈平行不整合接触。其下部为深灰色、棕褐色泥岩、钙质泥岩和油页岩，夹少量粉砂岩，厚50～420 m；中部为深灰色泥岩夹泥灰岩，含砾砂岩，厚100～550 m；上部为灰色含砾砂岩，砂岩夹泥岩、碳质泥岩、厚50～550 m。③沙二段——亦为重要的含油层段，与沙三段呈平行不整合接触。其下部为灰绿色、深灰色粉砂质泥岩、夹碳质泥岩、煤线及油页岩，厚0～220 m；上部为灰绿色、紫红色泥岩、粉砂岩夹砂岩、含砾砂岩、厚0～260 m。④沙一段——与沙二段为连续沉积，分布范围基本一致，岩性以泥岩为主。其下部为深灰色泥岩夹生物灰岩、白云岩及鲕粒灰岩，局部地区夹玄武岩及层火山角砾岩、层凝灰岩，厚100～240 m；上部以灰绿色泥岩为主，厚40～75 m。

东营组　与下伏沙河街组多为连续沉积，局部地区可超覆在沙三段或更老地层之上，顶部地层常缺失，被馆陶组不整合覆盖。岩性三分性明显：下部为深灰色、褐灰色泥岩夹粉砂岩及少量白云质灰岩，厚200～750 m；中部为灰绿色砂质泥岩、泥岩夹薄层粉砂岩、白云质灰岩，厚200～285 m；上部为灰白色含砾砂岩夹杂色泥质粉砂岩、砂质泥岩、粉砂岩，厚0～200 m。

(2) 黄骅群

馆陶组　本组分布广泛，岩性稳定，多不整合于东营组或更老地层之上，与上覆明化镇组为连续沉积。其下部为浅灰色厚层含砾砂岩，50～700 m；上部为灰绿色泥岩、砂质泥岩夹浅灰色、紫灰色砂岩、粉砂岩，100～885 m。

明化镇组　本组与馆陶组呈整合接触，或超覆于更老地层之上，其上被第四系不整合覆盖。其下部为浅棕色泥岩、砂质泥岩、泥质粉砂岩互层，夹中细粒砂岩、粉砂岩等，400～600 m；上部为棕黄色泥岩与粉砂岩互层，夹泥质粉砂岩，300～600 m。

(3) 第四纪地层

区内第四纪堆积物成因类型较复杂，以冲积、洪积及其过渡类型为主，间有海积、风积及火山堆积等类型，地层总厚度300～500 m。自下而上包括：

固安组　为一套冲积、湖积的粉砂质粘土、粘土夹砂砾层堆积，局部夹凝灰岩及含有孔虫的海相层，与下伏明化镇组呈平行不整合接触。底板埋深300～400 m。本组在岩性和古生物上具过渡性质，其上限可与古地磁奥尔杜威极性亚时底界相对应，下限则位于马默思亚时底界附近(李华梅，1977；杨子赓等，1979；陈望和等，1987)。按岩性可分为二段，M/G极性转换面位于上下两段之分界面附近。

杨柳青组　为一套冲积、湖积的含砂粉砂质粘土夹砂砾石层的堆积，可分为两段，底板埋深250～350 m。黄骅凹陷、埕宁凸起及临清凹陷本组中部有火山岩堆积。东部沿海平原见有两层含有孔虫的海相层。

欧庄组　主要由黄色、棕黄色具黄土状结构的泥质粉砂、粉砂质粘土夹砂砾石层组成，可分为三段，底板埋深120～170 m。海兴、赵县、晋县、肥乡等地的下段地层中夹有玄武岩及火山碎屑岩，丰润—任丘一线以东中、上段地层中夹有2～3层海相层。

杨家寺组　为一套冲积、湖沼相堆积，下部为灰褐、灰黄色粉细砂层，上部为灰黄、灰黑色粉砂质粘土、淤泥质粉砂夹泥炭薄层。厚度一般5～15 m，杨家寺一带最厚达19～22 m。

高湾组　东部地区为一套以海相为主夹湖沼相的灰黑色、黄灰色砂质粘土夹黑灰色淤泥质砂质粘土和薄层泥炭，厚8～10 m。

岐口组　北大港及望山、海兴一带为海相的褐灰、灰黑色粘土、泥质粉砂夹透镜状粉砂，其他地区主要为冲积、冲洪积的灰黄色粉砂粘土、泥质粉砂夹砂层，局部地区为湖沼相的灰黑色淤泥质粘土、泥质粉砂夹泥炭薄层，厚一般3～10 m。岐口贝壳堤^{14}C年龄上层为1 090±90a，下层为2 020±100a。

另外，下辽河平原的第四纪更新世地层自下而上划分为四庄台组、郑家店组和榆树组，全新世地层成因类型比较复杂，亦可分为三部分。它们可分别与华北平原第四纪地层序列进行岩性对比（表8-1），不再赘述。

5. 豫西区〔豫陕地层分区（V_4^6）及华北南缘地层分区（V_4^{13}）〕

本区位于下辽河—华北平原大型裂陷盆地的南部边缘，按地层发育程度及岩性组合特征可分为三门陕—垣曲和洛河—汝河两个地层小区。三门峡—垣曲地层小区位于豫陕地层分区与环鄂尔多斯地层分区的接壤处，因此在岩石组合上具有过渡类型的特点；洛河—汝河地层小区则由数个小型盆地组成，其岩石地层特征与鲁西、徐淮地层分区相似。

三门峡—垣曲地区第三纪岩石地层序列包括老第三纪平陆群（山西省地质矿产局，1997）和新第三纪棉凹组（曹照垣等，1985）。

平陆群　不整合于古生代地层之上，其上被上新世或第四纪地层所覆盖，为一套以干旱气候为主，后期间有潮湿气候条件的山间断陷盆地堆积，自下而上包括门里组、坡底组、小安组及刘林河组，各组之间均为整合接触关系，分述于下：

门里组　主要由砖红、棕红色砾岩、砂砾岩与泥岩、砂质泥岩不等厚互层组成。上部夹灰白、灰绿色泥岩、泥质白云岩及石膏薄层。含哺乳类、介形类、腹足类及孢粉等化石，厚0～535 m。

坡底组　下部（峪里段）主要为棕红、砖红色砾岩、砂砾岩、中粗粒砂岩夹砂质泥岩；上部（赵家岭段）主要为棕红、紫红、灰绿色砂质泥岩、夹泥质白云岩及薄层石膏；含哺乳类动物、介形类、腹足类、轮藻及孢粉化石等。厚度变化较大，540～760 m。

小安组　下部（西滩段）主要为浅棕红色泥岩，夹褐黄色不等粒砂岩、泥质白云岩及石膏（薄层或网脉状），底夹砂砾岩；上部（白水河段）主要为灰绿、紫红等杂色泥岩，夹泥质白云质、碳质泥岩和褐煤。含哺乳类、介形类、腹足类、轮藻及孢粉化石等。共厚435～760 m。

刘林河组　主要由浅红、棕红色砾岩、含砾砂岩与红色泥岩不等厚互层组成，夹灰绿、灰黑色泥岩、砂质泥岩、灰白色泥灰岩等，韵律性明显。产介形类、双壳类、轮藻及孢粉等。厚0～755 m。

棉凹组　与下伏刘林河组及上覆三门组均呈不整合接触关系，其岩性比较单一。下部为棕黄、棕红色砾岩、砂砾岩夹细砂岩及凸镜状粘土岩；上部为棕红色含砾亚砂土、亚粘土与棕黄色砾岩或砂砾岩互层，产哺乳类及腹足类等化石。厚42～108 m。

洛河—汝河地区新生代小型盆地较多，且彼此分割，各有一套地层系统。如老第三纪时，栾川潭头盆地发育有高峪沟组、潭头组，卢氏盆地发育有张家村组、卢氏组、大峪组；新第三纪时，洛阳盆地发育有洛阳组、潞王坟组、大安组。与邻区三门峡—垣曲盆地相比，其中高峪沟组的地质时代早于平陆群门里组，而潭头组中、下部与门里组，张家村组与坡底组，卢氏组与小安组，大峪组与刘林河组可大致分别对比。故本区岩石地层序列为老第三纪高峪沟组、潭头组（中、下部）、张家村组、卢氏组、大峪组及新第三纪洛阳组、潞王坟组、大安组，自下而上列述于下：

高峪沟组　岩性为棕红、紫红色泥岩、砂质泥岩夹砂岩，下部夹褐灰、紫红色砾岩、砂砾岩，中上部夹灰绿色钙质粉砂岩和灰白色薄层泥灰岩。与下伏晚白垩世秋扒组为整合接触，产哺乳类、双壳类、腹足类、介形类化石及孢粉等。厚400～800 m。

潭头组　为灰绿、灰黑色泥岩与灰黄、灰白色泥灰岩、灰岩及灰、灰绿色砂岩、砂砾岩互层，以夹多层灰黑色油页岩为特征，局部夹薄层褐煤。其中、下部以砂岩、砂砾岩为主，与门里组大致相当，上部为泥岩、泥灰岩、灰岩构成的韵律层。厚400～1 000 m。

张家村组　与下伏官道口群或熊耳群呈不整合接触，岩性为棕红、棕黄、灰褐色粘土岩、泥质粉砂岩与砂岩、砂砾岩、砾岩互层，产哺乳动物化石等。厚400～800 m。

卢氏组　与下伏张家村组呈整合接触，岩性为棕红、灰绿、褐黄色粘土岩与灰绿、灰白色泥灰岩互层，夹砾岩和砂岩。何家沟一带夹薄层褐煤和劣质油页岩。含丰富的哺乳类、介形类、腹足类、轮藻及孢粉等化石。厚300～500 m。

大峪组　与下伏卢氏组为连续沉积，与上覆雪家沟组呈不整合接触。其岩性为棕红色砾岩、砂岩、泥岩，夹灰白、灰绿色泥灰岩。无化石资料。厚300～500 m。

洛阳组　与下伏老第三纪地层呈不整合接触，与上覆潞王坟组和大安组分别为整合或平行不整合接触。其岩性为杂色砾岩、砂砾岩、砂岩与砂质粘土质、钙质粘土岩、泥灰岩不等厚互层。含哺乳动物化石等。厚20～115 m。

潞王坟组　与下伏洛阳组为连续沉积，与上覆大安组呈平行不整合接触。岩性为灰白色中厚层泥灰岩、隐晶灰岩夹灰绿色砂岩、砂砾岩及棕红色泥岩、粘土岩。含丰富的哺乳动物化石，多数为三趾马动物群的主要属种。厚13～99 m。山东省章丘市枣园一带巴漏河组的岩性及所含化石与之相似。

大安组　与下伏洛阳组呈平行不整合接触。其下部为辉石橄榄岩，中部为红色粘土岩、砂砾岩或火山碎屑岩，上部为辉石橄榄玄武岩。厚20～41 m。

第四纪地层　更新世时，本分区丘陵及盆地边缘发育土状堆积（午城组、离石组、马兰组），黄河、洛河、伊河、汝河等河谷地带发育河流—湖泊相堆积，自下而上包括三门组（下部灰黄、棕黄色细砂夹砂砾石层，上部灰黄、棕黄色亚粘土、亚砂土夹灰绿色灰质亚粘土，厚20～70 m）、陕县组（棕黄色亚砂土和棕红色粘土质古土壤层，中部夹砂砾石层，上部夹钙质结核层，厚10～40 m）、会兴镇组（具交错层理的灰色砂砾石层、砂层和灰黄、褐灰色亚粘土、亚砂土，分布于较大河流Ⅱ、Ⅲ级阶地上，厚5～10 m）。全新世亦为一套河流—湖泊相堆积。

6. 苏鲁皖区〔鲁西地层分区（V_4^{10}）、徐淮地层分区（V_4^{12}）及华北平原地层分区（V_4^{8}）东南缘〕

新生代期间，本区位于下辽河—华北平原裂陷盆地的东部边缘，区内发育十余个彼此分割的盆地。由于所处的构造背景条件不同，因此这些盆地在发育阶段、岩性组合及序列结构上也不尽一致。总的看来，古新世—早始新世早期发育的盆地多分布于本分区东部，沿NW—NWW向延伸、岩石组合中粗碎屑成分较多，据其沉积特征又可以焦作—宿州一线分为北部（山东省的沂源、莱芜、蒙阴、平邑等盆地）和南部（安徽省的定远、金山、五河等盆地），它们分别与渤海湾沿岸盆地和苏北盆地的同期沉积相似。早始新世晚期—中始新世期间，盆地位置向西迁移，大致可以临淄、泗水、丰县—阜阳一线为界，东部缺失沉积，或虽有沉积但厚度较薄，而西部地区则在中生代相对隆起的部位上呈反向发展，沉积厚度较大。新第三纪期间，盆地范围进一步扩大，南部地区的砀山、界首、阜阳等盆地与下辽河—华北平原大型坳陷连为一体。

老第三纪地层　鲁西地区称官庄群，自下而上包括固城组（砾岩、砂砾岩、含砾粗砂岩为主，厚近千米）、卞桥组（含石膏矿层的泥灰岩、灰岩、泥岩组合，下部产丰富的介形类及轮藻等化石，厚近千米）、常路组（下段为紫红、砖红色泥岩、砂岩与灰白色砾岩不等厚互层，上段为杂色泥岩、页岩、砂岩夹砂砾岩，盆地中心可出现煤线和泥灰岩，共厚 160～700 m）、朱家沟组（灰褐、灰红色厚层灰质砾岩、巨砾岩夹少量紫红色砂岩，厚度大于1 000 m）及大汶口组（下段红色泥岩为主，中段为灰色泥岩夹石膏岩、盐岩矿层，含自然硫及油页岩，上段以灰色泥岩、页岩、泥灰岩为主，总厚达 3 000 m）；徐淮地区发育有定远组（棕红色含石膏和岩盐的砂、泥岩组合，夹少量砂砾岩，三分性明显，产哺乳类、轮藻及孢粉等化石，厚 694 m）、土金山组（玄武岩及其上的砂砾岩，厚 350～550 m）；豫淮地区发育有双浮组（棕褐色粉砂岩、泥岩，底为砾岩，不整合于早三叠世石千峰群之上，厚 745～1 077 m）、界首组（棕红色泥质粉砂岩、泥岩、细砂岩及含砾砂岩，夹含膏泥岩及石膏层，其上被馆陶组不整合覆盖，厚 1 100～1 229 m）。以上各组中，固城组、卞桥组、常路组、朱家沟组与双浮组、定远组，大汶口组与界首组之岩性相似，可大致对比。

新第三纪地层　主要分布本分区南部。徐淮地区发育有下草湾组（下段为黄褐色砂砾岩夹粉砂质泥岩，上段为灰绿色泥岩、钙质泥岩夹灰白色凹凸棒粘土岩及玄武岩，产脊椎动物、双壳类、轮藻及植物化石等，厚 25～70 m）和宿迁组（灰绿、黄灰色中粗砂、粉—细砂、粘土、亚粘土等，局部夹玄武岩，岩性变化较大，产脊椎动物及孢粉化石，厚 20～70 m），其特征与苏北同期盆地之堆积相似。豫淮交界的砀山、界首、太和、阜阳等地则与下辽河—华北平原坳陷盆地的黄骅群馆陶组和明化镇组之岩石组合特征一致。

第四纪地层　本分区第四纪地层明显受地貌条件控制。更新世时，鲁西山地丘陵区边缘发育有土状堆积羊栏河组（离石组）和大站组（马兰组），山前平原发育有河流相为主的小埠岭组（灰白、灰绿色含粘土中粗砂、砂砾层、砾石层，俗称“白皮砾石层”，厚约 10 m）、于泉组（“黄皮砾石层”及红棕色、棕黄色砂质粘土，厚小于 10 m）和大埠组（河流冲积砂砾石层，厚 3～5 m；全新世时发育有黑土湖组（黄褐色、灰黑色沼泽化粉砂质粘土、粘土质粉砂，厚 0.5～1.0 m）、临沂组（粘土质粉砂、含砾中细砂，现代河流 I 级阶地堆积，厚度小于 10 m）、沂河组（现代河流堆积，灰黄色含砾混粒砂、砾石为主，厚度一般小于 10 m）。第四纪时，徐淮地区发育的豆冲组、泊岗组、戚咀组、丰乐镇组及淮河中游发育的太和组、临泉组、颍上组、蚌埠组均为一套河流相堆积。

7. 胶辽区〔辽东地层分区（V_4^9）及鲁东地层分区（V_4^{11}）〕

本区位于胶辽隆起带上。区内老第三纪地层分布局限，主要发育于抚顺—密山超岩石圈断裂内侧和渤海湾沿岸（沂沭断裂带北段及龙口一带）的断陷盆地内，为一套含煤和油页岩的碎屑岩沉积；新第三纪地层以发育玄武岩和硅藻土为特征；第四纪堆积类型比较复杂，土状堆积、冰水—冰碛堆积、火山堆积及其他类型堆积物均有发育。区内晚新生代火山喷发活动频繁，以玄武岩喷溢为主，构成火山喷发带。按地层发育程度可分为辽吉和鲁东（含沂沭断裂带北段）两个地层小区。

辽吉地区：老第三纪地层主要发育和分布在抚顺、清河、梅河和桦甸等几个地堑型聚煤盆地中，其岩石地层序列可以抚顺盆地的抚顺群为代表，梅河盆地的梅河组和桦甸盆地的桦甸组亦为一套含煤碎屑岩系，其岩石组合和序列结构与抚顺群相似；新第三纪地层主要分布在长白山、桦甸、梅河等地，自下而上发育有土门子组和船底山组，两者之间呈不整合或平行不整合接触。第四纪地层主要分布在长白山区，辽南地区亦有零星分布，更新世发育有土状堆积（离石组、马兰组）、冰水—冰碛堆积（四等房组、布老克组、二道岗组）及火山堆积（军舰山组、白头山组）各种成因的堆积物可互相叠置；全新世自下而上为泡子组、大孤山组、庄河组等。本区新生代岩石地层序列如下：

抚顺群　1949年远藤隆次创名称“抚顺统”，1974年洪友崇将其改称抚顺群，并对所产化石进行研究。该群与下伏中生代或前中生代地层呈不整合接触，其上被第四系覆盖。自下而上分为：老虎台组（灰黑色、灰绿色玄武岩夹页岩、碳质页岩、粉砂岩及B组煤层，沉积夹层中含孢粉等化石，厚123 m）；栗子沟组（灰绿色凝灰岩为主，夹灰黑色、灰黄色薄层凝灰质角砾岩、凝灰质砂岩、黑色页岩及A组煤层，岩性厚度变化大，含孢粉等化石，厚90 m）；古城子组（为主煤层，夹黑色页岩、碳质页岩、琥珀、灰黑色砂岩、粉砂岩等，厚度变化大，产丰富的昆虫，植物及孢粉等化石，厚50 m）；计军屯组（由褐色页状—薄层状油页岩夹碳质页岩、泥岩及少量砂岩组成，岩性单一，含昆虫、爬行类、植物及孢粉等化石，厚150 m）；西露天组（绿色泥岩为主，夹褐色页岩及泥灰岩，韵律清晰，岩性稳定，产叶肢介、介形类及孢粉等化石，厚度大于450 m）；耿家街组（褐色页岩夹少量杂色砂岩、页岩及灰绿色薄层泥灰岩、泥岩，含孢粉化石，顶部普遍遭受剥蚀，厚度大于301 m）。以上各组除栗子沟组与老虎台组呈平行不整合接触外，其他皆为连续沉积。

土门子组　下段由砂、粉砂、粘土互层及玄武岩组成，夹硅藻粘土，底部为砾石层；上段为砂、粉砂、粘土夹硅藻粘土和硅藻土。产植物化石和硅藻等。厚142～420 m。

船底山组　岩性为橄榄玄武岩、玄武岩、安山玄武岩、凝灰质砂岩组成的旋回层，玄武岩具多期次喷发的特点。与下伏土门子组呈不整合或平行不整合接触，最大厚度495 m。

四等房组　覆于船底山组玄武岩之上。由暗红色砾石、砂、砂壤土及岩屑组成，顶部为厚约7.5 m的黄绿、棕黄色砂砾层，厚30～60 m。

军舰山组　岩性为橄榄玄武岩、安山玄武岩、粗面玄武岩等，多沿河谷分布于当地Ⅳ、Ⅴ级阶地之上，构成玄武岩台地，最大厚度176 m。

离石组　即老黄土，常被盖在Ⅳ级以上河流阶地、玄武岩台地及丘陵坡地之上。其堆积期间，尚有布老克冰碛岩（组）、大椅子山玄武岩（组）及白头山碱性粗面岩（组）发育。

二道岗组　分布于长白山南坡，覆于军舰山组玄武岩之上，由砾石、棕黄色砂及亚粘土等混杂组成，最大厚度27.5 m。

南坪组　分布于图门江Ⅱ级阶地砂砾石层之上，为黑色斑状和巨斑状玄武岩。伏于新黄土（淡黄色、土黄色亚砂土）之下，最厚40 m。

马兰组　即新黄土，披盖于Ⅱ级以上阶地和丘陵山地之上，厚度各地不一，变化较大。

泡子组　以棕黄色砂砾及砂土为主，同期发育有冰场组（粗面质火山熔岩、凝灰角砾岩）。

大孤山组　岩性为黑色粘土及含泥炭粘土，同期发育有四海组（黑色玄武质火山熔渣和火山砂夹团粒状黑色土壤层）。

庄河组　为浅棕黄色亚粘土、亚砂土夹细砂，同期发育有金顶子组（灰黑色橄榄玄武岩）。

鲁东地区（含沂沭断裂带北段）：老第三纪地层为一套含煤和油页岩的碎屑沉积，以往称"五图组"，龙口一带的含煤岩系则称"黄县组"，二者在岩性组合、序列结构、生物特征及含矿性上基本一致，故山东省地矿局建议停用"黄县组"，而采用"五图组"，并升组为群（五图群）；新第三纪临朐群亦为本次地层清理新建的岩石地层单位，指临朐一带以玄武岩为主，夹硅藻土、粘土岩及砂砾岩的一套地层，与长白山区的土门子组、船底山组有较大的可比性；第四纪岩石地层序列与鲁西地区相似。

五图群　与下伏王氏群及上覆临朐群均呈不整合接触，自下而上包括朱壁店组（紫红、灰绿色砾岩、泥岩夹砂岩、泥质砂岩及砂质泥岩，昌乐—临朐厚160～174 m，龙口一带厚度大于350m）、李家崖组（含煤和油页岩的泥岩、粉砂岩及细砂岩组合。临朐一带夹油页岩，基本上不含煤，厚88 m；昌乐五图夹有煤层，厚630 m；龙口一带夹多层煤，厚221～304 m。产哺乳动物、介形类、腹足类及植物、轮藻、孢粉等）、小楼组（紫红、灰绿、灰色砂质页岩、泥灰岩、细砂岩夹砂砾岩，偶夹薄煤层及叠层石灰岩，龙口一带厚307 m，产脊椎动物、介形类、腹足类及孢粉等化石）。五图群的岩性组合、序列结构与抚顺群基本相似。

临朐群　分布于临朐、昌乐、安丘、沂水、潍城等地，自下而上包括牛山组（与下伏小楼组呈不整合接触，为一套灰黑色橄榄玄武岩、气孔状玄武岩夹红色泥岩、灰白色砂岩、砂砾岩组合，沉积夹层中产介形类、双壳类、腹足类等化石，厚95～241 m）、山旺组（不整合于牛山组之上，为一套以含硅藻土矿为特征的页岩、油页岩、砂砾岩夹玄武岩组合，厚22～133 m。中部硅藻土层中产有极丰富的动植物化石，主要有哺乳类、爬行类、鸟类、两栖类、鱼类、昆虫及介形类、硅藻、植物、孢粉等）、尧山组（与下伏山旺组呈喷发不整合接触，或与牛山组呈平行不整合接触，为一套基性火山岩组合，喷发间隙少，厚76～196 m。栖霞、蓬莱地区以往称为"栖霞县玄武岩"和"唐山棚砾岩组"的地层，现划归本组）。

第四纪地层　鲁东地区的岩石地层序列与鲁西地区基本相似，惟蓬莱沿海一带发育有早更新世—中更新世史家沟组（碱性橄榄玄武岩，下部有时见砂砾石层，不整合于不同时代的基底岩系之上）。另外，还发育有成因较为特殊的寒亭组（风成堆积物）、潍北组（冲积—海积物）、旭口组（海积砂）及柳夼组（红色砂层、砂质粘土层）等。

二、地层多重划分及对比

华北晋冀鲁豫地层区新生代岩石地层的地质年代属性见表8-2，其不同沉积类型的生物组合特征及时代归属分述如下：

（一）第三纪岩石地层单位的年代属性

1. 燕辽及太行山东麓的生物组合特征

燕辽地区第三纪岩石地层自下而上包括开地坊组、汉诺坝组及石匣组，太行山东麓则包括西坡里组、灵山组及雪花山组、九龙口组（彰武组、鹤壁组）。二者层序相似。

(1) 始新世—早渐新世生物组合：开地坊组产哺乳类 *Monosaulax changpeiensis*，Castrotidae，Lagomorpha；西坡里组产脊椎动物 Amynodontidae 及 Chelonia。二者所含的部分腹足类、双壳类及介形类化石可大致对比。其地质时代属始新世—早渐新世。

(2) 渐新世晚期生物组合：灵山组的多数孢粉为渐新世分子，其中有些分子见于老梁底组。后者所含植物中的 *Populus*，*Alnus*，*Betula*，*Ulmus*，*Carya*，*Prunus* 为山旺组植物群的组成分子，而 *Sequoia*，*Glyptostrobus*，*Liquidamdar* 等则见于老第三纪地层中。命名地点的老梁底组未见底，暂将其置于渐新世晚期。

（3）晚渐新世—中新世生物组合：汉诺坝组产哺乳类 *Monosaulax changpeiensis*，植物 *Comptonia*，*Carpinus*，*Betula* 等，属晚渐新世—中新世化石。雪花山组所产腹足类多为中新世组成分子。二者地质时代大致相当。

（4）中新世—上新世生物组合：九龙口组产哺乳类 *Pererocuta*，*Sansanosmilus*，*Macrotherium*，*Dicerorhinus*，*Plesiaceratherium*，*Chilotherium*，*Gioceros*，Rhinocerotidae 及介形类、腹足类、孢粉等，多为中新世—上新世常见化石。彰武组、鹤壁组所含化石与其相似。

（5）上新世晚期生物组合：阳原-蔚县盆地石匣组产哺乳类 *Hipparion* cf. *houfenense*，*Chilotherium* sp. 等，比贺丰（风）动物群之同类化石显得原始。另外，还含有介形类及腹足类等上新世晚期化石。

2. 晋陕地区生物组合特征

晋陕地区上新世地层发育有芦子沟组、保德组及静乐组。其中保德组上部产哺乳动物 *Hipparion richthofeni*，*H. ptychodus*，*Chilotherium anderssoni*，*C. wimani*，*Palaeotragus microdon*，*Tetralophodon exoletes*，*Gazella gaudryi*，*G. paotehensis*，*Homotherium paraderi*，*Ictitherium wongi*，*Sinocastor zdanskyi* 等，称冀家沟三趾马动物群，其地质时代属上新世中期；静乐组产哺乳动物 *Hipparion houfenense*，*Gazella blacki*，*Antilospina licenti*，*Cervus* sp.，*Rhinoceros* gen. *indet*，*Elephas* sp. 等，称贺丰（风）三趾马动物群，其地质时代属上新世晚期。

3. 环鄂尔多斯裂陷盆地及下辽河—华北平原坳陷盆地东、南缘的生物组合特征

河套、银吴、渭河、晋中裂陷盆地及豫陕、徐淮、鲁西地层分区诸盆地的第三纪岩石地层，总的为一套含蒸发岩的红色陆相碎屑岩沉积，岩性厚度变化较大，产有哺乳类、爬行类、腹足类、介形类、轮藻及孢粉等化石。由于不同门类生物化石所提供的地质年代时限不尽一致，故仅以哺乳类动物化石为主，简述具代表性的岩石地层单位的生物组合特征、地质年代属性及区域对比情况。

（1）古新世生物组合：河南潭头盆地高峪沟组为区内已知的最老的新生代岩石地层单位，含哺乳类 Bemalambdidae，Mesonychidae，Pseudictopidae，Pastoraledontidae 及孢粉等化石，时代属古新世。所产腹足类及介形类等化石，多数为古新世—始新世常见分子。

（2）早始新世生物组合：潭头盆地潭头组产 Archaeolambdidae 和 Prodinoceratinae，前者个体表现出比古新世进步的特点；山东临朐一带五图群李家崖组产有 *Heptodon niushanensis*，*Homogalax wutuensis* 等；垣曲盆地门里组上部产 *Coryphodon* cf. *dobuensis* 等。它们多为早始新世常见的哺乳类动物化石。与其层位相当的常路组及界首组、土金山组下部，所含介形类及腹足类化石，亦多为早始新世常见分子。

（3）中始新世生物组合：山东蒙阴盆地官庄群常路组产哺乳类化石 *Propalaeotherium sinensis*，*Hyrachyus metalophus*，*Lophialetes* sp.，*Teleolophus shantongensis* 及 *Manteodon flerowi*，*Kuanchuanius shantongensis* 等；河南卢氏盆地张家村组的哺乳动物化石与其相似，另产有 *Uintatherium*，Mesonychidae 等。其中 *Propalaeotherium sinensis*，*Hyrachyus metalophus*，*Uintatherium* 为中新世典型或常见分子。以上两组还产有腹足类及介形类化石，其他盆地与其相当的层位尚产有轮藻化石及孢粉等。

(4) 晚始新世生物组合：河南卢氏盆地卢氏组产哺乳动物化石 Antheracotheriidae，*Eudinoceras* sp.，*Caenolophus*，*Forstercooperia*，*Lushius*，*Lushilagus*，*Tsinlingomys*，*Miacis*，*Heaenodon*，*Paratriisodon*，*Honanodon*，*Rhinotitan*，*Eomoropus*，*Sianodon*，*Lophialetes*，*Breviodon*，*Deperetella*，*Gobiahyus*，*Dichobune* 等。山西垣曲盆地坡底组赵家岭段及小安组西滩段除含有其中的重要分子外，还产有 *Amynodon*，*Teleolophus* 等。以上两组所产化石与内蒙古二连盆地伊尔丁曼哈组和萨拉木仑组的哺乳动物群面貌极为相似。卢氏组及其相当层位还产有介形类、腹足类及孢粉等。

(5) 渐新世生物组合：银吴盆地清水营组下部含哺乳类 *Embolotherim*，*Cricetopa* 等，属早渐新世常见分子；中上部产 *Indricotherium*，*Schizotherium*，*Tsaganomys*，*Cyclomylus*，*Eumeryx*，*Miomeryx*，*Arthaeotherium* 等，为中晚渐新世重要分子。与其层位大致相当的垣曲盆地刘林河组产有介形类、双壳类、轮藻及孢粉等。

(6) 中新世生物组合：渭河盆地的冷水沟组产 *Hispanotherium lintungensis*，*Listriodon lishanensis*，*Oioceros lishanensis*，*Alloptox minor*，*Palaeomeryx* sp.，*Palaeotragus* sp. 等，属中新世哺乳类化石；寇家村组产 *Platybelodon grangeri*，*Lagomeryx complicidens* 等，为中新世晚期代表性哺乳类化石。与这两组层位大致相当的徐淮地区下草湾组产有 *Youngofiber*，*Plesiaceratherium*，*Stephanocemas*，*Dicrocerus*，*Dionysopithecus*，*Micromeryx*，*Stegolophodon* 等。以上哺乳类化石中的部分属种尚见于红柳沟组和洛阳组。

(7) 上新世生物组合：渭河盆地灞河组产 *Hipparion chiai*，*H. weihoensis*，*Shensispira chowi*，*Percocura marcodonta*，*Brachpotherium vivaca*，*Chleuastochoerus stehlini*，多为早上新世较典型的哺乳类化石，称灞河动物群。下土河组、巴漏河组、潞王坟组所含化石与其相似。蓝田组产有 *Hipparion plocodus*，*Gazella gaudryi*，*Cervavitus* sp.，*Chleuastochoerus* sp.，*Dicoryphochoerus medius*，其特征与保德冀家沟动物群相似，时代属晚上新世，其中一些重要属种尚见于小白组。干河沟组、棉凹组、宿迁组亦含有华北上新世常见的哺乳类指示化石 *Hipparion* 等。

4. 下辽河—华北平原坳陷盆地的生物组合特征

本区老第三纪地层具有近海陆相沉积的特点，生物化石十分丰富。石油化学工业部石油勘探开发规划研究院和中国科学院南京地质古生物研究所（1978）将其划分为：介形类 8 个组合 6 个亚组合，腹足类 9 个组合 9 个亚组合，轮藻 3 个组合 3 个亚组合，藻类 5 个组合 11 个亚组合，孢粉 3 个组合 9 个亚组合（表 8-3）。这些生物组合在纵向上可分为三大发展阶段：杉科繁盛，藻类化石稀少，五图真星介发育阶段；栎粉属繁盛，沟鞭藻类发育，华北介极盛阶段；榆粉属繁盛，疑源类发育，东营介极盛阶段。它们在时间和空间上的分布，与孔店组、沙河街组和东营组的沉积旋回依次相当（李应培，1979）。馆陶组和明化镇组的介形类、轮藻、孢粉等化石均为国内外新第三纪常见分子，其地质时代分别属于中新世和上新世。

上述生物组合中，孔店组（房身泡组）、馆陶组和明化镇组所含化石均为淡水陆相属种，而沙河街组和东营组的介形类则为一独特的淡水—半咸水生物群。其特点是半咸水的华北介极为丰富，新属新种大量出现，有的层段还发现有孔虫、德弗兰藻、棘皮动物碎片和海绿石等，说明老第三纪期间，本区曾发生过海泛或海水入侵。

5. 抚顺、梅河、桦甸及五图等地堑聚煤盆地的生物组合特征

抚顺、梅河、桦甸及五图等地堑聚煤盆地的第三纪岩石地层单位，包括老第三纪抚顺群、梅河组、桦甸组、五图群及新第三纪土门子组（马鞍山组）、船底山组、临朐群（牛山组、山

表 8-3 下辽河-华北平原坳陷盆地老第三纪地层多重划分对比表

Table 8-3 The multiple division and correlation of Early Tertiary strata in Xialiaohe - North China plain depressional basins

年代地层		岩石地层		生物组合特征：介形类	轮藻		腹足类	藻类	孢粉	
下第三系	渐新统	东营组		*Dongyingia inflexicostata* 组合 *Chinocythere unicuspidata* 组合	吉兰厚球轮藻—乌尔姆球轮藻组合	*Maedlerisphaera* 亚组合	*Haihenia zhanhuaensis* 组合 *Viviparus xinglongtaiensis* 组合	*Dictyotidium* -*Rugasphaera* 组合	榆粉属高含量组合	*Juglanspollenites* - *Tileaepollenites indubitabilis* 亚组合 *Ulmipollenites undulosus* *Piceaepollenites* 亚组合
		沙河街组	一段	*Phacocypris huiminensis* 组合			*Bohaispira spiralifera* 组合 *Bohaispira supracarinata* - *Gongetia brevirota* 组合	*Tenua* - *Rhombodella* 组合	栎粉属高含量组合	*Meliaceoidites* - *Symplocospollenites* 亚组合
	始新统		二段	*Camarocypris elliptica* 组合		*Charites producta* 亚组合	*Tulotomoides terrassa* 组合	*Campenia* - *Camasphaeridium* 组合		*Ephedripites* - *Rutaceoipollis* 亚组合 *Taxodiaceaepollenites elongatus* - *Alnipolllenites* - *Polypodiaceaesporites* 亚组合
			三段	*Huabeinia chinensis* 组合		*Shandongochara profunda* 亚组合	*Liratina tuozhuangensis* 组合	*Bohaidina* - *Parabohaidina* 组合		*Quercoidites microhenrici* - *Ulmipollenites* 亚组合
			四段	*Austrocypris levis* 组合 *Cyprinotus igneus* 组合	*Gyrogona qianjiangica* - *Obtusochara jianglingensis* 组合		*Sinoplanorbis sinensis* 组合 *Lymnaea binxianensis* 组合	*Deflandrea* - *Campenis* 组合	杉粉高含量组合	*Ephedripites* - *Ulmoideipites tricostatus* - *Pterisisporites* 亚组合
	古新统	孔店组	房身泡组	*Eucypris wutuensis* 组合	*Peckichara wutuensis* - *Neochara sinuolata* 组合		*Physa changleensis* 组合			*Ephedripites* - *Ulmoideipites tricostatus* - *Deltoidospora regularis* 亚组合 *Aquilapollenites spinulosus* - *Betulaceae* - *Deltoidospora* 亚组合

注：据石油化学工业部石油勘探开发规划研究院、中国科学院南京地质古生物研究所有关资料简化。

旺组、尧山组），其相应层段可大致对比。

抚顺群老虎台组和栗子沟组的孢粉组合特征基本相似，含有 *Betulaepollenitus - Paraalnipollenites* 组合（刘牧灵，1990），时代属古新世，为华北地区已知的较为确切的新生代最老岩石地层单位之一；古城子组含有 *Alnipollenites - Pistillipollenites - Quercoidites* 组合（辽宁省地质矿产局，1997），时代属早始新世；计军屯组和西露天组的孢粉组合亦相似，为 *Ulmipollenites - Caryapollenites - Cupuliferoidaepollenites* 组合（辽宁省地质矿产局，1997），时代属中、晚始新世，这个组合的主要分子还见于下辽河地区的沙河街组四—三段。耿家街组孢粉有 Meliaceae，Juglandaeceae，*Ulmus* 等，属渐新世。

上述孢粉植物群以落叶、阔叶草木为主，早期有不少古老植物，晚期则大部分消失（洪友崇，1980）。计军屯组和西露天组中还含有大量植物、昆虫、介形类、叶肢介以及鱼、龟等化石。

山东临朐、昌乐一带，五图群李家崖组上含煤段的下部产 *Homogalax wutuensis*，上部采到 *Heptodon niushanensis*，*Anosteria shantungensis* 及 *Coryphodon* 等。*Homogalax* 和 *Heptodon* 为早始新世最原始的貘类（周明镇等，1965）。本组介形类与孔店组二段的五图真星介组合近似或相当，其时代属早始新世。考虑到五图群和抚顺群的特征基本相似，故暂将其置于始新世。

山旺组为一套含硅藻土并夹多层玄武岩的湖相碎屑岩沉积，中部硅藻土层中产极其丰富的脊椎动物（哺乳类、爬行类、鸟类、鱼类、两栖类、昆虫等）化石。该组植物群包括苔藓、蕨类、裸子植物及大量的双子叶植物，孢粉组合与植物化石所反映的植物群面貌基本一致；硅藻植物群为 *Melosira granulata - M. granulata* f. *Curvata* 组合，以直链藻属占绝对优势。山旺组的地质时代属中中新世。吉林省永吉县三官地土门子组（马鞍山组）所产化石属种及硅藻植物群与该组基本相同。

从采自玄武岩的 K - Ar 测年数据来看，牛山组平均值为 18.87Ma，山旺组大于 13Ma，土门子组为 13.4Ma，三者均在中新世时限之内；船底山组（吉林三台、白金）为 4.21Ma，尧山组为 4.34Ma，属上新世时限范围。

（二）第四纪岩石地层单位的年代属性

晋冀鲁豫地层区第四纪岩石地层、生物地层、磁性地层、年代地层的多重划分对比结果及与洞穴堆积、阶地堆积、冰川—冰水堆积、海相层、古文化层、古气候—侵蚀间断面等地层事件间的相互对应关系如表 8 - 4 所示。

1. 晋陕地区黄土地层的生物组合及磁性特征

黄土地层中产出的化石一般比较零星，已发现的哺乳动物化石以啮齿类和食草类占优势，象、犀牛和水牛喜暖喜水的动物罕见。它们构成了一个独特的动物区系，刘东生（1985）称其为“黄土动物群”，其中：午城组下部产 *Myospalax omegodon*，*Sinocricetus zdanskyi*，*Proboscidipparion sinensis* 等，以含有第三纪残留种并出现早更新世早期特有的种属为其特征；上部产 *Myospalax arvicolinus*，*M. chaoyatseni*，*Ochotonoides complicidens* 等早更新世晚期常见分子，以出现许多有代表性的鼢鼠为特征。离石组下部产 *Myospalax tingi*，*M. minor*，*Ochotonoides complicidens*，*Megaloceros pachyosteus*，*Cervus grayi* 等中更新世早期特有或具代表性化石，为黄土区哺乳动物最繁盛时期；上部产 *Myospalax fontanieri*，*Megaloceros pachyocteus* 等，种属十分单调。马兰组产 *Myospalax fontanieri*，*M. Psilurus* 和 *Struthis anderssoni*

表 8-4 华北晋冀鲁豫地层区新第三纪上新世—第四纪地层多重划分对比表

Talbe 8-4 The multiple division and correlation of Late Tertiary-Pliocene-Quarterary strata in Shanxi-Hebei-Shandong-Henan stratigraphic region, North China

年代地层 系	年代地层 统		岩石地层 泥河湾	银吴	渭河	黄土高原	晋中	豫西	华北平原	鲁西	吉林	磁性地层 极性带	极性亚带	极性柱	同位素年龄时限(Ma)	气候期	海进分期	古人类	古文化（遗址）	哺乳动物群
第四系	全新统			灵武组	半坡组	亲戚沟组	沱阳组 选仁组		岐口组 高湾组 杨家寺组	沂河组 临沂组 黑土湖组	金龙顶组 四海组 冰场组	布容正极性带			0.01	冰后期	天津海进	现代人	铁器时期 青铜器时期 新石器时期	
第四系	更新统	上亚统	迁安组	水洞沟组 萨乌苏拉组	乾县组	马兰组	峙峪组 丁村组	会兴镇组	欧庄组	大站组 大埠组	南坪组 二道岗组	布容正极性带	拉尚 布莱克		0.02 0.03 0.12 0.14 0.15	Ⅳ间冰期 Ⅳ(大理)冰期 Ⅲ—Ⅳ间冰期 Ⅲ(庐山)冰期	沧州海进 (海退) 献县海进 白洋淀海进 (海退)	山顶洞人 河套人 丁村人	旧石器时代 晚期：山顶洞文化 旧石器时代 中期：萨拉乌苏文化、丁村文化	山顶洞动物群 萨拉乌苏动物群 丁村动物群
第四系	更新统	中亚统	小渡口组	贺兰组	泄湖组	离石组	匼河组	陕县组	杨柳青组	羊栏河组 于泉组	白头山组 布老克组	布容正极性带			0.73	Ⅱ—Ⅲ间冰期 Ⅱ(大姑)冰期	黄骅海进 (海退)	北京人 蓝田人	旧石器时代 早期：北京人文化	周口店动物群 陈家窝子动物群 公王岭动物群
第四系	更新统	下亚统	泥河湾组	银川组	阳郭组 三门组	午城组	木瓜组 大沟组	三门组	固安组	小埠岭组	军舰山组 四等房组	松山反极性带	贾拉米洛 奥尔杜威 留尼旺		0.90 0.97 1.67 1.87 2.14 2.48	Ⅰ—Ⅱ间冰期 Ⅰ(鄱阳)冰期	海兴海进 (海退)		旧石器时代 早期：西侯度文化 小长梁文化	泥河湾动物群
上第三系	上新统		石匣组	干河沟组	蓝田组 灞河组	静乐组 保德组 芦子沟组	小白组 下土河组	大安组 潞王坟组	明化镇组	巴漏河组	船底山组	高斯正极性带 吉尔伯特反极性带	凯恩纳 马默思 柯奇蒂 努尼瓦克 西杜亚尔 斯瓦拉		2.92 3.15 3.40 3.92 4.25 5.20	冰前期	海进 (海退) 海进			贺风（游河、东窑子头）动物群 保德冀家沟动物群 灞河动物群

等，化石中 *Myospalax psilurus* 为晚更新世才出现的种属。

陕西洛川黄土剖面的古地磁研究成果表明（安芷生，1977）：马兰黄土和离石黄土为布容正向期，午城黄土为松山反向期，午城黄土中一组密集的古土壤组合记录了贾拉米洛事件，底部可能为奥尔杜威事件。后来又相继在几个黄土剖面的下部发现了留尼旺亚时极性异常（张宗祜，1987）。黄土堆积厚度最大的甘肃平凉西峰镇等地，黄土底界之上有一段正向极性亚带，被解释为留尼旺极性亚时；河南陕县张卞塬黄土剖面中发现有奥尔杜威亚时的正极性段，而未发现留尼旺亚时极性异常的存在（岳乐平，1985）；山西隰县午城镇黄土底界仅位于松山极性时的上段（孙建中，1987）；吴旗剖面黄土底界则在贾拉米洛亚带之上（张宗祜，1987）。这说明各地黄土起始堆积的时间是不等时的，还说明黄土堆积物与上新世“三趾马红土”（静乐组）之间的磁性记录欠完整，即二者之间存在沉积间断。这种间断在离石组/午城组及马兰组/离石组之间同样存在。

磁性地层学的研究成果还表明，更新统中亚统/更新统下亚统的分界为古地磁布容/松山极性时转换面。这一分界面在洛川黄土剖面上位于 S_7/L_8 之间（S—古土壤，L—黄土层）（Nishida 等，1985）。S_7 层的 ESR 测年结果 0.736Ma，B. P.（金嗣炤等，1988）支持了这一结论。更新统中亚统顶界在洛川黄土剖面位于 S_1/L_2 之间，S_1 的热发光年龄为 0.11Ma，B. P.（Nishimura 等，1985），这一界面与布容正极性世的布莱克事件（0.12～0.14Ma，B. P.）大致相当。

综合哺乳类化石组合特征及磁性地层资料可以看出，本区午城组、离石组、马兰组分别属于早、中、晚更新世的堆积产物，其年代地层为更新统下亚统、中亚统及上亚统。需要说明的是，午城组的起始沉积年代（底界）比本书采用的第四系下限（松山/高斯极性转换面，年代2.48Ma，B. P.）偏新。

2. 鄂尔多斯周缘地区第四纪地层的生物组合及磁性特征

（1）上新世晚期东窑子头动物群（游河动物群）及早更新世泥河湾动物群　阳原—蔚县盆地最早命名的“泥河湾组”（Barbour，1924），指的是“蓬蒂期之后，马兰黄土之前的河湖相地层”。1948 年第 18 届国际地质大会以后，我国长期沿用的“泥河湾组”为含有相当于欧洲维拉方期动物群的一套地层。其下部为显绿色的湖相沉积，上部以黄色色调的河湖相为主。松山/高斯（M/G）极性转换面恰好位于这两部分之间。该组下部新发现有 *Lunx vaviabilis*，*Zygolophodon* sp.，*Hipparion* cf. *houfenense*，*Paracamelus* sp.，*Antilospira yuxianensis*，*Proboscidipparion sinense* 等上新世晚期至早更新世早期的哺乳动物化石，汤英俊、计宏祥（1983）称之为“东窑子头动物群”，其性质介于“三趾马动物群”和“泥河湾动物群”之间，可与欧洲维拉方早期的 Etouaires 动物群对比，极性特征属高斯正极性带上段，时限 3.01～2.48Ma。该组上部原已采到丰富的脊椎动物化石，其特点是既有一定数量的 *Proboscidipparina sinensis*，*Nestrotitherium* sp. 等上新世残留的分子，又含有大量的 *Equus sanmeniensis*，*Eucladoceros boulei*，*Elaphurus bifurcatus* 等第四纪新出现的较进步的类型，仍称为泥河湾动物群，与欧洲的维拉方中晚期相当，极性特征属松山反极性带，时限 2.48～0.73 Ma，B. P.。可见，泥河湾组的地质年代属上新世晚期—早更新世。

渭河盆地的三门组按岩性亦可分为下部的“绿三门”和上部的“黄三门”。前者产“游河动物群”（薛祥熙，1981），与“东窑子头动物群”可以对比，属高斯正极性带；后者所产化石则多为“泥河湾动物群”中的典型分子，属松山反极性带。二者的植物群面貌也截然不同。晋中盆地的大沟组与木瓜组及榆社盆地的楼则峪组与小常村组之间亦存在类似的情况。可见以上这些岩石地层单位在岩性、生物化石及磁性特征等方面，均可分为两部分。鉴于泥河湾组和三门组沿用已久，而且内部存在有极其重要的磁性地层和年代地层界限，因此究竟是把它们升组为群，还是组内分段，尚待进一步研究。

（2）中更新世公王岭动物群、陈家窝子动物群及周口店动物群　本区中更新世地层发育程度及连续性较差。渭河盆地含有公王岭动物群和陈家窝子动物群的泄湖组由互不连接的两部分岩性组成（陕西省地质矿产局，1989），而产有北京直立人化石的周口店组则为洞穴堆积。

公王岭动物群：产于泄湖组下部，含有著名的蓝田人（*Homo erectus lantianensis*）头盖骨化石，主要成员有 *Megamacaca lantianensis*，*Leptobos brevicornis*，*Megantereon lantianensis*，*Dicerorhinus lantianensis*，*Sinoomegaceros konwanlinensis*，*Capricornis sumatraensis*，*Ailuropoda melanoleuca fovealis*，*Stegodon orientalis*，*Nestoritherium sinense*，*Tapirus sinensis*，*Hyaena sinensis* 等（陕西省地质矿产局，1989）。其特点是缺失第四纪早期的典型代表，而与产北京人的周口店组动物群比较接近，但其中的现生种较少，公王岭大角鹿在进化上要比周口店大角鹿原始（胡长康等，1978）。公王岭人的生活年代为 0.85Ma，B. P.（古地磁，马醒华等，1978）。

陈家窝子动物群：产于泄湖组上部，含有蓝田人（*Homo erectus lantianensis*）下颌骨化石，主要成员有 *Elephas* sp.，*Cuon* sp.，*Lepus wongi*，*Hystrix* sp.，*Bahomys hyposodonta*，*Sinomegaceros* sp.，*Sus lydekkeri*，*Myospalax fontanieri* 等（陕西省地质矿产局，1989）。其多数分子与公王岭动物群相同，但也出现不少中、晚更新世的分子（胡长康，1978）。陈家窝子人的生活年代为 0.65Ma，B.P.（古地磁，马醒华，1978）。

周口店动物群：化石集中层位为北京猿人洞（周口店第一地点）周口店组的第1～11层。含中外闻名的北京直立人（*Homo erectus pekinensis*），代表性的哺乳动物有 *Palaeloxodon* cf. *namadicus*，*Dicerorhinus* cf. *merckii*，*Megaloceros pachyosteus*，*Coelodonta* sp.，*Ursus* cf. *spelaeus*，*Hyaena brevirostris sinensis*，*Felis young* 等，除含有早更新世即已出现并延续下来的 *Megantereon*，*Trogontherium cuvieri* 等，还有大量的啮齿类等动物化石。这是一个典型的中更新世动物群，比前述的蓝田公王岭和陈家窝子动物群稍晚一些。北京人的生活年代为 0.23～0.60Ma，B. P.（裂变径迹法，郭仕伦等，1981；铀系法，赵树森等，1980；ESR 法，黄培华，1991；热释光法，裴静娴，1979）。周口店组的底界恰好位于古地磁布容/松山极性转换面上（0.73Ma），顶界为0.23Ma，B. P.（U 系年龄），其上尚有中更新世末期约 10 万年左右的地层；见于产"新洞人"化石的新洞堆积中（顾玉珉，1978）。

（3）晚更新世丁村动物群、萨拉乌苏动物群及山顶洞动物群　丁村动物群：山西襄汾县境内汾河沿岸分布的晚更新世河湖相地层丁村组，发现有中国北方早期的智人化石（*Dingcun man*）和旧石器。该组除含有鱼、龟鳖类、软体动物外，哺乳类化石主要有 *Myospalax fontanieri*，*Equus przewalskyi*，*E. hemionus*，*Megaloceros ordosianus*，*Elephas* cf. *indicus*，*Bos primigenius*，*Palaeoloxodon* cf. *tokunagni*，*Rhinoceras mereki* 等，称丁村动物群。该动物群中的多数分子为中国北方晚更新世动物群的重要成员，故丁村组的时代属晚更新世（裴文中等，1958；尤玉柱等，1981；黄万波等，1991），丁村遗址的年代约距今 10 万年左右（尤玉柱，1981）。而从采自丁村剖面的丽蚌的电子自旋共振（ESR）年龄测定结果（自下而上分别为 11.4、9.7、8.4 和 7.5 万年）来看，该组的时代确定为晚更新世早期较为合适（郑家坚等，1992）。与之同期的堆积物有迁安组等。

萨拉乌苏动物群：萨拉乌苏组乃我国北方晚更新世具代表性的层位，为一套含有河套人和萨拉乌苏动物群的河湖相地层。萨拉乌苏动物群的绝大多数分子为晚更新世常见种类，其灭绝种类的比例远低于丁村动物群而较高于山顶洞动物群，其时代应属晚更新世中晚期。1976年袁宝印将萨拉乌苏组分为上、下两部分，董光荣（1983）在此基础上将其上部另建城川组，其下部仍称萨拉乌苏组，本次地层划分对比研究沿用这两个地层名称。修正后的萨拉乌苏组所含哺乳动物化石主要有：*Palaeoloxodon* cf. *namadicus*，*Coelodonta antiquitalis*，*Camelus knoblochi*，*Megaloceros ordosianus*，*Spirocerus kiakhtensis*，*Bubalus wansjocki*，*Bos primigenius*，*Crocuta ultima* 等（内蒙古自治区地质矿产局，1991），其文化层^{14}C年龄值为37 500±1 900a，B. P.（黎兴国等，1984）；城川组含 *Coelodonta antiquitalis*，*Equus* cf. *Prewalskyi*，*Bos primigenius* 等（内蒙古自治区地质矿产局，1991），其上部的^{14}C年龄值为 27 940±600a，B. P.（黎兴国等，1984；李保生等，1987）。城川组的地质时代与马兰组相当，同期的堆积物尚有水洞沟组等。

山顶洞动物群：北京山顶洞遗址是我国北方晚更新世具有代表性的洞穴堆积。山顶洞组发现有现代智人（*Homo sapiens sepiens*），哺乳动物化石有 *Canis lupus*，*Nyctercutes procynoides*，*Ursus spelaeus*，*Crocuta ultima*，*Rhinoceros* sp.，*Equus hemionus*，*Elephas* sp. 等，称山顶洞动物群。其特点是绝灭种类所占比例甚少，食肉类则占较大优势。山顶洞人和山顶洞文化层经^{14}C测定，其年龄值为 18 865±420a，B. P.（陈茅南，1988）。山顶洞组的时代归于晚更新世晚期。

关于晚更新世动物群的年代属性，袁宝印等将丁村动物群、萨拉乌苏动物群、山顶洞动物群分别视为庐山冰期、庐山—大理间冰期及大理冰期的动物群。对此意见目前仍有争议。看来丁村组、萨拉乌苏组等岩石地层的年代属性，尚需积累更多的年代学资料予以确定。

3. 华北平原第四纪地层的生物组合及磁性特征

华北平原的第四纪地层，河北省地质局水文地质研究室（1976）将其划分为更新世固安组（上、下段）、杨柳青组（上、下段）、欧庄组（上、中、下段）及全新世杨家寺组、高湾组、岐口组。各组虽含有孢粉、介形类、有孔虫、软体及腹足类等化石，但资料甚少。据河北省地质矿产局（1989）提供的^{14}C测年资料，岐口组、高湾组、杨家寺组的年龄值分别为距今 1 080～2 530a、2 530～8 500a、8 100～11 850a 之间，欧庄组上段的年龄值为距今 11 180～40 000a 之间；平原区 10 个钻孔的古地磁测定结果表明：布容/松山界限大致在欧庄组底界附近，松山世奥尔杜威事件的底界相当于杨柳青组的底界，松山/高斯的界限位于固安组上、下段的分界处，高斯世的凯恩纳和马默思事件的界限大致相当于固安组的底界。根据上述化石组合，^{14}C测年数据及古地磁资料，本次地层划分对比研究将固安组下段归于新第三纪上新世，固安组上段和杨柳青组归于早更新世，欧庄组归于中、晚更新世，杨家寺组、高湾组、岐口组归于全新世。由上可见，第三系与第四系的界线应位于固安组的上段与下段的分界处。

4. 胶辽地区第四纪火山岩及测年资料

胶辽地区第四纪火山活动频繁，且与黄土及阶地堆积物等互相叠置，其岩石地层序列可以吉林省长白山地区为代表。该区所划分的第四纪岩石地层单位中，除老黄土（离石组）上部和新黄土（马兰组）发现有哺乳动物化石及孢粉外，其他各组生物资料甚少。据吉林省地质矿产局（1989）提供的同位素测年资料，军舰山组玄武岩的 K－Ar 法（全岩）表面年龄值为 2.77±0.03Ma 和 2.77±0.12Ma；白头山组粗面岩中的歪长石经 K－Ar 法测定，其年龄值下部为0.661±0.015Ma，中部为 0.442±0.015Ma，上部为 0.210±0.04Ma；南坪组玄武岩经^{14}C测年，其值为 1 120±90a（1978 年测）。根据火山岩、黄土及阶地堆积物的相对层位关系，可将四等房组、军舰山组归于早更新世；老黄土（离石组）及相互叠覆的大椅子山组、白头山组归于中更新世；二道岗组、南坪组、新黄土（马兰组）归于晚更新世；冰场组、四海组及金龙顶子组归于全新世。

三、新生代沉积盆地演化及地球动力学机制

华北地区在经历了中生代末期的隆起剥蚀之后，新生代期间进入了一个新的裂陷旋回。强烈的裂陷作用形成了环鄂尔多斯地堑盆地、下辽河—华北平原坳陷盆地及渤海湾周缘地堑型聚煤盆地，它们的形成和演化奠定了本区基本的构造格局，并受控于统一的地球动力学背景。

（一）新生代盆地与构造-沉积环境

1. 环鄂尔多斯地堑（裂陷）盆地

鄂尔多斯中生代大型坳陷盆地周缘，新生代期间于南、北西侧分别发育了近东西向的渭河、河套地堑盆地，东、西两侧则发育近南北向的晋中、银吴裂陷盆地。这些具大陆裂谷性质的地堑、半地堑及箕状断陷盆地，控制了鄂尔多斯周缘地区新生代的沉积。

河套盆地是在中生代鄂尔多斯盆地北缘发育起来的，其基底为固结程度较高且较稳定的地块。新生代期间，该盆地强烈坳陷，发育一套棕红色—杂色的河湖相堆积，沉积厚度达6 000～7 000 m。该盆地轴向呈近东西向展布，形态为北断南超、北深南浅的“箕”状，并具有东西向的沉积相带和东薄西厚的沉积厚度，盆地北缘还自东而西形成呈雁行排列的呼和浩特、乌拉特、临河和吉兰泰四个次级沉积中心；渭河盆地则是新生代以来华北地台南缘与秦岭造山带北缘之间形成的沉积类型复杂的半地堑盆地。该盆地位于地壳变薄且上地幔相对隆起的部位，其基底自南而北依次为太古宙、元古宙变质岩系及上元古界—古生界，盆地形态呈南深北浅、南陡北缓、南断北翘的“箕”状。盆地内第三纪地层为厚达 7 000 m 以上的红色含蒸发岩河湖相堆积，第四纪地层亦以河湖相为主，最大厚度在 2 000 m 以上。对环鄂尔多斯地堑系来说，渭河盆地的南俯北仰、南断北超和河套盆地的北俯南仰、北断南超这样的构造—沉积格局，乃是鄂尔多斯地块差异升降、掀斜及扭转滑动的结果（图 8-2）。

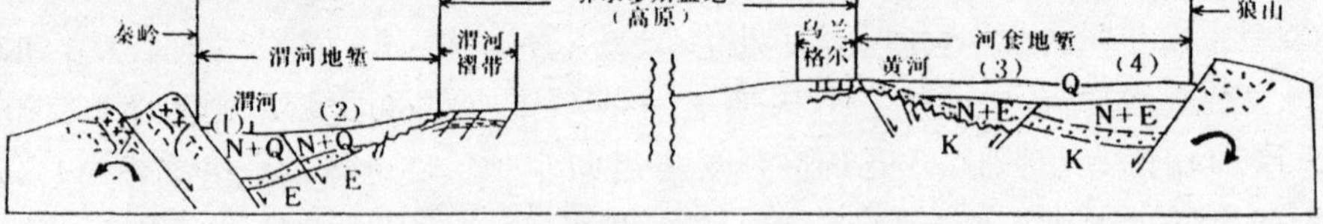

图 8-2　鄂尔多斯地块南北两端地堑盆地对称发育示意图

（据孙肇才，1983）

Fig. 8-2　The graben type basins developed symmatrically on south end and north end of Ordos massif

（1）南集贤深陷；（2）桑镇浅陷；（3）巴拉亥浅陷；（4）五原深陷

银吴和晋中盆地是在古生代基底上发育起来的。前者轴向近南北，形态东缓西陡，下第三系主要发育在被断裂所夹持的深部凹陷区内，上第三系和第四系则自深陷部位向两侧超覆，总体为一套山麓相、河湖相及咸化、半咸化泻湖相红色含石膏细碎屑沉积，最大厚度达

7 000 m。后者为晚新生代渭河盆地向山西境内延伸的结果，盆地呈雁行状斜列，其范围与幔隆区一致，实为一条由NEE、NNE向凹陷与凸起相间排列的断陷带；自南而北的运城、临汾、太原、忻定等盆地呈掀斜的“箕”状，盆缘多被断裂所围限；盆地内部靠断裂一侧裂陷最深，中心地带以河湖相堆积为主，晚新生代沉积总厚度达2 000～3 000 m（图8-3）。总之，晋中裂陷盆地是晚新生代上新世以来，在边断裂、边下陷的构造-沉积背景中接受沉积的。伴随着晋中裂陷盆地的形成和发展，鄂尔多斯周缘盆地的沉陷作用也相应增强。

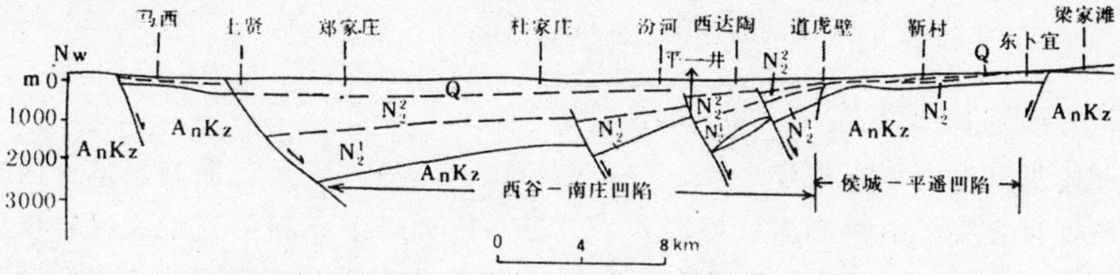

图8-3　晋中晚新生代裂陷盆地上贤—东卜宜构造剖面图

（据山西省地质矿产局，1989）

Fig. 8-3　The Shangxian-Dongboyi structure cross profile through late Cainozoic rift-subsidence basins in central Shanxi region

AnKz--前新生界

综上所述，由河套、银吴、渭河、晋中断陷盆地组成的环鄂尔多斯地堑系，是一个发育在中生代隆起背景之上，且具有复杂沉积类型和巨大沉积厚度的盆地类型。该地堑系受新构造运动体制的控制，总体构成一个复式半地堑，为晚新生代地壳差异升降和引张裂陷联合作用的结果。

2. 下辽河—华北平原坳陷盆地

燕山构造旋回结束后，本区地壳曾稳定过一个短暂的阶段。自始新世起，强烈而持续的坳陷作用，形成了规模巨大的下辽河-华北平原裂谷系。它的形成、发育和衰亡过程，直接影响着华北地区新生代地质发展演化史的总趋势。

老第三纪起，本区因地壳拉张破裂首先形成了为数不多的断陷盆地。初期沉积的孔店组主要为红色陆相碎屑岩夹含煤岩系，伴有大陆拉斑玄武岩或碱性玄武岩喷溢。沙四段至沙三段、沙二段至沙一段及东营组分别经历了浅湖相→深湖相→浅湖相→河流相的沉积演化过程，其早期裂陷阶段，盆地曾与海域沟通，沉积了一套包括蒸发岩在内的红色细碎屑岩组合，并发育有生物礁灰岩；强烈裂陷阶段，盆地水域更为广阔，形成半深湖—深湖体系，发育有湖相三角洲、浊积岩（具明显的滑塌构造特征）体系及暗色细碎屑岩、油页岩组合，基性玄武岩喷溢亦时有发生。新第三纪至第四纪盆地进入坳陷阶段，沉积物以河湖相为主，早期馆陶组的底部砾岩覆盖了几乎所有的老第三纪地层，并超覆在其他更老地层之上；晚期明化镇组属洪泛平原或间歇性浅水湖环境，并多处发现海相生物沉积夹层；第四纪以河湖相夹海相沉积为主。以上各阶段岩石组合反映了裂谷盆地张裂、沉陷、衰亡的演化过程，每一阶段的沉积物又都被不整合面或较大的沉积间断所隔开（图8-4）。

坳陷盆地内老第三纪火山喷发强烈，以裂隙式喷溢为主，空间上受断裂控制明显，具海底喷发性质，属大洋橄榄拉斑玄武岩系列。基性玄武岩喷溢多发生在生油岩系沉积之前，其

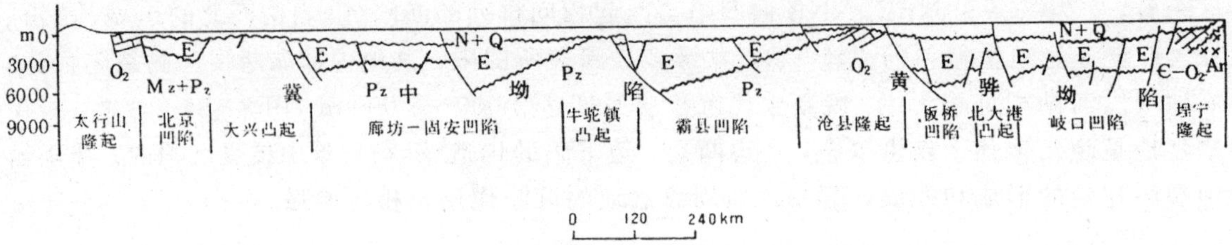

图 8-4 华北平原新生代坳陷构造剖面图

(据关绍曾等，1996)

Fig. 8-4 The structure cross profile through Cainozoic depressional basins in North China plain

中晚古新世—始新世火山喷溢规模较大，分布面积广，堆积厚度大；而渐新世火山喷发岩除玄武岩外，还发育有层火山角砾岩和层凝灰岩，分布较为局限；新第三纪玄武岩仅见于黄骅坳陷中，以碱性玄武岩为主，属大陆碱性玄武岩-拉斑玄武岩系列；第四纪火山活动已大大减弱，且以过碱性玄武岩喷发为主。以上各阶段火山喷发表现了由强到弱，由溢流到爆发及随着时间变新玄武岩碱质含量升高的演化趋势，这同本区所处的裂谷体系的构造-沉积环境是一致的。

从上面分析可以看出，本区裂谷盆地的形成和发展，具有明显的旋回特征：张裂期以水平拉张为主，裂谷湖盆沿断裂开始形成，沉积有红色陆相碎屑岩、蒸发岩，并夹有煤层，伴有强烈的基性玄武岩喷发；沉陷期裂谷张裂深陷，盆地内部“垒”、“堑”相间，湖盆深而湖面广，且时有海泛发生，发育有湖相三角洲、浊积岩及暗色细碎屑岩、油页岩组合，局部地段尚发育有生物礁灰岩，玄武岩喷溢亦时有发生；收敛期以挤压作用为主，蠕散作用减弱，湖盆范围缩小，沉积物为河湖相红黄色砂砾岩、杂色泥岩等。可见，本区新第三纪基本上处于拉张、沉陷为主的区域构造背景中，而新第三纪断裂构造差异活动大大减弱，早期形成的盆地群逐步连通并归于一体。

3. 胶辽地块边缘地堑型聚煤盆地

新生代期间，抚顺—密山岩石圈断裂多次强烈活动的结果，在中生代胶辽隆起的基底上发育了受深大断裂控制的抚顺、梅河、桦甸等地堑聚煤盆地。郯庐断裂附近的黄县（今龙口市）和昌乐五图等地，也形成了受断裂控制的小型盆地。这些盆地老第三纪沉积了一套含煤和油页岩的陆相碎屑岩，岩相和厚度变化较大。各盆地大致经历了初期的下陷（粗碎屑岩及火山喷发岩组合）、中期的湖盆扩张（含煤岩系夹油页岩及绿色细碎屑岩组合）及晚期的湖盆淤浅收缩（杂色或棕红色碎屑岩组合）的演变过程。新第三纪时，吉林的长白山区和山东的临朐、昌乐等地，还发育有含硅藻土的湖相碎屑岩沉积（土门子组及山旺组）。

区内新生代火山活动频繁，伴随上地幔的上拱作用，沿断裂带发生有多次基性火山喷发，大致可分为7个喷发旋回。老第三纪火山喷发主要发育在抚顺盆地含煤岩系底部，以溢流相为主，夹凝灰岩，属大洋拉斑玄武岩系列；新第三纪时，长白山等地沿断裂带喷发的玄武岩呈线状或串珠状分布，其岩性以橄榄玄武岩为主，属大陆碱性玄武岩系列。区内新生代玄武岩中常见有橄榄岩深源包体，说明玄武岩浆直接来源于上地幔。

从岩性序列看，含煤岩系堆积于玄武岩喷溢之后，反映聚煤盆地具地堑性质，为区域断裂引张作用的结果。这从一个侧面说明新生代期间胶辽地块位于大陆边缘扩张的构造-沉积环境中。

（二）新生代盆地演化及地球动力学条件

沉积盆地是沉积作用的主要场所，盆地的结构类型和沉降方式反映了特定的构造-沉积背景，并提供其形成和演化特征等方面的信息。现代的盆地概念是建立在全球构造基础上的，因此盆地分析必然要涉及控制盆地形成和发育的构造背景、盆地所在的地壳（基底）类型、盆地相对板块边缘的位置、盆地深部结构及沉积过程中板块相互作用机制（大洋启开和闭合的威尔逊旋回）等方面的内容。尽管现在多数盆地都能够用板块边缘或板块内部的过程予以解释，但地球动力学的内涵毕竟极其广泛，从单一的地层学角度很难对其进行全面的探讨，故下面仅对此做一概略分析。

（1）华北地区在经历了白垩纪末的隆起剥蚀之后，第三纪进入了强烈的裂陷阶段。岛弧边缘海型大陆边缘的出现，使得本区大致以太行山为界，分为东部的相对沉降区和西部的相对隆起区。前者处于拉张沉降环境，盆地由早期的断陷小盆发展成为后期的坳陷大盆；后者处于挤压隆升状态，盆地范围总体趋于缩小。新生代期间，尤其是新第三纪以来，印度板块与欧亚板块相互碰撞的结果，使得夹持在喜马拉雅与环太平洋构造域之间的晋陕地块周缘发生破裂，相继发育了河套、银吴、渭河及晋中等具大陆裂谷性质的半地堑"箕状"盆地。可见，下辽河-华北平原裂谷盆地及环鄂尔多斯地堑系的发育和演化，与西太平洋板块对欧亚大陆东部边缘的俯冲以及印度板块对欧亚大陆的推挤密切相关。

(2)新生代期间，华北地区总的构造格局是形成下辽河-华北平原裂谷盆地系统和晋陕、胶辽隆起地块。前者莫霍面埋深 34～38 km，地壳厚度 33～36 km；后者莫霍面埋深 42～46 km，地壳厚度 41～44 km。其总的趋势是太行山以东地区莫霍面埋深较高，地壳厚度相对较薄，处于上地幔隆起带和地壳薄弱带之上。这一构造格局是西太平洋板块、印度板块与欧亚板块相互作用并使地壳拆离、扩张、蠕散的结果。

（3）下辽河-华北平原裂谷系具大陆裂谷性质，是在离散的构造背景上发育起来的，极盛期为老第三纪始新世—渐新世，由成带分布的次级凹陷组成，并受引张性质的基底断裂(NNE—NWW）控制；晋陕地块于老第三纪始新世时，首先沿其边缘部位发生裂陷，并于北、西、南三面分别形成河套、银吴、渭河半地堑裂陷盆地。这些盆地下陷幅度很大，新构造运动期间下陷尤为强烈。至新第三纪，晋中裂陷盆地形成，并与渭河盆地连通。总的看来，环鄂尔多斯地堑系的形成和发展经历了老第三纪、新第三纪及第四纪三个演化阶段，其中晋中裂陷带的发育为晚第三纪晋陕地块最突出的裂陷事件。

（4）下辽河-华北平原裂谷系总体呈 NNE 向展布，两侧分别被紫荆关断裂带和郯庐断裂带所夹持，其内部发育掀斜明显且呈"箕"状形态的次一级裂陷盆地，并构成"垒"、"堑"组合；环鄂尔多斯裂陷盆地则属半地堑盆地，亦呈"箕"状形态。这些裂陷盆地的共同特征是岩相厚度变化大，且受规模不一的同生断裂的控制，说明它们处于拉张引力的构造环境中。

（5）裂谷盆地沉积的重要特征是沉积物的成分和结构的成熟度均差，沉积厚度巨大，岩相和厚度变化剧烈，以及裂陷盆地扩张早期有基性火山喷发等。区内裂陷盆地可分别形成：①玄武岩-红色陆屑岩-蒸发岩-煤-油页岩组合类型，华北-下辽河裂谷盆地属之；②玄武岩-红色陆屑岩-煤-油页岩组合类型，抚顺、梅河、桦甸、五图、黄县等盆地属之；③红色陆屑岩-蒸发岩组合类型，鄂尔多斯周缘、苏鲁皖、豫皖等盆地属之。

（6）本区老第三纪玄武岩主要分布在下辽河、渤海湾和华北平原，其范围与地幔隆起中心一致，以裂隙式喷溢为主，岩性主要为拉斑玄武岩，仅下辽河和济阳凹陷为碱性玄武岩；新第三纪玄武岩分布于张北、汉诺坝、丰镇、围场、平定、昔阳、蓬莱、昌乐、临朐、鹤壁等地，以碱性玄武岩为主，伴有拉斑玄武岩；第四纪火山活动较弱，仅吉林长白山、山西大同、山东无棣、蓬莱等地有所分布，岩性为碱性—强碱性玄武岩，属中心式喷发。晚新生代碱性玄武岩中往往含有幔源捕虏体。区内新生代火山岩的分布和火山口的排列方向与断裂带走向基本一致，受断裂控制明显。另外，玄武岩的成分受地壳混染程度小，为地幔部分熔融的产物。

以上简单介绍了本区裂谷及裂陷盆地的深部构造、形态结构、沉积组合、沉陷幅度及发育阶段等特征。这些特征与新生代期间西太平洋及其边缘因裂解作用而形成的裂陷—引张型动力学体系密切相关。裂陷作用受控于区域应力场，而区域应力场又是与深部动力学条件和边界地质条件密切相关的。老第三纪时，太平洋板块俯冲速率较慢，俯冲方向由中、晚侏罗世的NNW向转向NWW向，印度板块与欧亚大陆地壳碰撞所产生的挤压应力也波及本区，亚洲大陆东部边缘因而发生裂解，形成垂直于太平洋板块俯冲方向的下辽河-华北平原裂谷盆地及鄂尔多斯、胶辽地块周缘裂陷盆地，其间基性火山喷溢活动主要集中于渤海湾及周边受深大断裂控制的地区；新第三纪时太平洋库拉板块俯冲速率加快，弧后一侧的引张应力场逐渐被NNE向挤压应力所替代，其间下辽河-华北平原裂谷盆地由裂陷沉降转为热沉降，形成大型的坳陷盆地，环鄂尔多斯地堑盆地相继形成，基性火山喷溢活动明显增强，主要集中在渤海湾、燕辽及长白山等地；第四纪时，下辽河-华北平原大型坳陷盆地的沉积中心有所东移，环鄂尔多斯地堑盆地继续差异沉降，基性火山喷发活动亦随着时代变新由西向东迁移。总之，新生代期间西太平洋板块的弧后扩张，印度板块向欧亚大陆的推挤以及亚洲大陆东部边缘的大规模引张裂陷，共同构成了华北新生代沉积盆地的地球动力学环境。

第九章

秦岭-大别山造山带

一、岩石地层单位及特征

秦岭-大别山造山带地层比较发育，从太古宇到新生界均有出露。根据本次各省地层划分对比研究的成果，参考近年有关专著、论文，将该造山带地层划分为6个断代，由老到新分述如下。

（一）早前寒武纪

早前寒武纪（太古宙—早元古代）地层在造山带比较发育，是造山带内分布较广的断代地层之一（表2-3），现择其重要者述之（图9-1）。

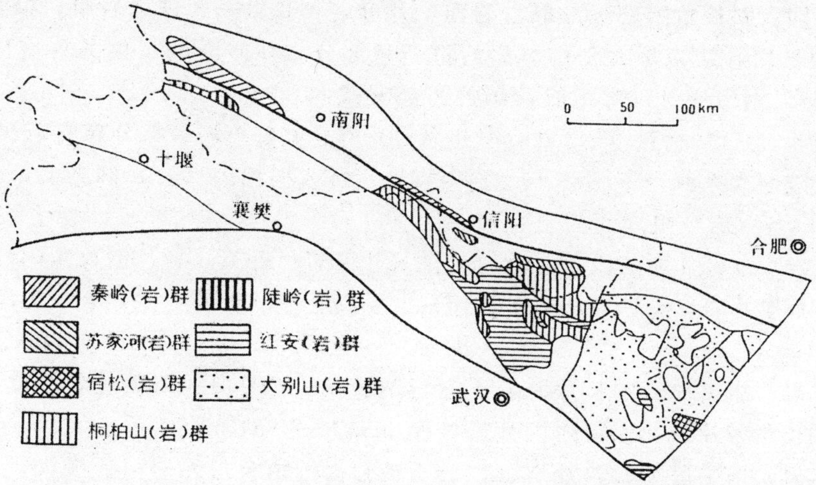

图9-1 秦岭-大别山造山带西段太古宙—早元古代地层分布略图

Fig. 9-1 The Archean-Early Proterozoic stratigraphic unit distribution in Western segment of Qinling-Dabeshan orogenic zone

1. 秦祁昆地层区

秦岭（岩）群出露于河南西峡、桐柏、信阳一带，北侧为朱阳关-大河断裂，南侧为镇平-龟山主缝合线，总体西宽东窄。下部郭庄（岩）组岩性为黑云斜长片麻岩、黑云变粒岩，夹斜长角闪岩及少量片岩、大理岩；中部雁岭沟（岩）组主要为黑云斜长片麻岩、钙质片岩、大理岩、石墨大理岩；上部石槽沟（岩）组主要为含石榴夕线黑云斜长片麻岩，夹斜长角闪岩及大理岩。该（岩）群以角闪岩相变质为主，局部达麻粒岩相（翟淳等，1990），基性岩类具大陆拉斑玄武岩特征，属活动大陆边缘环境产物（刘国惠等，1991；游振东等，1992）。

关于秦岭（岩）群的时代，西峡郭庄（岩）组片麻岩 U－Pb 法年龄 2 226 Ma，斜长角闪岩 Sm－Nd 法年龄 1 982 Ma（张宗清，1989）；内乡郭庄（岩）组片麻岩 Th－Pb 法年龄 2 298 Ma（游振东，1991）。表明其时代为早元古代。

关于雁岭沟（岩）组的时代及归属历来有不同认识。河南地矿局（1989）、游振东等（1991）将其划归早元古代。但在西峡，河南区调队（1973）发现虫牙；在桐柏地区，河南地调三队（1994）发现腕足类、海百合茎，张仁杰等（1996）发现高肌虫 *Dielymella*，*Xiangzheella*，冯庆来（1994）发现早三叠世放射虫，表明该（岩）组主体时代为古生代。张国伟（1987）认为该组为外来推覆体，不属于秦岭群。这些问题有待今后进一步研究解决。

2. 南秦岭-大别山地层区

（1）大别山（岩）群　大别山（岩）群分布在鄂、豫、皖三省交界地区，为一套经高角闪岩相乃至麻粒岩相变质的中深变质岩系，属变质杂岩中的变质表壳岩系（王江海，1992）。湖北区调所（1994）划分为 6 个构造岩石地层单位，自下而上为：①斜长角闪岩片麻岩岩组；②变粒岩大理岩岩组；③下含铁岩组；④片麻岩—变粒岩岩组；⑤上含铁岩组；⑥变粒岩—浅粒岩岩组。原岩属火山-复理石建造。区内广泛发育英云闪长岩、奥长花岗岩组合。该（岩）群中发育高压变质带，已经引起国内外广泛重视。该（岩）群同位素年龄值较多，U－Pb 同位素年龄 2 820 Ma、2 050 Ma，时代属太古宙—早元古代早期。

桐柏山（岩）群分布在豫、鄂交界的桐柏山区及大悟—红安等地，湖北区调所（1994）分为三个岩组，即：斜长角闪岩—片麻岩岩组，片麻岩—片岩—大理岩岩组，以及片麻岩—变粒岩—大理岩岩组，认为是大别山（岩）群西延部分。郯庐断裂东侧苏鲁交界地区的胶南（岩）群岩性与大别山（岩）群相似，年龄 2 430～2 618 Ma。

（2）红安（岩）群/宿松（岩）群/海州（岩）群　红安（岩）群分布在襄樊-广济断裂以北的新城—黄陂断裂东侧，不整合于大别山（岩）群或桐柏山（岩）群之上，自下而上分为 4 个（岩）组，各（岩）组之间为整合接触。

黄麦岭（岩）组可分为两段，均由白云钠长片麻岩、石英片岩、钠长角闪片岩、变粒岩、含锰大理岩、石墨片岩、磷灰岩及锰土矿组成。下段底部以磷矿为主，上段底部以锰矿为主。厚 389～1 117 m。

天台山（岩）组由白云钠长片麻岩、微斜钠长浅粒岩及白云石英片岩组成，夹多层阳起钠长片岩、钠长角闪片岩、绿帘角闪片岩，厚 1 543～2 881 m。

七角山（岩）组下段为石墨片岩、白云石英片岩、白云母片岩，偶夹大理岩；中段为白云钠长片麻岩夹白云石英片岩与钠长角闪片岩；上段为含石墨片状石英岩、石榴钠长角闪片岩、石榴角闪绿帘石岩。厚 969～1 290 m。

塔耳岗（岩）组下段为白云钠长片麻岩、白云石英片岩夹斜长角闪片岩；中段为微斜钠长浅粒岩夹钠长角闪片岩；上段为白云钠长片麻岩夹白云片岩与钠长阳起片岩。厚 1 742～3 888 m。

红安（岩）群原岩以酸性火山岩为主，其次为基性火山岩-沉积岩组合。火山岩化学成分具双峰式特征，形成于陆内裂谷环境（张二朋等，1993）。黄麦岭（岩）组锆石 U－Pb 法年龄为 1 439 Ma、1 915 Ma，反映红安（岩）群的时代为早元古代晚期—中元古代。

安徽的宿松（岩）群和江苏北部的海州（岩）群均以含磷为特征，与红安（岩）群相似，其时代归属分歧较大：张二朋等（1993）划归中元古代，汤加富等（1996）将宿松（岩）群归震旦纪，樊金涛（1995）将海州群划归青白口纪。

（3）陡岭（岩）群　分布于河南西峡、淅川交界地区，主要为钠长白云片岩、斜长角闪片麻岩、石墨大理岩、石墨片岩及磁铁石英岩，厚 4 000 m。据赵子然等（1995）研究，该（岩）群形成于活动大陆边缘环境，郝杰等（1996）认为具岛弧性质。关于陡岭（岩）群的年龄，张寿广（1994）获得石榴黑云斜长片麻岩锆石 U－Pb 年龄 1 657±22 Ma，片麻岩 Sm－Nd 等时线年龄 1 878±256 Ma，模式年龄为 2 123±16 Ma，斜长角闪岩 Sm－Nd 模式平均年龄 2 197 Ma，时代为早元古代。

（4）苏家河（岩）群　分布于河南东南部，分为浒湾（岩）组和定远（岩）组，原岩为泥砂质、镁铁质沉积岩-中酸性、中基性火山岩。浒湾（岩）组 U－Th－Pb 年龄 688～761 Ma。河南省地矿局（1989）划为下元古界。近年叶伯舟（1990）在其中获 Rb－Sr 年龄 404 Ma，发现古生代化石碎片；张仁杰等（1996）在信阳附近浒湾（岩）组大理岩中发现几丁虫 *Lagenochitina* cf. *obeligis*，*Deamochitina brachyta* 及腕足类、有孔虫、海百合茎化石碎片，时代归于早古生代。关于这些问题有待今后解决。

（二）晚前寒武纪

晚前寒武纪包括中元古代—晚元古代早期，即长城纪—青白口纪，秦岭-大别山造山带这一时期的地层比较发育（图 9－2）。

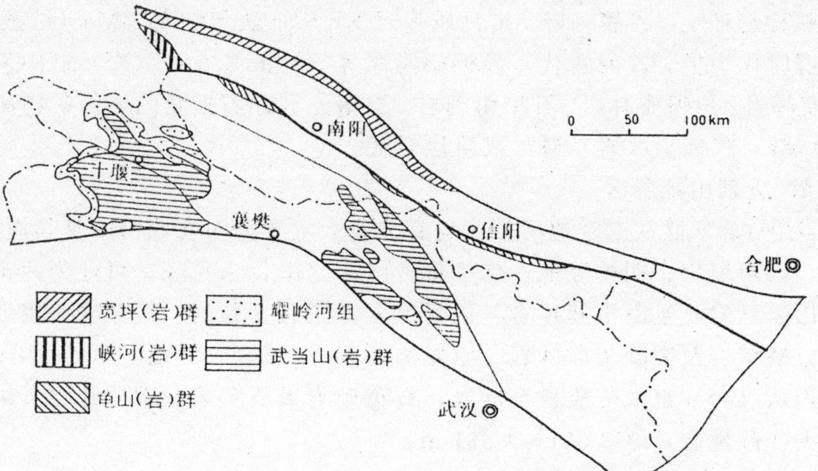

图 9－2　秦岭-大别山造山带中-晚元古代岩石地层分布及区划图

Fig. 9－2　Meso－Late Proterozoic lithostratigraphic unit distribution and regionalization in Qinling－Dabeshan Orogenic zone

1. 秦祁昆地层区

（1）宽坪（岩）群　分布在河南栾川、南召、确山一带，北界为栾川-明港断裂，即该造山带北界，南界为瓦穴子-毛集断裂。宽坪（岩）群变质变形强烈，总体反映出绿片岩-云母石英片岩-大理岩的序列（张寿广等，1990），分为三个（岩）组。

广东坪（岩）组分布在南部，为绿片岩、斜长角闪岩类，岩性为斜长角闪片岩、二云石英片岩夹绿帘阳起片岩、斜长角闪岩，厚2 351 m。由于受南侧断裂影响，各处保存多少不一，有的地方未保存。

四岔口（岩）组分布在中部，为云母石英片岩—片麻岩类，岩性为石榴二云石英片岩、白云石英片岩、变斑状二云石英片岩，夹斜长角闪片岩及石英大理岩，厚2 800 m，保存较全。

谢湾（岩）组分布在北部，为大理岩、浅粒岩类，岩性为条带状大理岩、黑云石英片岩，夹石榴黑云石英片岩、斜长角闪片岩，厚4 736 m。由于受北界断裂的影响，有的地方保存不全或未保存。

宽坪（岩）群变质程度为高绿片岩相，谢湾（岩）组可达低角闪岩相。广东坪（岩）组的化学成分具大洋拉斑玄武岩性质，表明该（岩）群属大陆边缘裂谷环境（张寿广等，1990）。有关宽坪（岩）群的同位素年龄较多，角闪石K－Ar法年龄1 307～1 516 Ma，全岩Rb－Sr法年龄1 180～1 974 Ma，角闪石Sm－Nd法年龄986～1 153 Ma，时代为中元古代。

(2) 峡河（岩）群　分布在西峡—内乡秦岭（岩）群南、西侧，南阳盆地以东消失，与秦岭（岩）群为断裂接触，可分为二个（岩）组。

寨根（岩）组主要为含石榴二云石英片岩、含石榴黑云石英片岩、含石榴变粒岩、二（白）云石英片岩、黑云斜长片岩夹薄层石英岩。

界牌（岩）组下部主要为钙质黑云石英（斜长）片岩、黑云石英（斜长）钙质片岩、方柱透闪钙质片岩夹凸镜状大理岩，上部主要为变斑状黑云斜长片岩、黑云石英片岩夹钙质片岩。

峡河（岩）群变质变形复杂，据陈瑞保等（1993）研究，该（岩）群形成于活动大陆边缘和大陆岛弧构造环境。界牌（岩）组钙质片岩Rb－Sr法年龄973 Ma（游振东，1987），表明该（岩）群时代为中—晚元古代。最近胡能高等（1995）在该（岩）群中发现两条高压变质带，含有榴辉岩、角闪榴辉岩、石榴角闪岩。李曙光利用石榴角闪岩的矿物测得Sm－Nd年龄983±140 Ma，代表该（岩）群形成阶段时代。

2. 南秦岭-大别山地层区

(1) 武当山（岩）群　三个地层分区均有发育，主要分布在武当山及其周缘的湖北两郧、枣阳、随州，河南淅川、桐柏等地，伏于耀岭河组之下，未见底，可分为两个（岩）组。

变质火山岩（岩）组由阳起片岩、钠长片岩、钠长变粒岩、浅粒岩夹绢云片岩、碳质片岩、大理岩、磷灰岩及变凝灰质砂岩（原岩为喷发-沉积岩）组成，厚4 064～4 196 m。

变质沉积岩（岩）组由变质长石砂岩、石英砂岩及石英岩、碳质片岩、绢云片岩、磷灰岩组成，偶夹变酸性岩，厚3 301～4 361 m。

武当山（岩）群原岩属基性火山岩-酸性火山岩-沉积岩建造（陈晋镳等，1991），火山岩具双峰式特征，形成于裂谷环境（张二朋等，1993）。郧西茶店变火山岩（岩）组中Sm－Nd法模式年龄1 341±20至1 488±19 Ma，等时线年龄1 404±65 Ma；竹山变火山岩（岩）组全岩Pb－Pb模式年龄1 235～1 275 Ma。据此，武当山（岩）群时代为中元古代。

(2) 耀岭河组　下与武当山（岩）群平行不整合接触，上被陡山沱组平行不整合覆盖。该组为变质中基性火山岩，岩性以细碧岩或变玄武玢岩、凝灰岩、火山角砾岩为主，夹少量灰岩、碳质板岩、流纹岩等，多数已变成各类片岩，如钠长阳起片岩、绿泥片岩及绢云钠长片岩、绢云片岩，可分上下两段，总体厚一般200～500 m，高庙—丹江一带厚1 300 m，应山余店最大厚度可达1 522 m，郧县—竹山及随州古城畈最薄，一般不超过50 m，河南淅川厚

1 800～2 300 m。

该组属海相活动型基性-酸性火山岩-陆源碎屑岩建造，火山岩具双峰式特征，属陆内裂谷环境产物。河南西峡侵入该组的石英闪长岩 K－Ar 年龄 796 Ma，丹江市凉水河该组上段 U－Pb 年龄 795.7±77 Ma，故将该组时代划归晚元古代。

(3) 龟山（岩）组　分布在桐柏—大别山分区镇平-梅山断裂以南，南侧为泥盆纪南湾组，二者为断层接触。该（岩）组岩性为绢云石英片岩、石英岩、斜长角闪片岩，夹大理岩、十字石榴绢云石英片岩、蓝晶绢云石英片岩，厚 2 747 m，变质程度达绿片岩相，原岩为泥沙质、泥钙质碎屑岩建造，形成于浊流环境。该（岩）组的锆石 U－Th－Pb 表面年龄 1 410 Ma，Sm－Nd 年龄 759 Ma，Rb－Sr 年龄 699～1 297 Ma。其时代划归中—晚元古代。

（三）震旦纪—志留纪

地层主要分布在西部（图 9－3），是造山带比较发育的断代地层之一，沉积类型比较多（表 2－3）。

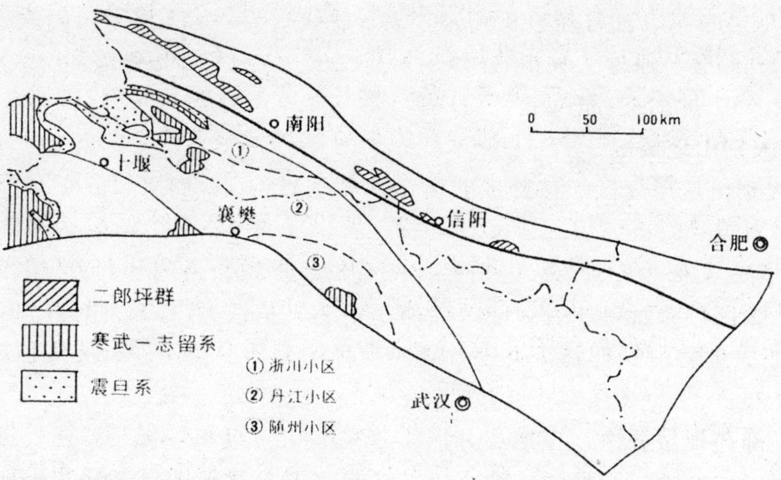

图 9－3　秦岭-大别山造山带震旦纪—志留纪岩石地层分布及区划图

Fig. 9－3　Sinian－Silurian lithostratigraphic unit distribution and regionalization map Qinling－Dabeshan orogenic zone

1. 秦祁昆地层区

(1) 二郎坪群　分布在河南西峡、南召、桐柏、信阳一带，其北侧与柿树园组或宽坪（岩）群呈断层接触，南侧与小寨组或秦岭（岩）群亦呈断层接触，河南区调队（1989，1994）分为二组。

大庙组下部为细粒变粒岩（变酸性火山岩）及二云变粒岩，夹白云绢云石英片岩（变中基性火山岩）；中部为大理岩；上部为黑云变粒岩及浅粒岩，夹石英岩、大理岩、硅化碳质绢云石英片岩及斜长角闪片岩。厚 1 134～1 989 m。

火神庙组为细碧岩、细碧玢岩，下部夹角斑岩、石英角斑岩及火山碎屑岩、硅质岩等，厚 5 530 m。

二郎坪群原岩为基性、酸性火山岩-碎屑岩及细碧岩-石英角斑岩建造，细碧玢岩 $^{87}Sr/^{86}Sr$ ＝0.7 056，高于典型洋脊玄武岩（0.7 022～0.7 028）及现代洋岛玄武岩（0.702～0.706），火山岩具双峰式特征（王仁民等，1990），因而该群不是典型的洋脊，而是弧后盆地拉斑玄武岩系列，底部缺少超基性铁镁火山岩，属不完整的蛇绿岩套（耿树方，1991）。

关于二郎坪群的时代，王乃文（1989）在火神庙组硅质岩中发现放射虫，时代为寒武纪。南召青山灰岩中产头足类 *Actinoceras*，腹足类 *Liospira*，*Lophospira*（林德起等，1990），时代为奥陶纪。也有作者认为南召青山灰岩和豫陕交界的干江河组和月牙沟组相当，不属二郎坪群（王铭生，1991）。

对于二郎坪群的层序、定义、构造形态，各家意见分歧较大，有背斜、向斜之争，有二分、三分之异，有大二郎坪（含小寨组）、小二郎坪（不含小寨组）之说，有待今后研究解决。

（2）石门冲（岩）组　分布在河南商城石门冲，周缘为断层。主要岩性为白云石英片岩、石榴石英片岩夹大理岩、斜长角闪片岩、碳质绢云片岩，含胶磷矿。原岩为泥砂质、泥钙质沉积，属滨—浅海相沉积，经历中—浅区域变质。微晶白云岩中含珊瑚 *Hemiagetolitella*，牙形石 *Parderodns gracilis*，时代为奥陶纪（河南区调队，1994）。张二朋等（1993）划归秦岭（岩）群。

（3）歪庙（岩）组　分布于商城歪庙，周缘为断层。主要岩性为斜长角闪岩、斑点状绢云片岩、白云斜长片麻岩、含石榴斜长黑云片岩、矽线二云片岩、黑云透闪片岩、砂砾岩，局部夹含砾大理岩凸镜体。原岩为火山岩-碎屑岩。变安山岩 U－Pb 年龄 387±46 Ma，将其划归早古生代。大致可与二郎坪群对比。

2. 南秦岭-大别山地层区

（1）桐柏-大别山地层分区　该分区的河南西峡周进沟、新庙一带分布有周进沟（岩）组，主要岩性为二云石英片岩、钙质二云（石英）片岩、二云（白云）片岩，局部夹石英岩、浅粒岩、变质粉砂岩，上部为大理岩，内夹含金红石黑云母钠长角闪片岩。与南侧陡岭（岩）群和北侧南湾组皆为断层接触，原岩为陆源碎屑、钙质夹基性火山岩。角闪石 K－Ar 年龄 455 Ma，上部透闪石大理岩中发现腕足类化石碎片，时代为早古生代。从区域上分析，可能与苏家河（岩）群相当。

（2）十堰—随州地层分区　该地层分区震旦系陡山沱组和灯影组普遍发育，向上地层略有差异，大致可分三个地层小区——淅川地层小区，丹江地层小区和随州地层小区，发育三套地层系统（表 2－3）。

陡山沱组与下伏耀岭河组呈平行不整合接触，岩性为长石石英砂岩、绢云片岩，局部夹大理岩，厚 439 m。在淅川该组不整合于封字山花岗闪长岩体（747 Ma）之上，时代为晚震旦世。

灯影组整合于陡山沱组之上，下部为糖粒状白云质大理岩及角砾状白云质大理岩，中部为厚层白云岩夹黑色白云岩及鲕状含磷白云岩，上部为网格状（蜂窝状）硅质白云岩。厚 222～399 m。

水沟口组与下伏灯影组呈平行不整合接触。下部为黑色硅质岩、紫色页岩夹硅质白云岩及硅质岩，含钒、磷；中部灰紫色薄层泥晶灰岩夹少量页岩；上部灰及灰紫色泥条质带白云质泥晶灰岩夹少量页岩、泥晶灰岩。厚 59～117 m，自东向西增厚，白云质成分减少。含三叶虫：*Sinodiscus*，*Ichangia*，*Redlichia*，*Megapalaeolenus*。时代为早寒武世。

岳家坪组主要为深灰色白云质灰岩、浅灰色泥质灰岩、紫灰色粉砂岩、浅灰色厚层泥质白云质灰岩，夹钙质页岩。厚 87～284 m，向西减薄，页岩减少，白云质减少。含三叶虫 *Cyclorenzella*，时代为中寒武世。

石瓮子组主要为白云岩，下部灰白色厚层含燧石团块细晶白云岩，上部厚层白云岩。厚552～1 563 m，东厚西薄，向西灰质成分增多。时代为晚寒武世。

白龙庙组主要为灰色厚层含燧石条带细晶白云岩，上部夹含生物碎屑灰岩和泥晶灰岩。厚301～415 m，向西白云质成分增加。含牙形石 *Teridontus gracilis*，*Scolopodus barbatus*。时代为早奥陶世。

牛尾巴山组为泥晶灰岩、白云质灰岩及粉晶灰岩。上与岞岫组平行不整合接触，向西岞岫组缺失，与蛮子营组整合接触。厚168～550 m，由东向西增厚，灰质成分增高。含牙形石 *Serratognathus diversus*，*Triangulodus variabilis* 及头足类 *Coreanoceras*。时代为早奥陶世。

岞岫组为灰绿色玄武玢岩、紫灰色凝灰岩、凝灰质粉砂岩、页岩、砂岩，局部夹大理岩；向西尖灭，向东增厚达 340 m，火山岩增多。时代为中奥陶世。

蛮子营组为黄色泥岩、泥灰岩、粉砂质泥岩夹灰岩、泥质灰岩，厚 417 m。其西部泥质偏多，东部砂质偏多，底部灰岩向东增厚，上部礁灰岩向东减薄。含牙形石 *Phragmodus undatus*，*Aphelognathus neixiangensis*，*Belodina confluens*，*B. stonei*，*Yaoxianognathus*；珊瑚 *Agetolites*，*Agetolitelia* 及腕足 *Nalivkina*。时代为中—晚奥陶世。

张湾组主要为土黄色、黄绿色页岩，夹粉砂质泥岩、粉砂岩、泥灰岩。其上与上泥盆统白山沟组平行不整合接触，厚 239 m。西部以泥岩为主，中部以页岩为主，东部以砂岩和钙质泥岩为主。含笔石 *Coronograptus leei*，*Demirastrites triangulatus*，*D. convolutus*，*Monograptus sedgwickii*。时代为早志留世。

杨家堡组为灰、灰紫色中层硅质岩和碳质板岩，平行不整合于灯影组之上。河南淅川厚26～55 m，湖北丹江口市厚 7～14 m。时代为早寒武世。

岩屋沟组（又称庄子沟组）为浅灰色粘土质板岩、钙质泥岩、水云母粘土岩。河南省境内厚 19～25 m，湖北省境内厚 72 m。时代为早寒武世。

冯家凹组主要为厚层灰岩及厚层白云岩，夹生物碎屑灰岩及缎带状灰岩。河南境内厚 20～36 m，湖北境内厚 25 m。含三叶虫 *Paraperiomma*，*Poulsenia*，*Mufushania*，*Holocephalina*。时代为早—中寒武世。

习家店组为青灰色薄—中层灰岩、灰质白云岩夹紫红色钙质页岩。河南境内厚 117～350 m，湖北厚 66 m，明显南薄北厚。含三叶虫 *Triplagnostus*，*Aspidagnostus*，*Linguagnostus*，*Xichuania*。时代为中寒武世。

秀子沟组下部中—厚层灰岩、白云质灰岩、泥质条带灰岩夹溶洞灰岩，中部为薄层微晶灰岩、泥质条带灰岩、细晶白云岩，上部为厚层含燧石团块灰岩、泥质团块灰岩、细晶白云岩。河南淅川秀子沟厚 1 132 m，湖北丹江口蒿坪厚 337 m，明显南薄北厚。下部含三叶虫 *Bergenonites*，*Mansuyia*，*Chuangiella*；上部含头足类 *Coreanoceras* 及牙形石 *Acodus onetensis*，*Chosonodina herfurthi*。时代为晚寒武世—早奥陶世。

余家冲组为灰黑色含碳质页岩、变质粉砂岩、硅质页岩、千枚岩，下部夹黑色硅质岩、含磷粉砂岩、磷块岩，含磷、钒、重晶石。厚 45～278 m。上部含三叶虫 *Hupeidiscus*，*Sinodiscus*。时代为早寒武世。

双尖山组为深灰色纹带状灰岩、碳质灰岩、碳质泥质灰岩，局部有碳质页岩、变质粉砂岩及变玄武岩，厚 43～432 m。时代归中寒武世。

立秋湾组为灰、灰黄色粉砂质板岩、板岩、灰黑色钙质板岩，夹多层玄武岩，厚 226～349 m。时代归晚寒武世。

高家湾组为深灰色、灰绿色泥质板岩及浅绿色千枚状条纹状泥质板岩，夹钙质板岩、灰岩凸镜体及变玄武岩等，为浅变质的火山-碎屑沉积岩系。底部产牙形石 *Paroistodus proteus*，上部产牙形石 *Paroistodus* cf. *parallelus*，顶部（倪世钊等称响水台组）含笔石 *Didymograptus*，*Tetragraptus*。时代为早奥陶世。

兰家畈组为主要为灰绿色玄武质火山碎屑岩、熔岩夹生物灰岩、绢云千枚岩，并由玄武质角砾熔岩—变辉斑玄武岩—变气孔状、杏仁状玄武岩夹绢云千枚岩或生物灰岩为序，组成 3～4 个旋回。分布仅几十平方公里，厚 2 483～2 659 m。灰岩中含牙形石 *Belodina* cf. *compressa*，*B. confluens*，*B. stonei*，*Pandendus gracilis*，*P. feulneri*。时代为中—晚奥陶世。

雷公尖组为下部为灰白色、浅灰黄色含砂质条带绢云板岩，局部偶见砾岩；上部为浅灰色变石英细砂岩，未见顶。厚 170～402 m。上部含珊瑚 *Favosites*，腕足类 *Nalivkinia*，三叶虫 *Encrinuroides*。时代为早志留世。

（3）迭部-旬阳地层分区　主要发育有 10 个岩石地层单位。鲁家坪组下部（原火石湾段）以黑灰色厚层硅质岩为主，夹粉砂岩，局部夹石煤或碳质板岩，厚 242 m；上部（原山坪上段）以灰岩、硅质岩、板岩组合为特征，向上为碳质板岩、石煤层，厚 257～328 m。与下伏灯影组为整合接触。

箭竹坝组由灰、青灰色、深灰色薄层灰岩组成，间夹泥灰岩、泥质条带灰岩，底部尚有少量碎屑岩。厚 180～250 m。含三叶虫 *Kootenia yui*。时代为早寒武世。

毛坝关组为薄层灰岩、灰质板岩及石煤层，下部含碳质粉砂岩，顶部泥质减少，厚 183 m。时代为中寒武世。

八卦庙组为灰色薄层泥灰岩夹灰岩和白云质灰岩为特征，在竹溪为灰色薄层及片状灰岩夹少许页岩及含钙泥质板岩，厚 180 m。相邻的四川万源高桥沟含三叶虫 *Ptychagnostus*，*Xystridura*。时代为中寒武世。

黑水河组为为灰色灰岩、角砾状灰岩和泥质灰岩，以发育角砾状灰岩为标志，偶夹碳质板岩、钙质页岩等。厚 300～500 m，平利厚 192～974 m。含三叶虫 *Shengia*，*Fenghuangella*。时代为晚寒武世。

高桥组以灰、黑灰色板岩（局部含碳质）及灰色钙质板岩为主，夹薄层或条带状泥质灰岩。在竹溪丰溪一带自西向东灰岩和灰质板岩逐渐增加，厚度增大。时代暂定早奥陶世。

权河口组以碳质板岩为主，底部以一层灰色砂岩与高桥组整合接触，上部为灰黑—褐灰色粉砂质板岩、碳质板岩，其上与大贵坪组为平行不整合。时代暂定早奥陶世。

大贵坪组由灰黑色碳质板岩、含碳质石英绢云千枚岩夹黄绿色、褐黄色钠长石英绢云千枚岩及煤线组成，厚 27～498 m。含笔石 *Streptograptus*，*Pristiograptns*，*Monograptus*，*Demirastrites convolutus*。时代为早志留世。

梅子垭组下部为泥质板岩、砂质板岩夹少量薄层细砂岩，上部砂质板岩夹薄层细砂岩，砂岩夹层由下往上增多。厚 1 007～1 327 m。含笔石 *Monograptus*，三叶虫 *Encrinuroides*，腕足类 *Nalivkinia*，珊瑚 *Favosites*。时代为早志留世。

竹溪组以发育灰岩为特征，由灰岩、生物碎屑灰岩、礁灰岩、粘土质板岩、粉砂质板岩、含钙石英细砂岩组成韵律层，每个韵律厚 15～45 m，拐子沟可见 5 个韵律。厚 254～477 m。含三叶虫 *Coronocephalus*，腕足类 *Nikiforovaena*，珊瑚 *Syringopora*，*Favosites*。时代为中志留世。

（4）地层对比　十堰-随州和迭部-旬阳地层分区震旦纪陡山沱组和灯影组有较大的相似

性，但南部灯影组与寒武系为整合关系，北部则为平行不整合接触，表明海水自南而北侵进。寒武纪开始，地层既有相似性，又有差异：相似性是下寒武统都发育硅质岩、碳质板岩及石煤，且含钒、磷；差异表现在中、上寒武统南部仍有大量板岩、硅质岩，而北部钙质成分增高，逐渐变为以灰岩为主。另外，随州地层小区寒武纪即发育火山岩，到奥陶纪十分发育，而淅川地层小区至中奥陶世才有火山岩；随州地层小区火山作用明显，持续时间长，而丹江地层小区没有火山岩；各地志留纪地层发育程度亦不同，表明其结束沉积的时间早晚不一。从上述地层的相似性和差异可以看出沉积环境的变化。

（四）泥盆纪—二叠纪

泥盆纪—二叠纪地层分布零星（图 9-4），差异较大，其中十堰-随州地层分区西北角有陕西延伸而来的少量地层，因范围有限，忽略不计。

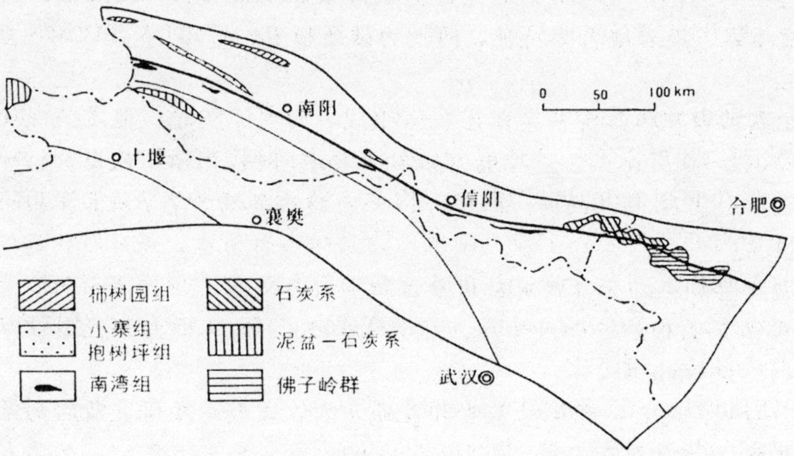

图 9－4 秦岭-大别山造山带泥盆纪—二叠纪岩石地层分布及区划图
Fig. 9－4 Devonian－Permian lithostratigraphic unit distribution and regionalization for Qinling－Dabeshan Orogenic zone

1. 秦祁昆地层区

（1）小寨组 分布在西峡、内乡、桐柏地区，与二郎坪群为断层接触，在卢氏超覆于二郎坪群不同层位之上。岩性主要为黑云石英片岩、黑云片岩、绢云片岩及二云片岩，下部夹含碳硅质岩、变粒岩，常含石榴石、十字石。西峡厚 1 133 m，内乡厚 560 m，桐柏厚 270～1 617 m。西峡该组红柱石黑云片岩 Rb－Sr 年龄 344 Ma（王铭生，1992），时代为晚古生代。

（2）抱树坪组 分布在西峡、内乡地区，整合于小寨组之上，南侧与秦岭（岩）群为断层接触。岩性主要为石榴黑云石英片岩、黑云石英片岩，夹斜长角闪条带状黑云斜长片岩，上部夹基性火山碎屑岩，由西向东减薄，厚 1 961 m。组内无年龄资料，据小寨组年龄将该组归晚古生代。

（3）柿树园组

分布在卢氏（称粉笔沟组）、南召等地，南侧与二郎坪群，北侧与宽坪（岩）群皆为断层接触，其上被三叠系不整合覆盖。主要岩性为绢云石英片岩、变石英砂岩和变斑状黑云石英片岩、碳质绢云石英片岩，局部夹大理岩凸镜体。厚 1 167～1 591 m。灰岩凸镜体中含孢子化石 *Calamospora* cf. *microrugosa*，*Punctatisporites minutus* 等（裴放等，1995）。时代为晚古生代。

（4）花园墙组　中细粒钙质长石石英砂岩及粉砂质钙质页岩，细粒石英砂岩，厚 560 m。含植物 *Adianlites*，*Cardiopteridium*。时代为早石炭世。

（5）杨山组　厚层石英砾岩、含铁泥质石英砂岩、粉砂质粘土岩、铝土页岩及煤线（层），厚 1 177 m。含植物 *Rhodea hsianghsiangensis*。时代为早石炭世。

（6）道人冲组　含铁泥质石英砂岩、泥质粉砂岩、粉砂质粘土岩、薄层砂砾岩及砾岩，顶部为白云质细砂岩夹灰岩，厚 1 363 m。含双壳类 *Parallelodon*，*Edmondia*，上部含䗴 *Pseudostaffella*。时代为中石炭世。

（7）胡油坊组　杂色砾岩、灰色板岩及钙质长石石英砂岩、粉砂岩、含云母砂岩、板岩、薄层灰岩，厚 400～2 100 m。含植物 *Paripteris gigantea*。时代为中石炭世晚期。

（8）杨小庄组　碳质细—粉砂岩、含粉砂质粘土岩夹煤线或凸镜状煤层，厚 2 139 m。含植物 *Paripteris*。时代为晚石炭世。前人划分的双石头组，经 1∶5 万区调现划归本组变质部分。

2. 南秦岭-大别山地层区

（1）桐柏-大别山地层分区　该地层分区分布有南湾组，出露于内乡-商城断裂以北，与南侧苏家河（岩）群和北侧龟山（岩）组均为构造接触。本组可分两段：下段（北侧）为黄褐色黑云变粒岩、黑云石英片岩；上段（南侧）为具绿帘石条带、条纹状构造的黑云、二云变粒岩及钙质绿帘绿泥白云石英片岩。属深水复理石沉积建造，厚 1 373～6 893 m。含孢子化石 *Calamospora atava*，*Retusotriletes simplex*（高联达，1987）。Rb-Sr 年龄 384 Ma，时代为泥盆纪。向东与佛子岭群相对比。

（2）十堰-随州地层分区　出露有海相泥盆系—石炭系，分布于淅川荆紫关—内乡永青山，构成向斜槽部。共分为 6 个组。

白山沟组底部以一层紫黑色砾岩与下伏张湾组平行不整合接触，下部为紫红色页岩与灰黄色石英岩互层，中部细粒长石石英砂岩，上部姜黄色粘土岩夹薄层砂岩及砂质页岩。厚 83～444 m。含双壳类 *Cypriardina*。时代为晚泥盆世。

王冠沟组为中粒长石石英砂岩，含云母细砂岩与灰黄色粘土岩、礁灰岩互层，厚 150～240 m。含珊瑚 *Penechiella*。时代为晚泥盆世。

葫芦山组为中细粒石英砂岩或岩屑石英砂岩、粘土岩、泥质粉砂岩、含铁石英砂岩及赤铁矿层，厚 230～290 m。含腕足类 *Yunnanella*，*Yunnanellina* 及植物 *Sublepidodendron mirabile*。时代为晚泥盆世。

下集组为巨厚层白云质灰岩、白云岩，白云岩化亮晶砂屑灰岩夹泥晶灰岩，上部夹一层角砾状白云质灰岩，厚 370～420 m。含珊瑚 *Beichuanophyllum*。时代为早石炭世。

梁沟组下部为巨厚层泥晶灰岩，上部为厚—巨厚层亮晶生物屑—砂屑灰岩，局部含燧石条带或团块，厚 500 m。含珊瑚 *Yuanophyllum*。时代为早石炭世。

三关垭组底部为灰白色粘土岩，杂色粘土页岩，下部为厚层生屑灰岩、硅质团块生屑灰岩，中部泥晶灰岩、泥灰岩、钙质泥岩、泥岩，上部生屑灰岩、泥灰岩，未见顶，厚 640 m。含䗴 *Eostaffella*，*Pseudostaffella*，*Profusulinella*，*Fusulinella*。时代为中石炭世。

（五）三叠纪—白垩纪

造山带内三叠纪—白垩纪地层分布比较零星（图 9-5），在断陷盆地中。郯庐断裂东侧山东半岛东南部发育有白垩系，已总结到晋冀鲁豫地层区，本章不再叙述。

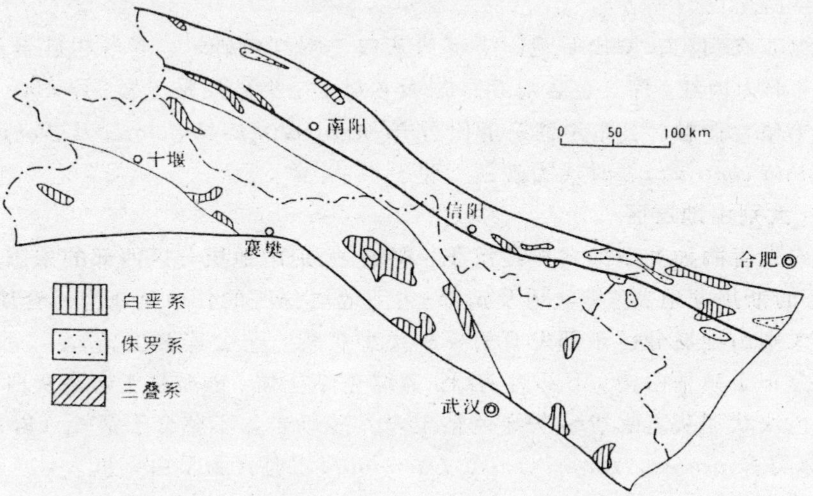

图 9-5　秦岭-大别造山带三叠纪—白垩纪岩石地层分布及区划图

Fig. 9-5　Trias-Cretaceous lithostratigraphic unit distribution and regionalization for Qinling-Dabeshan Orogenic zone

1. 秦祁昆地层区

（1）卢氏五里川盆地　发育有五里川组，下部为长石石英砂岩，底为紫色砾岩，上部为千枚岩与粉砂岩互层，夹碳质页岩与泥页岩。不整合于二郎坪群之上，未见顶，厚 481～1 600 m。含植物 *Neocalamites carcinoides*，*Danaeopsis fecunda*。时代为晚三叠世。

（2）南召留山盆地　发育有湖泊-沼泽相沉积。下部太山庙组之底部为紫红色砾岩，下部为泥岩、砂质泥岩、细粒石英砂岩、碳质页岩、煤线（层），中部为黑色油页岩、灰绿色泥岩、砂质泥岩、细砂岩及少量泥灰岩，上部为长石石英砂岩、板岩夹硅质层，总厚 660 m，含植物 *Neocalamites carcinoides*, *Danaeopsis fecunda*。上部太子山组为灰褐色中—厚层长石砂岩、石英砂岩，夹粉砂岩、砂质粘土岩，未见顶，厚 665 m。时代均为晚三叠世。

（3）南召马市坪盆地　发育侏罗纪—白垩纪湖相沉积。下部南召组为灰褐色细砂岩、粉砂岩与黄绿色粘土岩、泥灰岩组成韵律层，以含昆虫粘土岩夹层为特征，不整合于宽坪（岩）群之上，厚 510 m，含昆虫 *Ephemeropsis trisetalis*（热河动物群下部化石），时代为晚侏罗世；上部马市坪组与南召组呈平行不整合接触，下部为黄褐色砾岩、长石石英砂岩夹粉砂岩，中、上部为黄褐色粘土岩、泥质粉砂岩夹细砂岩、砂砾岩、泥灰岩，其上被上白垩统（未称组）红色砂岩不整合覆盖，总厚 780 m，含介形类 *Cypridea mashipingensis*，双壳类 *Sphaeriurn anderssoni*，时代为早白垩世。

（4）大别山北麓盆地　出露于商城—固始一带，发育侏罗纪—白垩纪地层，共分 4 个组。

朱集组　下部为紫红色砾岩，中部为灰黄色岩屑长石砂岩、长石石英砂岩，上部为紫红色砂岩、粉砂岩夹砾岩，不整合于石炭系之上，厚 200～2 200 m。

段集组以紫红色厚—中厚层砾岩为主，夹长石砂岩及少量砂质粘土岩，上被陈棚组不整合超覆，厚 400～1 440 m。

陈棚组下部为浅灰、肉红色熔结凝灰岩、角砾凝灰岩夹深灰色砂岩，上部为安山岩、英安岩夹流纹岩及珍珠岩，厚 300～600 m。商城-麻城断裂以西以中性火山岩为主，以东以中酸性—酸性火山岩为主。沉积夹层中含植物 *Piceoxylon manchuricus* 及叶肢介 *Eosestheria elongata*。时代为早白垩世。

周家湾组分布在信阳、罗山等地。下部为灰白、褐红色砾岩、含砾粗砂岩及粉砂岩，夹砂质粘土岩；上部为肉红、棕红色含砾粗砂岩及粉砂岩，夹砂质粘土岩。厚 400～1 922 m。与下伏陈棚组为不整合接触。上部含恐龙蛋化石 *Elongatoolithus andewsi*, *E. elongatus*；下部含介形类 *Darwinula contracta*。时代为晚白垩世。

2. 南秦岭-大别山地层区

该地层区内发育两种类型的白垩纪沉积：桐柏-大别山地层分区西部的朱阳关盆地、十堰-随州地层分区的淅川盆地、襄樊盆地及迭部-旬阳地层分区的竹山盆地为一套地层系统，有 4 个组；桐柏—大别山地层分区东部发育另一种类型沉积——公安寨组。

白湾组　分布于镇平白湾，下部为灰绿、黄绿色粘土岩、砂质粘土岩夹灰白色砂砾岩，上部为黄、灰白色块状泥灰岩夹少量灰绿色粘土岩、砂砾岩，不整合于秦岭（岩）群之上。厚 327 m。产介形类 *Cypridea*, *Rhinocypris*, *Darwinula*，时代为早白垩世。

高沟组　分布于西峡、淅川盆地，为棕红、浅灰、灰黑色砾岩、细—粉砂岩、钙质粉砂岩，与白湾组不整合接触。厚 1 200 m，由东向西减薄以至尖灭。含丰富的恐龙蛋化石，主要有 *Faveoloolithus*, *Youngnoolithus*。时代为晚白垩世。

马家村组　分布于西峡、淅川盆地，为棕红色钙质粉砂岩、细砂岩夹砂砾岩及泥灰岩，厚 100—1 600 m。含恐龙、恐龙蛋化石及孢粉、轮藻等，恐龙蛋为 *Sphaeroolithus taoheensis*, *Ovalloolithus* cf. *chinhuanghouensis*。时代为晚白垩世。

寺沟组　分布于西峡、淅川、襄樊、竹山盆地，为褐红、棕红色含砾泥质砂岩、砂质粘土岩，底部为砾岩。其上被第三纪玉皇顶组整合覆盖，厚 50～600 m。含孢粉 *Aquilopolletype* 及轮藻 *Oblusochara brevicylindrica*。时代为晚白垩世。

公安寨组　出露于湖北东北部，为一套以棕红色为主体色调的杂色碎屑岩系。由砾岩、砂岩、粉砂岩、泥岩组成多个韵律层，上部普遍夹厚度不等、层数不一的橄榄玄武岩，局部地段夹劣质石膏，厚 1 943 m。含恐龙蛋化石 *Dendroolithus wangdianensis*。时代为白垩纪。

（六）第三纪—第四纪

第三纪地层分布较少，仅有少数盆地出露，南阳-襄樊凹陷分布稍多，第四系分布较广，成因类型齐全（图 9-6）。

1. 秦祁昆地层区

第三纪地层分布在桐柏吴城盆地及大别山北麓盆地，共有 5 个组，第四系主要分布在大别山以北。

毛家坡组　不整合于秦岭（岩）群之上，岩性以砖红、棕红色砾岩、砂砾岩和砂质泥岩为主，局部夹桔黄、黄绿色砂砾岩，厚 62～400 m。含哺乳动物化石 *Sinohadrinous* sp., *Deparella*。

李士沟组　底部为桔黄、草绿色砂砾岩，向上为灰绿、灰黄色砂砾岩与砾岩、含砾砂岩互层，夹灰绿、棕红色泥岩、灰白色泥灰岩，厚 90～550 m。含脊推动物 *Yuomys elonganse*,

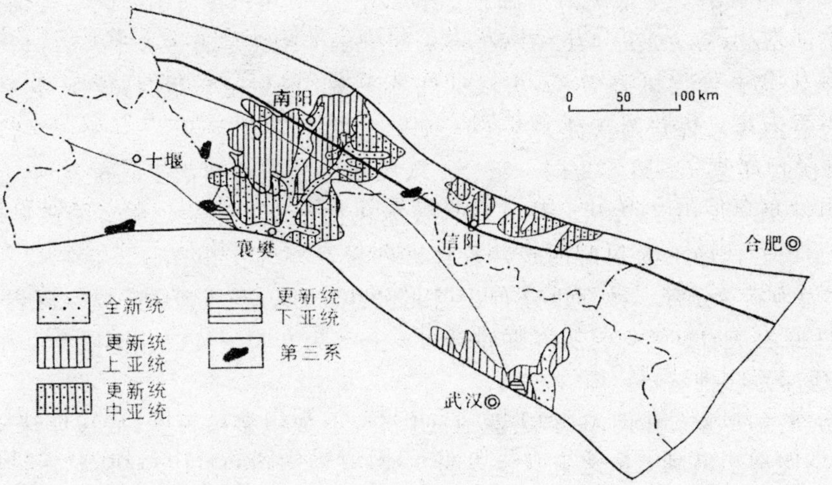

图 9-6 秦岭-大别造山带第三纪—第四纪岩石地层分布及区划图

Fig. 9-6 Tertiary - Quarternary lithostraligraphic unit distribution and regionalization in Qinling - Dabeshan Orogenic zone

Amynodon mongliensis。时代为始新世。

五里墩组　灰绿色、灰黄色粉砂岩、砂岩与砂质泥岩，页岩互层，夹泥灰岩，下部和中部多夹黑色油页岩。与上覆尹庄组不整合接触，厚 200～2 000 m。含哺乳动物 *Lushiamynodon*，*Amynodon sinensis*。时代为始新世。

尹庄组　下部为灰绿及杂色砾岩、砂砾岩，上部为浅棕红、棕黄色砂岩、粉砂岩及砂质泥岩，夹透镜状砂砾岩。厚 15 m。含鱼类化石 *Barbus brevicephalus* 及腹足类、轮藻、介形类。时代为新第三纪。

李庄组　星散分布于平昌关、信阳、罗山、光山、潢川等地，为灰、灰白、棕红、褐黄色砂砾岩、含砾砂岩夹粉砂质泥岩或互层，中部局部夹灰绿色砂砾岩和砂岩，厚 500～2 300 m。含脊椎动物化石 *Yuomys minggangensis*，*Gobiohyus orientalis*。时代为始新世。

该地层区第四系以豫东南比较发育。更新统下亚统多被覆盖，底板埋深 10～317 m，厚 20～100 m，仅罗山有露头，下部为灰绿、灰黄色砂层、砂砾石层夹粘土、亚粘土，上部灰绿、桔黄色粘土、亚粘土和亚砂土，不整合于上第三系之上；更新统中亚统分布广泛，下部为灰黄、灰绿色砂层、砂砾层夹亚粘土，上部为桔黄、灰黄色粘土、亚粘土、亚砂土夹细砂，厚 80～100 m；更新统上亚统分布零星，为棕褐、灰黄色粘土，亚粘土夹砂层，厚 2～16 m；全新统主要为灰、棕褐色亚粘土夹薄层粉砂，厚 3.15 m。

2. 南秦岭-大别山地层区

玉皇顶组　与白垩系寺沟组整合接触，以灰黄、灰绿、棕红色砂质泥岩、钙质泥岩和灰岩、浅肉红色泥灰岩为主，局部夹砾岩和砂岩。一般厚 200～600 m，湖北境内厚 502～1 338 m。含脊椎动物 *Asiocoryphodon conicus*，*Manteodon flerowi*。时代为古一始新世。

大仓房组　褐红及棕红色泥岩、砂质泥岩、含膏泥岩、棕黄色砂岩、含砾砂岩、灰色砂砾岩，夹灰白色泥灰岩，局部夹薄层石膏，厚 170～1 200 m，下粗上细。含脊椎动物 *Sinohadrianus sichuanensis*，*Euryodon minomus* 及腹足类、介形类。时代为始新世。

核桃园组　棕红、灰绿色泥岩、钙质泥岩与灰白、灰绿色泥灰岩互层，下部局部夹碳质泥灰岩和浅棕色粉砂岩，上部夹薄层砾岩。厚100～800 m。在南阳凹陷夹含油岩系。含脊椎动物：*Sinohadrianus sichuanensis*，*Breviodon minutus* 和腹足类、介形类。时代为始新世。

上寺组　灰褐色厚层砾岩为主，夹浅棕红色泥岩，区域上与凤凰镇组不整合接触，厚100～500 m，未获化石，暂归始新世。

凤凰镇组/沙坪组（二组实为同一组）　凤凰镇组分布于河南李官桥盆地，下部为深灰色砾岩夹暗灰绿色泥岩，中部为褐、棕红色、灰绿色粘土岩、砂岩、粉砂岩夹砂砾岩，上部为灰、灰白色泥灰岩，局部为灰褐色砂岩及含砾砂岩，厚几十至几百米，产哺乳动物 *Gazella gaudryi*，时代为新第三纪。沙坪组分布在湖北房县盆地，下部为中—厚层砾岩，中部为黄白色泥灰岩、砂质泥灰岩、含砾泥灰岩夹砂砾岩，上部为灰黄、黄白色厚层含砾泥灰岩与砾岩、泥岩互层，顶部为红色砾岩，厚330 m。

第四纪沉积主要分布在南阳-襄樊盆地。更新统下亚统多被覆盖，底板埋深80～117 m，厚50～93 m，不整合于凤凰镇组之上，主要为灰绿色、棕红色粘土、钙质粘土、亚粘土夹棕黄色砂砾石层和砂层，为河—湖相沉积。更新统中亚统，在盆地内冲-洪积层厚20～40 m，为棕红、桔黄色粘土、亚粘土夹钙质粉砂岩，属河—湖相沉积；郧县杜家沟洞穴堆积中含大量古脊椎及哺乳类动物化石，均属大熊猫—剑齿象动物群中的组成部分。更新统上亚统，盆地内主要为冲积-湖积，为灰黄、棕黄色粘土、亚粘土，夹灰黑色粘土和砂层，厚5～15 m；也发育有冲—洪积层，主要为灰黄色砂砾石层和灰黑色粘土、桔黄色亚粘土、亚砂土，厚3～12 m。全新统分布在河谷和山麓，主要为冲积、坡积及残积物；在淅川西南35km有下王岗遗址，地层厚3～4 m，为灰绿色亚砂土、亚粘土，遗址中含大量人骨、动物化石和仰韶、龙山至西周多期文化层，^{14}C 测定结果距今9 200±200年，为全新世。

二、生物地层单位

秦岭-大别山造山带前寒武纪生物地层研究程度较低，一些微古植物时代跨度大，无法建带。古生代古生物比较繁盛，河南已建立生物地层单位。三叠纪—白垩纪地层零星，化石贫乏，无法建带。新生代南阳凹陷内有轮藻、介形类，已建立生物带。简述如下。

（一）早古生代生物地层单位

在秦祁昆地层区，二郎坪群中仅发现放射虫和头足类、腹足类，放射虫与贵州牛蹄塘组的相似，并发育较多地方性属种（Wang，1989）。头足类 *Actinoceras* 及腹足类 *Liospira*，*Lophospira* 皆为华北型，但无法建带。

在南秦岭-大别山地层区，仅十堰-随州地层分区内做过生物地层研究，主要有裴放等（1987）、阎国顺等（1988）、杨家骍等（1991）、刘印环等（1991）、河南地矿局（1989）、李晋僧等（1991）、倪世钊等（1994）。迭部-旬阳地层分区内未进行生物地层研究。现将十堰-随州分区生物地层单位与岩石地层单位对比如下（表9-1）。

由表9-1可以看出，十堰-随州地层分区寒武纪以三叶虫为主，淅川地区为华南型，而丹江地区具较多华北型分子，总体由漂浮→混合→底栖群落发展（杨家骍等，1991）。奥陶纪动物群性质独特，早—中奥陶世牙形石为华南型，而中奥陶世晚期—晚奥陶世牙形石为华北型（裴放等，1987），共生的珊瑚、腕足类也是华北型（刘印环等，1991）。随州地区奥陶纪牙形石和淅川地区类似（倪世钊等，1994）。志留纪以笔石为主，三叶虫次之，皆属华南型。上述

表 9-1 南秦岭-大别山地层区十堰-随州地层分区早古生代生物地层划分对比表

Table 9-1 Early Palaeozoic biostratigraphic division and correlation in Shiyan-Shuizhou stratigraphic subregion, South Qinling-Dabeshan stratigraphic region

年代地层		浙川地区						丹江地区		
系	统	组	三叶虫	牙形石	珊瑚类	腕足类	笔石	组	三叶虫	牙形石
志留系	下统	张湾组					*Monograptus sedgwickii*			
							Demirastrites convolutus			
							Demirastrites triangularis			
							Coronograptus leei			
奥陶系	上统	蛮子营组	*Pliomerina – Sinocephaloides*	*Yaoxianognathus yaoxianensis – Belodina stonei*	*Agetolites – Agetolitoides – Agetolitella*	*Palaeoschizophora – Salopina*				
						Nalivkinia – Kritorhynchia				
	中统			*Aphelognathus neixiangensis – Phragmodus undatus*	*Favistina – Calapoecia – Plasmoporella*	*Catazyga – Rostricellula*				
		岞岫组								
	下统	牛尾巴山组		*Serratognathus diversus*						
		白龙庙组		*Scolopodus barbatus*						
								秀子沟组		*Acodus oneotensis*
寒武系	上统	石瓮子组							*Chuangiella*	
									Bergenonifes – Mansuyia	
	中统	岳家坪组						习家店组	*Xichuangia – Eoshengia*	
									Linguagnostus – Diplagnostus	
									Aspidagnostus	
								冯家凹组	*Triplagnostus – Doryagnostus*	
									Mufushania	
									Paraperiomma	
	下统	水沟口组	*Redlichia hupehensis – Megapalaeolenus*					岩屋沟组		
			Ichangia – Neocobboldia					杨家堡组		
			Hupeidiscus – Sinodiscus							

生物地层的变化与盆地及大地构造演化密切相关。

（二）晚古生代生物地层单位

十堰-随州地层分区泥盆纪—石炭纪生物地层主要有阎国顺等（1988）、河南地矿局（1989）作过研究，以珊瑚、䗴为主，其次有植物和腕足类，生物地层划分及与年代地层、岩石地层单位对比见表 9－2，上述生物群的性质皆为华南型。

表 9－2　南秦岭-大别山地层区十堰-随州地层分区淅川地区泥盆纪、石炭纪生物地层划分对比表

Table 9－2　Devonian，Carboniferous biostratigraphic division and correlation in Xichuan area，Shiyan－Shuizhou stratigraphic subregion，South Qinling－Dabeshan stratigraphic region

年代地层			岩石地层	生物地层	古生物门类
系	统	阶			
石炭系	中统	纳缪尔阶	三关垭组	9. *Fusulinella pulchra* 带	䗴
				8. *Profusulinella* 带	
				7. *Pseudostaffella* 带	
				6. *Eostaffella* 带	
	下统	韦宪阶	梁沟组	5. *Yuanophyllum* － *Kueichouphyllum* 组合带	珊瑚
		杜内阶	下集组	4. *Beichuanophyllum* － *Siphonophyllia* 组合带	
泥盆系	上统	法门阶	葫芦山组	3. *Sublepidodendron mirabile* － *Lepidodendropsis hirmeri* 组合带	植物
				2. *Yunnanella* － *Yunnanellina* 组合带	腕足类
		弗拉斯阶	王冠沟组	1. *Pencokiella* － *Donia* 组合带	珊瑚
			白山沟组		

注：据阎国顺等，1988。

（三）老第三纪生物地层单位

老第三纪动物群以轮藻、孢粉、介形类为主，南阳-襄樊盆地内已有赵厚宏、郭书元等（1985）做过研究，生物地层单位与岩石、年代地层的关系见表 9－3。

三、秦岭-大别山造山带形成与演化

（一）关于造山带构造单元划分的认识

秦岭-大别山造山带跨越华北、华南两大板块，对它的形成与演化的认识观点很多，许多学者（王鸿祯等，1982；许志琴等，1988；张国伟等，1988；游振东等，1991；耿树方等，1991；张二朋等 1993；李晋僧等，1994；程裕淇等 1994）都提出了各自的见解，不尽相同。归纳起来主要有三种认识：一是王鸿祯等（1982）提出的北秦岭为华北板块南部边缘，南秦岭为华南板块北部边缘的二分说；二是耿树方等（1991）提出的华北、华南地台原本是一个板块的

表 9-3 南秦岭-大别山地层区南阳-襄樊凹陷老第三纪生物地层划分对比表

Table 9-3 Early Tertiary biostratigraphic division and correlation in Nanyang - Xiangfen depressional basin, south Qinling - Dabeshan stratigraphic region

年代地层		岩石地层	生物地层		
系	统		轮藻	孢粉	介形类
下第三系	E_3	核桃园组	*Charites producta - Croftiella piriformis* 组合带	*Meliaceoidites - Rutaceoipollis - Ephedripites* 组合带	*Cyprinotus xiaozhuangensis - C. liaozhuangensis - C. jingheensis* 组合带
	E_2		*Croftiella - Stephanochara - Obtusochara* 组合带	*Taxodiaceaepollenites*	*Cyprinotus macronefandus - C. igneus - C. posterocylincus* 组合带
		大仓房组	*Obtusochara jianglingensis - Gyrogona qianjiangensis* 组合带		*Cyprinotus jianglingensis - C. minor - C. cuneatus* 组合带
		玉皇顶组		*Proteacidites - Parciporites - Ephedrilipites* 组合带	*Sinocypris multiparcta - Limnocythere hubeiensis - Eucypris subtriangularis - Cypris henanensis* 组合带
	E_1				

注：据赵厚宏、郭书元等，1995。

一元说；三是张国伟等（1995）提出的除华北、华南板块之外，尚有秦岭微板块的三分说。本文采用二分说。关于华北、华南两大板块的边界认识也不统一，王鸿祯等（1985）认为是山阳—桐柏—商城断裂，程裕淇等（1994）则认为是商南-梅山断裂。

关于秦岭-大别山造山带演化阶段的划分也有不同认识。板块运动开始的时间有中元古代（程裕淇等，1994）、晚元古代（张国伟等，1995；胡能高，1995）和早古生代（高延林，1990）三种观点。华北、华南板块最终缝合的时间又有加里东期（许志琴等，1988）、华力西—印支期（张二朋等，1993）、印支期（王鸿祯等，1982；程裕淇等，1994）三种认识。

（二）秦岭-大别山造山带演化阶段

该造山带跨越华北、华南两大板块，商南-镇平-龟山-梅山断裂为主缝合线（程裕淇等，1994），断裂以北为华北板块南缘的北秦岭褶皱带，断裂以南为扬子板块北缘的南秦岭褶皱带。在地壳演化历程中，该造山带经历了三个主要演化阶段，即前造山阶段、主造山阶段和后造山阶段。现分述之。

1. 前造山阶段

（1）太古宙—早元古代早期，桐柏—大别山地区岩浆活动剧烈，花岗质岩浆侵入生戉TTG岩系；喷发沉积了火山-沉积岩系，形成大别山（岩）群、桐柏山（岩）群，山东胶南生成性质相似的胶南（岩）群。三（岩）群位于扬子区东北端，可以看成是其根部物质（程裕淇等，1994）。早元古代早期末，三（岩）群普遍经历一次构造-热事件，形成基底。

（2）早元古代晚期，基底边部发生广泛的边缘裂谷，生成火山喷发沉积岩系。大别山（岩）群周围生成红安（岩）群、宿松（岩）群，桐柏山（岩）群西部生成陡岭（岩）群，胶南（岩）群南部生成海州（岩）群，表明陆块逐渐向东、西、南三个方向迅速扩展。

秦祁昆地区缺少太古宙沉积。早元古代该地区处于华北陆核南缘，生成长条状活动陆缘沉积秦岭（岩）群。早元古代末秦岭（岩）群褶皱形成该区基底。

2. 主造山阶段

（1）中元古代早期（1 800 Ma），华北陆块南部发生三叉裂谷（孙枢等，1982）。两支在华北陆块内延伸，喷发沉积了熊耳群；另一支伸达陆块南缘，生成宽坪裂谷，将秦岭（岩）群与华北陆块分开，出现秦岭古洋，裂谷内生成宽坪（岩）群。秦岭（岩）群周缘生成陆缘沉积峡河（岩）群。

在扬子陆块北缘南秦岭地区，变为被动大陆边缘。基底周缘早元古代晚期的裂谷作用持续发展，生成红安（岩）群、海州（岩）群上部地层；在陡岭（岩）群西、南部发生扩张，生成武当山（岩）群。

（2）在晚元古代，扬子板块向秦岭古洋之下俯冲，生成镇平-龟山断裂，龟山（岩）组与峡河（岩）群相接触，峡河（岩）群中发育高压变质带（胡能高，1995），总体反映在1 000 Ma左右有一次碰撞事件。大别山（岩）群中的高压变质带也证实了这次碰撞的发生（汤加富等，1996）。古秦岭洋和秦岭（岩）群分别俯冲到秦岭（岩）群和华北板块之下，导致宽坪裂谷闭合，宽坪（岩）群增生到华北板块之上，生成栾川-明港断裂。南秦岭裂谷活动停止，短时抬升为陆。在震旦纪，北秦岭缺少沉积，扬子板块内北去的海水到达南秦岭，生成广泛分布的陡山沱组和灯影组。

（3）早古生代，北秦岭变成华北板块南部的活动大陆边缘，秦岭（岩）群北侧发育弧后裂陷盆地，生成二郎坪群类蛇绿岩套，时代为寒武纪—奥陶纪。二郎坪群上部发现浅海相头足类、腹足类，均为华北型分子，表明中奥陶世二郎坪弧后盆地已演化成浅海，并与华北海相通。

在南秦岭，早古生代形成扬子板块北部的被动大陆边缘，形成张裂为主的裂陷盆地（李晋僧，1994）。淅川、随州地区奥陶纪发育火山岩，寒武纪三叶虫和早奥陶世牙形石皆为扬子型，中奥陶世晚期和晚奥陶世牙形石、珊瑚皆为华北型，与华北板块西缘的陕西陇县动物群相似，表明当时南秦岭北部海水与华北板块相通，形成“L”形海槽。到志留纪，裂陷盆地由北向南收缩，到中志留世海域仅存在旬阳以南，笔石动物群又是华南型。

加里东运动使扬子板块继续向北俯冲到华北板块之下，导致华北海在中奥陶世开始向北退去。到晚奥陶世转移到板块西缘，板块整体抬升为陆，缺少晚奥陶世—早石炭世沉积。而南秦岭志留纪亦抬升为陆，缺失晚志留世—中泥盆世沉积。

（4）泥盆纪—三叠纪时，由于扬子板块持续向华北板块之下俯冲，秦岭洋变窄，在北秦岭二郎坪群南侧生成浊流沉积小寨组和抱树坪组，在二郎坪群北侧海槽接受华北板块上石炭纪—二叠纪由北而南的海水，生成复理石沉积柿树园组。在大别山地区，扬子板块与华北板块对接，在石炭纪形成断陷盆地，生成含煤岩系，短时有海水流入。

在南秦岭北部，泥盆纪出现海槽，生成浊流沉积南湾组。中部为浅海，生成晚泥盆世—中石炭世碳酸盐岩为主的沉积。

华力西运动使南秦岭褶皱形成复向斜，北秦岭海槽褶皱，海域仅残留在桐柏一带，直到早三叠世（冯庆来等，1995）。印支运动期间，北秦岭内大型构造带发生左行走滑以及由北向南逆冲（裴放等，1995），致使秦岭海槽闭合，华北、扬子板块完全对接，形成统一的中国板块（王鸿祯等，1982）。

3. 后造山阶段

在扬子板块与华北板块对接后，侏罗纪—白垩纪发生陆内造山。大型构造带左行走滑继续发展，导致秦岭造山带进一步隆升，局部生成断陷盆地。燕山运动造山带发生由南向北的浅层次反冲，并生成郯城-庐江左行走滑断裂（徐嘉炜等，1964；汤加富等，1996）。燕山运动完成陆内造山，奠定构造格局。新生代盆地仅有南阳-襄樊凹陷，生成陆相含油岩系。

第十章

结 束 语

一、取得的主要成果和新认识

三年来，《中国华北区区域地层》编写人员在全国项目办、华北大区地层清理领导小组的指导和支持下，全面完成了“全国地层多重划分对比研究”项目总体设计对大区总结报告的要求和预定目标。不仅重点完成了中元古代—第三纪的地层清理总结，而且对早前寒武纪和第四纪地层也进行了探讨；对省级清理阶段中某些岩石地层单位含义、底顶界线存在的分歧和矛盾，妥善地进行了处理，从而使华北晋冀鲁豫地层区古生代岩石地层单位的名称、含义、上下顶底界面达到了划分上的统一，并进一步减少了组级岩石地层单位；对未能进行全区划分统一的其他断代地层，则通过区域对比，在分区或更大范围内选择具代表性的岩石地层单位，并分别确立了其地层序列；对早、晚古生代地层编制了大区域性的地层柱状对比图，并对各断代岩石地层的时空分布特征深入地进行了分析，进而探讨了其地球动力学机制。

(1) 通过对华北晋冀鲁豫地层区早前寒武纪群级岩石地层单位的清理，按岩石地层特征将该地层区早前寒武纪地层划分为区域上可相互对比的5～6套群或(岩)群级岩石地层单位，选择了曹庄（岩）群、迁西（岩）群、阜平（岩）群、五台（岩）群、滹沱群作为其代表性的群级岩石地层单位，并确立其序列。依据大量的采用多种方法获得的同位素年龄数据，探讨了前述几大套岩石地层单位的年代属性。

(2) 确立了不同地层分区间晚前寒武纪岩石地层单位的对比关系，明确了中、晚元古代的代表性岩石地层单位序列为：熊耳群，汝阳群的云梦山组、白草坪组、北大尖组（豫西地区）；串岭沟组、团山子组、大红峪组、高于庄组、杨庄组、雾迷山组、洪水庄组、铁岭组、下马岭组、长龙山组、景儿峪组（蓟县地区）；五行山群的桥头组、长岭子组、南关岭组、甘井子组，金县群的营城子组、十三里台组、马家屯组、崔家屯组、兴民村组（辽东地区）。并以大量的同位素年龄资料为依据，按代表性岩石地层单位序列，编制了晚前寒武纪地质年表（其中将长城纪下限修订为1 850 Ma，详见表4-2）。根据已有资料（叠层石、微古植物、宏观藻类和后生动物）对全区中、晚元古代的古生物面貌、分布特点和演化趋势等，做了简要的概括和总结。在新确立的地层序列的基础上，恢复了中、晚元古代主体沉积-构造环境为一系列三叉裂谷和裂陷槽，对以裂谷为背景、具天平式摆动特征的沉积地层格架进行了探讨。

(3) 确立了华北寒武纪、奥陶纪岩石地层序列，自下而上为：辛集组（霍山组）、朱砂洞组（昌平组、馒头组、张夏组、炒米店组、冶里组、亮甲山组、马家沟组、克里摩里组、龙门洞组、背锅山组，以及三山子组（白云岩化的张夏组—亮甲山组）。在已有资料的基础上，分析研究了以三叶虫、牙形石、头足类、笔石为内容的早古生代生物地层单位，并通过编制区域性地层多重划分柱状对比图、表，验证了区内早古生代岩石地层单位穿时的普遍性。

(4) 建立了石炭纪、二叠纪、三叠纪岩石地层序列：月门沟群（本溪组、土坡组、太原组、山西组、天龙寺组、神岩组、平顶山组），石千峰群（孙家沟组、刘家沟组、和尚沟组），二马营组，延长群（峪底组、义牒河组、胡家村组、永坪组、瓦窑堡组）。在前人资料的基础上，分别划分了䗴、牙形石、古植物等门类的生物地层单位。通过地层多重划分及对比，进一步证实了华北石炭纪、二叠纪岩石地层单位的穿时性。

(5) 根据中生代地层的时空分布受控于地质构造的特点，将侏罗纪—白垩纪地层划分为四个世代成盆期的堆积类型，确立了以鄂尔多斯（大型内陆坳陷盆地）和燕辽（多世代火山-沉积盆地）为代表的岩石地层序列。在此基础上，依据已有的生物化石资料，探讨了四个世代成盆期主要岩石地层单位的地质年代属性。

(6) 根据地层发育程度、岩石组合特点、层序结构及接触关系等，将新生代地层划分为七个断代地层分区，每一分区均确立了其代表性的岩石地层单位及序列，并按岩石组合类型和地貌类型分别分析了第三纪（裂陷）盆地的沉积特征和第四纪堆积物的特点。依据不同地层发育区中哺乳动物、介形类、腹足类、轮藻、孢粉及古植物等生物组合特征，探讨了第三纪主要岩石地层单位的地质年代属性，并以哺乳动物及古地磁资料为重点，讨论了第四纪主要岩石地层单位的时限、第四纪底界及内部分界（选定以 2.48 Ma、0.73 Ma、0.14 Ma、0.01 Ma 作为 Q/N、Qp^2/Qp^1、Qp^3/Qp^2、Qh/Qp 的分界）。在此基础上，通过对下辽河-华北平原和鄂尔多斯裂陷盆地以及胶辽地块边缘地堑聚煤盆地的形态特征、沉积体系、沉陷幅度及发育阶段等特征的分析，阐述了新生代岩石地层形成的沉积-构造背景，指出它们的形成、演化与新生代期间西太平洋板块的弧后扩张及印度板块向欧亚大陆的推挤密切相关。

(7) 依据西北、中南、东南大区的地层区划资料，对秦岭-大别山造山带的边界做了调整，并将该造山带划分为秦祁昆地层区的祁连-北秦岭地层分区的中段、东段和南秦岭-大别山地层区的桐柏-大别山、十堰-随州、迭部-旬阳地层分区。通过地层划分对比研究，共选用 106 个正式岩石地层单位和 11 个非正式（岩）组，并对正式岩石地层单位的分布、岩石组合、成因、地质时代做了论述。通过对已有生物化石资料的清理，选用了 49 个生物带，并对其与岩石地层、年代地层的关系做了对比。在对造山带的形成与演化进行分析的基础上，将造山带的发展历程划分为前造山、主造山、后造山三个阶段，并论述了各阶段构造发育的基本特征。

二、存在的主要问题和建议

(1) 华北晋冀鲁豫地层区早前寒武纪地层均经受过不同程度的变形和变质作用，目前所建立的地层层序，仍有待进一步工作和验证。

(2) 由于缺少像蓟县中元古界那样连续的地层剖面，因而有的地质学家对辽东和徐淮晚元古代地层层序尚有不同见解。此次对豫西中元古代岩石地层单位的对比和地质年代属性的定位，无论对大多数地质学家的传统认识，还是对因刺球藻类微古植物在汝阳群、高山河群出现而认定它们属震旦纪的认识（朱士兴等，1994），都是值得重视的，今后还需要加强古生物学和同位素年代学的研究。

(3) 早古生代岩石地层单位，在一些地区厚度相差悬殊。如徐淮地层分区和豫西地层分区的馒头组厚达 300～600 m，并夹有较厚的石灰岩“段”，马家沟组的厚度一般也在 500 m 以上。为了提高填图精度及有利于矿产分布的表示，建议将二者均提升为群，之下建立统一的或非统一的组级地层单位。山东将辛集（李官）组、朱砂洞组、馒头组并组为群，称长清群，建议采用此群名。

(4) 由于中生代地层形成于互不相通的陆相盆地中，东部又发育大量的火山岩（熔岩和碎屑岩)，因此在岩石地层单位的对比上，很容易产生不同的认识。如侏罗纪下部含煤地层间及海房沟组、张家口组、大北沟组、九佛堂组、义县组的区域对比，目前尚有不同认识。

(5) 新生代岩石地层由于岩性、岩相变化大，加之不同门类的古生物化石所提供的地质年代意见不尽一致，因而对岩石地层单位的年代属性往往有不同的认识，在区域对比上亦难取得一致意见，这些都有待今后进一步积累资料和深入研究。

(6) 秦岭-大别造山带由于地质构造复杂，研究程度较低，因此对其构造演化和地层发育历史的论述，难免有不协调之处。认为板块活动始于晋宁期的论述，值得进一步探讨。对区内变质变形程度较深的（岩）群、（岩）组，也有待今后深入研究。

(7) 建议在条件成熟时，建立正式的不整合界限地层单位。

参 考 文 献

安徽省地质矿产局编著，1997，安徽省岩石地层。武汉：中国地质大学出版社。

安徽省地质矿产局区域地质调查队，1989，安徽地层志·寒武系分册。合肥：安徽科学技术出版社。

安徽省地质矿产局区域地质调查队，1989，安徽地层志·奥陶系分册。合肥：安徽科学技术出版社。

安特生 J G，1923，中国北部之新生界。地质专报，甲种，第3号。

安芷生、王俊达、李华梅，1977，洛川黄土剖面的古地磁研究。地球化学，(2)。

安芷生、魏兰英、卢演俦，1985，洛川黄土剖面土壤地层学的初步研究。中国第四纪研究，6(1)：166～172。

白瑾主编，1985，五台山早前寒武纪地质。天津：天津科学技术出版社。

白瑾、李惠民、王汝铮，1991，五台花岗一绿岩区单颗粒锆石 U-Pb 法同位素年龄及其可能的地质涵意。天津地质矿产研究所所刊，(25)：1～121。

白瑾、黄学光、戴凤岩、吴昌华，1993，中国前寒武纪地壳演化。北京：地质出版社。

白瑾、黄学光、王惠初等，1997，中国前寒武纪地壳演化(第二版)。北京：地质出版社。

北京市地质矿产局编著，1997，北京市岩石地层。武汉：中国地质大学出版社。

秉志，1928，中国白垩纪之昆虫化石。中国古生物志，乙种，第13号，第1册。

曹照垣、于清河、刘兰锁、何培元，1983，试论中国第四纪下限问题。地质学报，57(1)：96～103。

丛柏林、张雯华、叶大年，1979，华北断块新生代玄武岩的研究。地质学报，53(2)：112～124。

丛柏林、王清晨，1991，中国超高压变质岩研究评述。科学通报，39(24)。

常绍泉，1980，辽东半岛南部晚前寒武纪地层的划分与对比。见：中国震旦亚界，266～287。天津：天津科学技术出版社。

常朝辉、李广荣，1987，山西陵川附城石炭系剖面沉积相分析。见：中国石炭、二叠纪含煤地层及地质学术会议论文集。北京：科学出版社。

车福鑫，1963，陕西陇县上奥陶统的发现。科学通报，(3)。

陈冠芳、张文裕，1976，河北磁县九龙口哺乳动物化石。古脊椎动物与古人类，41(1)。

陈好寿，1980，豫中地区晚太古含铁变质岩系同位素地质年代学研究。宜昌地质矿产研究所所刊，1(3)。

陈汉青、牛映雪，1993，太原西山上古生界多重地层划分。山西地质，8(1)。

陈晋镳，1983，中朝准地台中—末元古代地质演化的初步探讨。地质论评，29(1)：1～8。

陈晋镳，1990，中国东部及邻区晚前寒武纪(C. 1850～600Ma)古地理的再造。中国地质科学院院报，第20号，1～3。

陈晋镳、张惠民、朱士兴等，1980，蓟县震旦亚界的研究。见：中国震旦亚界，56～114。天津：天津科学技术出版社。

陈晋镳、秦正永、王寿琼、万义文，1991，武当群地质特征。天津：天津科技翻译出版公司。

陈茅南、王云生、王淑芳等，1986，河北阳原—蔚县盆地泥河湾层的研究。中国地质科学院院报，第15号，149～160。

陈茅南主编，1988，泥河湾层的研究。北京：海洋出版社。

陈丕基等，1982，中国侏罗、白垩纪化石群序列。中国科学(B辑)，(6)：558～565。

陈瑞保等，1993，豫西峡河岩群层序及变形特征。河南地质，11(2)：104～111。

陈望和、倪明云，1987，河北第四纪地质。北京：地质出版社。

陈跃志、桑宝梁，1985，佛子岭群变质岩石学变质作用及时代的初步研究。中国区域地质，(3)：280～288。

陈钟惠主编，1989，鄂尔多斯盆地东缘晚古生代含煤岩系沉积环境和聚煤规律。武汉：中国地质大学出版社。

程国良等，1978，"泥河湾层"的古地磁学初步研究。地质科学，(3)。

程裕淇主编，1994，中国区域地质概论。北京：地质出版社。

池际尚主编，1988，中国东部新生代玄武岩及上地幔研究。武汉：中国地质大学出版社。

德日进、杨钟健，1930，山西西部与陕西北部蓬蒂纪后黄土期前之地质观察。地质专报，甲种，第8号。

德日进、杨钟健，1931，中国北部新生代哺乳动物化石。中国古生物志，丙种，第9号，第1册。

丁培榛、范嘉松等，1961，山东淄博上古生代地层。地质集刊，7号。

杜汝霖，1984，赵家庄组的建立及太行—五台山区滹沱群与长城系的关系。河北地质学院学报，(1)。

杜汝霖编，1992，前寒武纪古生物学及地史学。北京：地质出版社。

樊金涛，1995，苏北海州群细碧角斑岩系的成因。中国区域地质，(2)：118～124。

方如恒等，1981，辽东半岛辽河群划分与对比。辽宁地质学报，(1)。

房立民等，1991，变质岩区1：5万区域地质填图方法指南。武汉：中国地质大学出版社。
冯庆来等，1994，河南桐柏地区三叠纪早期放射虫动物群及其地质意义。地球科学，19(6)：787～794。
冯增昭等，1990，华北地台早古生代岩相古地理。北京：地质出版社。
冯增昭等，1991，鄂尔多斯地区早古生代岩相古地理。北京：地质出版社。
傅智雁、袁效奇、耿国仓，1994，河套盆地第三系及其生物群。地层学杂志，18(1)：24～29。
高劢等，1995，直接测定内蒙古腮林忽洞组碳酸盐 Pb-Pb 同位素年龄。中国区域地质，(4)。
高联达等，1988，河南信阳南湾组微体化石的发现及其地质意义。地质论评，34(5)：421。
高延林、吴向东、左国朝、张国伟，1990，关于中国南北板块界线的新认识——昆仑-秦岭缝合带。见：造山带、盆地、环太平洋构造。北京：地质出版社。
高振西、熊永生、高平，1934，中国北部震旦纪地层。中国地质学会志，13卷，243～288。
葛同明，1984，洛川黄土沉积层的磁性地层学研究。海洋地质与第四纪地质，4(1)：37～44。
耿树方、严起明，1991，论扬子地台与华北地台同属一个岩石圈板块。中国区域地质，(2)。
关保德、耿午辰、戎治权、杜慧英，1988，河南东秦岭北坡中—上元古界。郑州：河南科学技术出版社。
关保德、潘泽成、耿午辰、戎治权、杜慧英，1980，东秦岭北坡震旦亚界。见：中国震旦亚界，288～313。天津：天津科学技术出版社。
顾玉珉，1978，周口店新洞人及其生活环境。见：古人类论文集，158～171。北京：科学出版社。
顾知微，1962，中国的侏罗系和白垩系。见：全国地层会议学术报告汇编。北京：科学出版社。
关士聪、车树政，1955，内蒙古伊克昭盟桌子山区域地层系统。地质学报，35(2)：95～108。
郭书元、张泽润、朱达今，1985，济源盆地早第三纪地层和古生物特征。地层学杂志，9(1)：35～46。
哈兰德.W.B.考克斯.A.V，卢埃林.P.G等，地质年代表。袁相国、姬再良、刘椿等译，1987。北京：地质出版社。
韩同相、王赛义、鲁杏林等，1987，地层划分与对比。见：太原西山含煤地层沉积环境。北京：煤炭工业出版社。
韩云生，1982，论泥河湾层。地层学杂志，6(2)：121～127。
郝杰、李日俊、刘小汉、朱新人，1996，东秦岭陡岭古岛弧和武当古弧后盆地及其地质意义。中国区域地质，(1)：44～50。
郝诒纯等，1986，中国的白垩系，中国地层(12)。见：中国地层概论。北京：地质出版社。
河北省地质矿产局编著，1996，河北省岩石地层。武汉：中国地质大学出版社。
洪友崇、阳自强、王士涛等，1974，辽宁抚顺煤田地层及生物群的初步研究。地质学报，48(2)：113～158。
胡长康、齐陶，1978，陕西蓝田公王岭更新世哺乳动物群。中国古生物志，新丙种，第21号。
胡能高等，1995，秦岭造山带内高压榴辉岩变质带与元古宙碰撞作用。中国区域地质，(2)：142～147。
黄培华，1991，北京猿人洞堆积层的ESR年代、堆积旋回与深海气候旋回的对比研究。见：梁名胜、张吉林编，中国海陆第四纪对比研究，234～241。北京：科学出版社。
黄万波，1986，第四纪哺乳动物与气候变迁。中国第四纪研究，7(2)：54～60。
黄学光，1993，中晚元古代地壳。见：中国前寒武纪地壳演化，119～140。北京：地质出版社。
吉林省地质矿产局编著，1997，吉林省岩石地层。武汉：中国地质大学出版社。
计宏祥，1980，陕西蓝田地区第四纪哺乳动物群的划分和演变。古脊椎动物与古人类，19(1)。
计宏祥，1987，中国第四纪哺乳动物群的地理分布与划分。地层学杂志，11(2)：91～102。
计宏祥，1993，中国几个主要哺乳动物地点的晚上新世—早更新世界线。地层学杂志，17(3)：161～170。
贾兰坡、王择义、王健，1962，匼河—山西西南部旧石器时代初期文化遗址。北京：科学出版社。
贾兰坡，1966，陕西蓝田新生界。见：陕西蓝田新生界现场会议论文集，1～31。北京：科学出版社。
贾兰坡、盖培、尤玉柱，1972，山西峙峪旧石器时代遗址发掘报告。考古学报，(1)。
贾兰坡、卫奇、李超荣，1979，许家窑旧石器时代文化遗址1976年发掘报告。古脊椎动物与古人类，17(4)。
江博明、B.欧弗瑞、J.柯尼协、白益良、沈其韩、刘敦一，1988，中国冀东3 500 Ma斜长角闪岩系的野外产状、岩相学、Sm-Nd同位素年龄及稀土地球化学。中国地质科学院地质研究所所刊，18号，1～32。
江苏省地质矿产局编著，1997，江苏省岩石地层。武汉：中国地质大学出版社。
姜春潮，1981，论辽东前寒武系。沈阳地质矿产研究所所刊，2(1)。
金嗣炤、彭子成、黄培华、梁任又，1988，洛川黄土的ESR研究。科学通报，33(14)：1092～1095。
赖才根等，1982，中国的奥陶系。见：中国地层概论。北京：地质出版社。
兰昌益，1984，淮南煤田二叠纪含煤岩系的沉积环境。淮南矿业学院学报，1984(2)。

黎兴国等,1984,河套及萨拉乌苏文化的年代。见:第一次全国^{14}C学术会议论文集,141～143。北京:科学出版社。
李保生、董光荣、高尚玉、邵亚军,1987,鄂尔多斯萨拉乌苏河地区马兰黄土与萨拉乌苏组的关系及其地质时代问题。地质学报,61(3):219～230。
李传夔、吴文裕、邱铸鼎,1984,中国陆相新第三系划分与对比。古脊椎动物学报,22(3):163～178。
李春昱,1980,中国板块构造的轮廓。中国地质科学院院报,2(1):11～12。
李晋僧、曹宣铎、杨家騄等,1984,秦岭显生宙与海盆沉积演化史。北京:地质出版社。
李鼎容、彭一民、刘清泗等,1979,北京平原上新统—更新统的划分。地质科学,(4):342～349。
李华梅,1985,中国北方几个典型地质剖面的磁性地层学研究。中国第四纪研究,6(2):29～33。
李曙光等,1991,一个距今10亿年侵位的阿尔卑斯型橄榄岩体——北秦岭晚元古代板块构造体制的证据。地质论评,37(3):235～241。
李树勋、冀树楷等,1986,五台山区变质沉积铁矿地质。长春:吉林科学技术出版社。
李四光、赵亚曾,1926,中国北部古生代含煤地层之分层及其关系(英文)。中国地质学会会志,5(2)。
李四光,1927,中国北部之䗴科。中国古生物志,乙种,第4号,第1册。
李四光,1931,中国海中纺绦状有孔虫之种类及分布。中国地质学会志,10(1～4)。
李四光著,1939,中国地质学。张文佑编译。正风出版社。
李星学,1963,华北月门沟群植物化石。中国古生物志,新甲种,第6号。
李星学,1983,东亚石炭纪和二叠纪植物地理分区,中国古生物地理区系。北京:科学出版社。
李应培,1980,渤海沿岸地区早第三纪化石群。见:国际交流地质学术论文集(4)。北京:地质出版社。
李永昭、潘建英、曹照垣、胡景江、周淼林、陈茅南、王淑芳、张志良,1973,中国第四纪冰期的探讨。地质学报,47(1):94～101。
李云通、李子舜,1980,河北井陉"雪花山组"的腹足类化石及其地层意义。地质学报,54(4):260～274。
李云通等,1984,中国的第三系,中国地层(13)。北京:地质出版社。
辽河油田地质志编写组,1993,中国石油地质志(卷三)——辽河油田。北京:石油工业出版社。
辽宁省地质矿产局编著,1997,辽宁省岩石地层。武汉:中国地质大学出版社。
林德超等,1990,河南省宽坪群及其边界特征。见:秦岭—大巴山地质论文集(一)·变质地质。北京:北京科学技术出版社。
林景星,1977,华北平原第四纪海进海退现象的初步认识。地质学报,51(2):109～118。
刘宝珺、曾允孚主编,1985,岩相古地理基础和工作方法。北京:地质出版社。
刘东生,1960,陕西西安蓝田间新生界剖面。地质科学,(4)。
刘东生、丁梦林,1983,中国第四纪地层和更新统上新统界限。中国第四纪研究,6(2):9～18。
刘东生、丁梦林,1983,晚第三纪以来中国古环境的特征及其发展历史。地球科学,(4):15～28。
刘东生、袁宝印、高福清、孙福庆,1985,中国黄土区第四纪脊椎动物。中国第四纪研究,6(1):126～135。
刘东生主编,1985,黄土与环境。北京:科学出版社。
刘敦一、R. W. 佩吉、W. 康普斯敦、伍家善,1984,太行山—五台山区前寒武纪变质岩系同位素地质年代学研究。中国地质科学院院报,第8号,57～82。
刘敦一、伍家善、赵敦敏、耿元生、张宗清、江博明、B. 欧津瑞、P. 休昆,1990,中国最老地壳同位素年龄。中国地质,(6):29。
刘光华等,1987,华北晚古生代盆地南带二叠系三角洲沉积体系与成煤作用。见:中国石炭、二叠纪含煤地层及地质学术会议论文集。北京:科学出版社。
刘国惠、张寿广、游振东、索书田、张国伟等,1993,秦岭造山带主要变质岩群及变质演化。北京:地质出版社。
刘嘉麒,1989,中国的第四纪火山。中国第四纪研究,8(1):180～184。
刘训,1988,对中国东部中、新生代盆地沉积-构造发展的几点认识。地质学报,62(1):111～122。
刘印环、王建平、张海清、杜风军,1991,河南的寒武系和奥陶系。北京:地质出版社。
刘瑜、李润兰,1987,太原西山石炭、二叠纪含煤地层中牙形刺特征面貌及时代讨论。煤炭科学技术(增刊)。
卢衍豪、董南庭,1952,山东寒武纪标准剖面新观察。地质学报,32(3):164～201。
卢衍豪、董南庭,1982,河北唐山晚寒武世地层的再研究。地层学杂志,6(2):85～91。
鲁杏林、孙维汉,1987,太原西山石炭—二叠系的䗴类综合带,煤炭科学技术(增刊)。
陆松年等,1989,蓟县—平谷长城系地质年龄数据新知及年代地层格架。天津地质矿产研究所所刊。
陆松年、李惠民,1991,用单颗粒锆石U-Pb法精确测定大红峪组年龄。中国地质科学院院报,(22)。
陆松年,1994,Sm-Nd等时年龄合理性的判别。中国区域地质,(2)。

马杏垣、刘和甫、王维襄、汪一鹏，1983，中国东部中、新生代裂陷作用和伸展构造。地质学报，57(1)：22～32。
马杏垣主编，1986，中国及邻区海域岩石圈动力学图(1：400万)及说明书。北京：地质出版社。
马杏垣、白瑾、索书田、劳秋元、张家声，1987，中国前寒武纪构造格架及研究方法。北京：地质出版社。
马醒华、钱方、李晋、鞠石强，1978，"蓝田人"年代的古地磁研究。古脊椎动物与古人类，16(4)：238～243。
迈尔A.D.，1991，沉积盆地分析原理。孙枢等译。北京：石油工业出版社。
煤炭部煤炭科学研究院地质勘探分院、山西煤田地质勘探公司，1987，中国平朔矿区含煤地层沉积环境。西安：陕西人民教育出版社。
煤炭部煤炭科学研究院地质勘探分院、山西煤田地质勘探公司，1987，太原西山含煤地层沉积环境。北京：煤炭工业出版社。
内蒙古自治区地质矿产局编著，1996，内蒙古自治区岩石地层。武汉：中国地质大学出版社。
倪世钊、杨德骊等，1994，东秦岭东段南带古生代地层及沉积相。武汉：中国地质大学出版社。
泥河湾新生代地层小组，1974，泥河湾盆地晚新生代几个地层剖面的观察。古脊椎动物与人类，12(2)。
宁夏回族自治区地质矿产局编著，1996，宁夏自治区岩石地层。武汉：中国地质大学出版社。
裴放，1995，河南南台地区韧性剪切带及构造变形相。中国区域地质，(4)：323～333。
裴放、蔡淑华，1987，河南省奥陶纪牙形石。武汉：武汉地质学院出版社。
裴放、张元国、刘长乐，1995，河南北秦岭晚古生代孢子化石的发现及其意义。中国区域地质，(2)：112～117。
裴文中、吴汝康、贾兰坡、周明镇、刘宪亭、王择义，1958，山西襄汾县丁村旧石器时代遗址发掘报告。中国科学院古脊椎动物与古人类研究所专刊，甲种，第2号。
裴文中、黄万波，1959，对于三门系的一些意见。见：三门峡第四纪地质会议论文集，3～20。北京：科学出版社。
裴文中，1964，中国的新生界。见：全国地层会议学术报告汇编(总论)。北京：科学出版社。
裴静娴，1980，热发光年龄测定在"北京人"遗址文化层中的应用。中国第四纪研究，5(1)：87～95。
裴宗诚，1959，晋东南石千峰统一延长统地层介绍及石千峰统时代的商榷。全国地层会议山西现场会议文件汇编。
潘钟祥，1934，陕北油母页岩地质。地质汇报，第24号。
潘钟祥，1936，陕北古期中生代植物化石。中国古生物志，甲种，第4号，第2册。
乔广生、王凯怡、郭起凤、张桂存，1987，冀东早太古岩石Sm-Nd同位素年龄测定。地质科学，(1)：86～92。
乔广生、翟明国、闫月华，1990，鞍山地区太古代岩石同位素地质年代学研究。地质科学，(2)：158～165。
乔秀夫、张德全、王雪英、夏明航，1985，晋南西阳河群同位素年代学研究及其地质意义。地质学报，59(3)：258～269。
乔秀夫等，1983，山西中部小两岭组火山岩的铷-锶同位素年龄测定。中国地质科学院院报，第5号。
乔秀夫、高林志，1990，北京西山寒武系层序地层。中国地质科学院地质研究所所刊，第22号。
乔秀夫、姚培毅、王成述等，1991，内蒙古渣尔泰群层序地层及构造环境。地质学报，65(1)：1～16。
乔秀夫、宋天锐、高林志、彭阳、李海兵、高劢、宋彪、张巧大，1994，碳酸盐岩振动液化层序列。地质学报，68(1)：16～34。
乔秀夫、高劢，1997，中国北方青白口系碳酸盐岩Pb-Pb同位素测年及意义。地球科学(中国地质大学学报)，22(1)：1～70。
邱占祥、邱铸鼎，1990，中国晚第三纪地方哺乳动物群的排序及其分期。地层学杂志，14(4)：243～258。
邱树玉、刘洪福，1982，小秦岭地区(陕西境内)晚前寒武纪叠层石及其生物地层意义。西北大学学报(前寒武纪地层专辑)。
全国地层委员会，1990，中国元古时期地层分类命名会议纪要。地质论评，36(4)。
任纪舜等，1990，中国东部及邻区大陆岩石圈的构造演化与成矿。北京：科学出版社。
芮琳，1983，江苏贾汪煤田泉旺头灰岩的䗴类。古生物学报，22(2)。
芮琳、侯吉祥，1987，晋东南地区晚石炭世䗴类，晋东南地区古生代含煤地层和古生物群。南京：南京大学出版社。
桑志华、汤道平，1935，山西中部上新统湖积层。中国地质学会志，第41卷。
山东省地质矿产局编著，1996，山东省岩石地层。武汉：中国地质大学出版社。
山西省地质矿产局编著，1997，山西省岩石地层。武汉：中国地质大学出版社。
陕西省地质矿产局编著，1997，陕西省岩石地层。武汉：中国地质大学出版社。
申庆荣、廖大从，1958，燕山山脉震旦纪地层及震旦纪沉积矿产。地质学报，38(2)：263～278。
沈阳地质矿产研究所晚前寒武纪组，1987，辽东半岛南部晚元古代地层的研究。前寒武纪地质，第3号，129～138。北京：地质出版社。
沈其韩等，1980，冀东迁安、滦县前震旦亚界变质含铁岩系的对比向题。中国地质科学院地质研究所所刊，1(2)。
沈其韩，1994，中国地层典·早前寒武系。北京：地质出版社。
沈福农，1994，河南鲁山太华群不整合的发现和地层层序厘定。中国区域地质，1994(2)。

盛金章,1958,辽东太子河流域本溪统的䗴科。北京:科学出版社。
盛金章、王仁农,1982,江苏北部大屯煤田含䗴地层及䗴类动物群。科学通报,(27):3。
胜利油田石油地质志编写组,1993,中国石油地质志(卷六)——胜利油田。北京:石油工业出版社。
师丹斯基,1923,山西保德县三趾马层。地质汇报,甲种,第5号。
石油化学工业部石油勘探开发规划研究院、中国科学院南京地质古生物研究所,1978,渤海沿岸地区早第三纪介形类。北京:科学出版社。
石油化学工业部石油勘探开发规划研究院、中国科学院南京地质古生物研究所,1978,渤海沿岸地区早第三纪腹足类。北京:科学出版社。
石油化学工业部石油勘探开发规划研究院、中国科学院南京地质古生物研究所,1978,渤海沿岸地区早第三纪孢粉。北京:科学出版社。
石油化学工业部石油勘探开发规划研究院、中国科学院南京地质古生物研究所,1978,渤海沿岸地区早第三纪轮藻。北京:科学出版社。
斯行健、周志炎,1962,中国中生代陆相地层。见:全国地层会议学术报告汇编。北京:科学出版社。
斯行健,1956,陕北中生代延长层植物群。中国古生物志,新甲种,第5号。
宋天锐、高健,1987,北京十三陵地区晚前寒武纪潮汐沉积构造及其地质意义。前寒武纪地质,第3号,229～237。北京:地质出版社。
孙艾玲,1963,中国的肯氏兽类。中国古生物志,新丙种,第17号。
孙艾玲,1980,华北地区二叠纪、三叠纪陆生四足类的性质及其时代探讨。古脊椎动物与古人类,18(2)。
孙大中主编,1984,冀东早前寒武地质。天津:天津科学技术出版社。
孙大中,1990,前寒武纪地质年代学问题的探讨。中国区域地质,(4)。
孙大中、胡维兴主编,1993,中条山前寒武纪地质年代学、年代构造格架和年代地壳模式的研究。北京:地质出版社。
孙殿卿、吴锡浩,1986,中国第四纪构造-气候旋回的初步研究。中国第四纪研究,7(2):1～9。
孙竞雄、吕思茂,1988,苏北前寒武纪变质岩变质相带的基本特征。见:董申保、沈其韩主编,中国变质地质图编制与研究论文集(2)。北京:地质出版社。
孙海田、葛朝华,1990,中条山地区前寒武纪地层同位素年龄及其意义。中国区域地质,(3)。
孙家树等,1982,冀东迁西地区同位素年龄测定结果及其地质意义。地质论评,28(3)。
孙建中,1982,吉林省第四纪冰期的划分。地质学报,56(2):174～186。
孙荣奎,1987,辽宁清原地区麻粒岩和紫苏花岗岩的Rb-Sr年龄测定并论紫苏花岗岩成因。辽宁地质学报,(1)。
孙枢、丛柏林、李继亮,1981,豫陕中—晚元古代沉积盆地(一)。地质科学,(4)。
孙枢、陈志明、王清晨,1982,豫陕中—晚元古代沉积盆地(二)。地质科学,(1)。
孙枢、陈志明,1985,豫陕中、晚元古代边缘裂陷槽的形成与发展。见:华北断块南部前寒武纪地质演化,176～186。北京:冶金工业出版社。
孙枢、张国伟、陈志明,1985,华北断块南部前寒武纪地质演化。北京:冶金工业出版社。
孙武城、祝治平、张利、宋松岩、孙成科、郑远泾,1988,对华北地壳上地幔的探测与研究。见:国家地震局科技司监察司编,中国大陆深部构造的研究与进展,19～37。
孙云铸,1935,中国北部上寒武纪之三叶虫化石。中国古生物志,乙种,第7号,第2册。
孙云铸,1924,中国北部寒武纪动物化石。中国古生物志,乙种,第1号,第4册。
索书田等,1993,大别山前寒武纪变质地体岩石学与构造学。武汉:中国地质大学出版社。
索书田、游振东等,1988,大别地质体的构造样式及变形序列。地球科学,(4)。
谭应佳等,1983,冀东遵化群构造及演化特征。地球科学(武汉地质学院学报),构造地质专辑(1),3:103～115。
谭锡畴,1923,山东中生代及旧第三纪地层。地质汇报,第5号。
汤英俊、计宏祥,1983,河北省蔚县上新世—早更新世间一个过渡哺乳动物群。古脊椎动物与古人类,21(3):245～254。
汤加富、荆延仁、侯明金等,1996,安徽大别山—张八岭地区若干重要基础地质问题的新认识。中国区域地质,(1):1～8。
陶铨,1985,中条山地区前寒武纪地层的时代。天津地质矿产研究所所刊,(12)。
天津地质矿产研究所主编,1984,华北地区古生物图册(二)·中生代分册。北京:地质出版社。
天津地质矿产研究所同位素地质研究室,1985,同位素地质年龄数据汇编。天津地质矿产研究所所刊,第11号,211～245。
天津市地质矿产局编著,1996,天津市岩石地层。武汉:中国地质大学出版社。

童永生、王景文，1980，河南潭头、卢氏和灵宝盆地上白垩统—下第三系的划分。古脊椎动物与古人类，18(1)。
万世禄、丁惠，1984，太原西山石炭纪牙形刺初步研究。地质论评，30(5)。
万世禄、丁惠、赵松银，1983，华北中晚石炭世牙形石生物地层。煤炭学报，(2)。
汪品先等，1975，我国东部新生代几个盆地半咸水有孔虫化石群的发现及其意义。见：地层古生物论文集(2)。北京：地质出版社。
汪品先、闵秋宝，1985，我国第四纪海侵研究中的几个基本问题。海洋地质与第四纪地质，5(1)：15～26。
汪曾荫、尚冠雄，1989，河南禹县大风口石炭二叠纪含蜓地层初步研究。地层学杂志，13(4)。
汪曾荫、尚冠雄，1989，辽东复州湾中石炭世地层兼论华北地台中石炭纪的划分。现代地质(2)。
王惠基，1992，山西榆社楼则峪组和张村组的地质时代。地层学杂志，16(4)：290～291。
王俊达、李华梅，1982，陕西黄土剖面的古地磁研究。地球科学，(1)：85～89。
王鸿祯，1982，中国地壳构造发展的主要阶段。地球科学，(3)。
王鸿祯等，1982，东秦岭古海域两侧大陆边缘区的构造发展。地质学报，56(3)：270～280。
王鸿祯、杨森楠、李思田，1983，中国东部及邻区中、新生代盆地发育及大陆边缘区的构造发展。地质学报，57(3)：213～223。
王鸿祯、乔秀夫，1987，中国元古代构造单元及其边界性质。前寒武纪地质，第3号，1～12。北京：地质出版社。
王鸿祯、李光岑编译，1990，国际地层时代对比表。北京：地质出版社。
王成述等，1990，北京西山中寒武统张夏组鲕粒特征及其环境意义。中国地质科学院地质研究所所刊，第22号。
王楫等，1989，内蒙古渣尔泰山群与白云鄂博群时代对比及含矿性。呼和浩特：内蒙古人民出版社。
王江海，1992，大别杂岩的早期演化兼论混合岩成因机制。武汉：中国地质大学出版社。
王凯怡、张仁祜、陈翼飞，1987，翼东安子岭—界岭口片麻岩的 Rb-Sr 年龄。地质科学，(2)：148～151。
王仁农，1987，华北陆台南部石炭系的顶底界。见：中国石炭、二叠纪含煤地层及地质学术会议论文集。北京：科学出版社。
王仁民等，1990，河南桐柏地区宽坪群与二郎坪群的构造环境与地壳演化。见：秦岭—大巴山地质论文集(一)。北京：北京科学技术出版社。
王汝铮，1993，内蒙古中部色尔腾山群地质年代及其与山西五台群的可比性研究。山西地质，8(3)。
王汝铮、林源贤，1989，五台群底界及其年龄研究。见：第四届全国同位素地质年代学、同位素地球化学学术讨论会论文(摘要)汇编，28～29。
王思恩等，1985，中国的侏罗系。见：中国地层概论。北京：地质出版社。
王松山、桑海清、胡世玲、裘冀，1985，应用49—2反应堆进行$^{40}Ar-^{39}Ar$定年及迁安曹庄群斜长角闪岩年龄谱的地质意义。岩石学报，2(3)：35～44。
王松山、胡世玲、翟明国、桑海清、裘冀，1987，应用$^{40}Ar-^{39}Ar$定年技术研究清源花岗岩—绿岩地体的形成时代。岩石学报，4(4)：55～62。
王同和，1992，华北克拉通中腰纬向构造带的特征及演化。山西地质，7(3)。
王永焱、笹嶋贞雄，1985，中国黄土研究的新进展。西安：陕西人民出版社。
王钰等，1954，辽东太子河流域地层(Ⅰ)。地质学报，4(1)：17～64。
王曰伦等，1952，五台山五台纪地层的新见。地质学报，32(4)：325～353。
王曰伦，1960，嵩山地质观察。地质论评，20(5)。
王曰伦，1963，中国北部震旦系和寒武系分界问题。地质学报，43(2)：116～140。
王志浩、张文生，1985，河南禹县太原组上部牙形刺的发现。地层学杂志，9(3)。
王志浩，1991，中国石炭—二叠系地层的牙形刺——兼论石炭—二叠系界线。古生物学报，30(1)。
王自强、王立新，1987，华北石千峰群下部晚二叠世植物化石。天津地质矿产研究所所刊，(15)。
王自强、王立新，1989，华北石千峰群早三叠纪早期植物化石。山西地质，4(1)。
王自强、王立新，1990，华北石千峰群早三叠纪晚期植物化石。山西地质，5(2)。
王竹泉，1921，山西大同、左云、怀仁、右玉煤田地质。地质汇报，第3号。
王竹泉，1928，绥远大青山煤田地质。地质汇报，第10号。
王竹泉，1929，热河阜新县煤田。地质汇报，第13号。
王竹泉、计荣森，1933，北平西部门头沟之煤田。中国地质学会志，第12卷。
王竹泉、潘钟祥，1933，陕北油田地质。地质汇报，第20号。
王宗起、丁孝忠，1990，北京西山昌平组成因地层学研究。中国地质科学院地质研究所所刊，第22号。

魏家庸、卢重明等，1991，沉积岩区1：5万区域地质填图方法指南。武汉：中国地质大学出版社。
吴瑞棠、张守信等，1989，现代地层学。武汉：中国地质大学出版社。
吴宗絮、郭才华，1991，冀北陆壳结构的岩石学模型。地震地质，13(4)：369～376。
武铁山，1975，五台—太行山的前震旦系。见：国际交流地质学术论文集(2)·地层古生物。北京：地质出版社。
武铁山，1982，豫西(型)震旦系地层的对比、统一划分和时代问题。中国区域地质，(1)。
武铁山，1985，太行山南段长城系的层位及划分。见：滹沱群与长城系关系论文集。前寒武纪地质，第2号。
武铁山等，1986，山西省及邻近地区早期前寒武纪地壳构造样式及其演化。见：国际前寒武纪地壳演化讨论会论文集(第一集)·构造地质。北京：地质出版社。
武铁山、郭立卿，1996，山西省第四纪全新世选仁组、沱阳组的建立。中国区域地质，(3)。
伍家善、刘敦一、金龙国，1986，山西五台山区滹沱群变质基性火山岩锆石U-Pb年龄。地质论评，32(2)：178～184。
伍家善、耿元生、沈其韩、刘敦一、厉子龙、赵敦敏，1991，华北陆台早前寒武纪重大地质事件。北京：地质出版社。
西田润一、岳乐平等，1985，洛川秦家寨黄土剖面B/M界限之确定。见：王永焱、笹嶋贞雄主编，中国黄土研究的新进展，45～53。西安：陕西人民出版社。
夏国英，1987，冀南石炭—二叠纪的蜓带。见：全国石炭纪会议论文专集。北京：地质出版社。
夏国英等，1987，河南石炭二叠纪含蜓地层划分及生物群。见：地层古生物论文集(17)。北京：地质出版社。
夏毓亮、温希元、刘宇光，1989，中朝准地台北缘最古克拉通—怀安杂岩U-Pb同位素年代学研究。见：第四届全国同位素地质年代学同位素地球化学学术讨论会论文(摘要)汇编，20～21。
项礼文等，1982，中国的寒武系。北京：地质出版社。
邢裕盛、刘桂芝，1973，燕辽地区震旦纪微古植物群及其地质意义。地质学报，47(1)：1～64。
邢峪盛等，1989，中国的上前寒武系，中国地层(3)。北京：地质出版社。
徐朝雷、张忻，1993，再论滹沱群的上下时限——兼论滹沱地质年表。山西地质，8(1)：92～102。
徐怀大、陆伟文、王世凤、万静萍，1983，渤海湾地区下第三系沉积体系及找油方向。地质学报，57(3)：243～253。
徐学思，1981，徐淮、辽南末前寒武系对比。见：江苏省地质矿产局主编，徐淮地区末前寒武系及寒武系，47～54。
徐公愉、吴家泓，1985，吉林早期前寒武纪地层及同位素地质年代学研究。天津地质矿产研究所所刊，(13)。
许志琴，1980，谈谈裂谷。地质论评，26(3)。
许志琴等，1988，东秦岭复合山链的形成、变形、演化及板块动力学。北京：中国环境科学出版社。
薛祥煦，1985，中国黄土分布区第四纪哺乳动物化石。见王永焱、笹嶋贞雄主编，中国黄土研究的新进展，115～146。西安：陕西人民出版社。
薛祥煦，1981，陕西渭南早更新世哺乳动物群及其层位。古脊椎动物与古人类，19(1)：35～44。
阎嘉祺、杨梅忠、薛祥煦、张云翔，1989，陕西铜川黄土层中的哺乳动物群及其时代。中国第四纪研究，8(1)：79～87。
杨关秀，1985，豫西禹县晚古生代含煤地层植物群顺序及区域地层的重新解释。地球科学，10(2)。
杨关秀等，1983，内蒙古准格尔旗东部太原组、山西组植物群特征。地球科学，8(1)。
杨含禄，1987，大同煤田石炭二叠纪含煤地层岩相古地理及聚煤环境。见：中国石炭、二叠纪含煤地层及地质学术会议论文集。北京：科学出版社。
杨家騄等，1991，东秦岭—大巴山寒武纪地层岩相古地理及三叶虫动物群。武汉：中国地质大学出版社。
杨杰，1936，山西省五台山地质概论。中国地质学会会志，15(2)。
杨景春、刘光勋，1979，关于"丁村组"的几个问题。地层学杂志，3(3)：194～199。
杨起，1987，河南禹县晚古生代煤系沉积环境与聚煤特征。北京：地质出版社。
杨清和等，1980，苏皖北部震旦系的划分和对比。见：中国震旦亚界，231～263。天津：天津科学技术出版社。
杨巍然等，1991，造山带结构与演化的现代理论和研究方法——东秦岭造山带剖析。武汉：中国地质大学出版社。
杨钟健，1936，山东益都、昌乐、临朐新生代地质。中国地质学会会志，第15卷。
杨钟健、裴文中，1933，洛阳至西安一带的新生代地质。中国地质学会会志，第13卷。
杨钟健等，1959，根据脊椎动物化石划分山西二叠纪、三叠纪地层。古脊椎动物和古人类，1(3)。
杨钟健等，1963，锯齿龙在我国的初次发现。古脊椎动物与古人类，7(3)。
杨钟健，1979，河南济源—新乡晚二叠世动物群。古脊椎动物与古人类，17(2)。
杨子赓、李幼军、丁秋玲、何宝成，1979，试论河北平原东部第四纪地质几个基本问题。地质学报，53(4)：263～278。
杨子赓、林和茂著，1993，中国东部第四纪进程与国际对比。北京：地质出版社。

叶伯舟等,1993,桐柏—大别造山带北坡苏家河地体拼接带及其构成和演化。武汉:中国地质大学出版社。
叶良辅,1920,北京西山地质志。地质专报,甲种,第1号。
游振东等,1991,造山带核部杂岩变质过程与构造分析——以东秦岭为例。武汉:中国地质大学出版社。
于荣炳、张学祺,1985,燕山地区晚前寒武纪同位素地质年代学的研究。天津地质矿产研究所所刊,(13)。
郁建华等,1994,环斑花岗岩套的赤城—古北口深成岩带及元古代裂谷作用。华北地质矿产杂志,9(1):34～46。
袁宝印,1978,萨拉乌苏组的沉积环境及地层划分问题。地质科学,(2):220～234。
袁国屏、张如心,1993,五台绿岩带的古裂谷构造环境。山西地质,8(1):21～28。
袁复礼,1925,甘肃东部平凉奥陶系笔石层。中国地质学会会志,4(1):19～20。
岳乐平等,1985,陕县和西峰黄土剖面的古地磁研究。见:王永焱、笹嶋贞雄主编,中国黄土研究的新进展,54～64。西安:陕西人民出版社。
岳乐平、王焰、郑洪波,1994,"阳郭动物群"的磁性地层年龄及时代。地层学杂志,18(3):203～206。
翟明国,1984,清原太古代花岗绿岩区花岗质岩石的稀土地球化学。岩石矿物及测试,3(1)。
翟淳等,1989,桐柏块体地质。成都:成都科技大学出版社。
张臣、陈亚平、钱祥麟,1993,大同—天镇地区中元古代辉绿岩岩墙的基本特征及构造意义。山西地质,8(2):131～139。
张二朋、牛道韫、霍有光、张兰芳、李益桂,1993,秦巴及邻区地质-构造特征概论。北京:地质出版社。
张国伟等,1987,秦岭造山带的形成与演化。西安:西北大学出版社。
张国伟等,1995,秦岭造山带主要构造岩石地层单元的构造性质及其大地构造意义。岩石学报,11(2):101～114。
张鹏远,1979,蓟县蓟县系雾迷山组多核体绿藻化石。地质学报,53(2):87～90。
张鹏远,1982,蓟县雾迷山组微化石。地质学报,56(1):34～41。
张鹏远,1990,*Nuia*属化石在我国的发现。地质论评,36(2):87～90。
张鹏远、曹芳,1994,燕山地区燧石相微古植物的分布和特征分析。见:华北地台中、上元古界生物地层序列,86～98。北京:地质出版社。
张其春,1988,吕梁山区五台群顶部地层的Sm-Nd年龄——兼论岩浆岩区地幔的特殊性。成都地质学院学报,15(1)。
张秋生等,1984,中国早前寒武纪地质及找矿作用。长春:吉林人民出版社。
张士亚,1980,山西晋中盆地晚新生代地层划分及对比。石油地质文集·地层古生物(4)。北京:科学出版社。
张守信,1980,论华北断块的几个穿时地层单位。见:华北断块区的形成与发展。北京:科学出版社。
张寿广、万渝生、刘国惠、丛日祥、赵子然,1991,北秦岭宽坪群变质地质。北京:北京科学技术出版社。
张寿广,1983,阜平太古宙穹状复合褶皱群的构造样式及变形史。中国区域地质,(6)。
张玉萍、黄万波、汤英俊、计宏祥、尤玉柱、董永生、丁素因、黄学诗、郑家坚,1978,陕西蓝田地区新生界。中国科学院古脊椎动物与古人类研究所,甲种专刊第14号。北京:科学出版社。
张志存,1993,太原西山上石炭统太原组的䗴带。地层学杂志,7(4)。
张志存,1985,山西河东煤田南部太原组的含䗴地层及䗴类分布。科学通报,30(2)。
张志存,1988,华北地区晚石炭世䗴类生物地层序列。科学通报,33(10)。
张志存,1993,华北地层区䗴类及䗴类地层研究述略,山西地质,8(1)。
张宗清等,1994,北秦岭变质地层同位素年代研究。北京:地质出版社。
张宗祜、张之一、王芸生,1987,中国黄土的基本地质问题。地质学报,61(4):362～374。
赵厚宏、郭书元等,1995,河南周口和南阳地区地层古生物。北京:地质出版社。
赵子然、万渝生、张寿广、魏春景,1995,早元古代陡岭群变质杂岩的岩石地球化学特征。岩石学报,11(2):148～159。
郑家坚、徐钦琦、金昌柽,1992,中国北方晚更新世哺乳类动物群的划分及其地理分布。地层学杂志,16(3):171～181。
中国地质科学院地质研究所,1980,陕甘宁盆地中生代地层古生物。北京:地质出版社。
中国地质科学院地质研究所地层组,1989,中国东部侏罗纪—白垩纪古生物及地层。北京:地质出版社。
中国科学院山西地层队(刘鸿允等),1959,山西的石炭纪、二叠纪、三叠纪地层。见:全国地层会议山西现场会议文件汇编。北京:地质出版社。
中国科学院贵阳地球化学研究所,1977,从燕山地区震旦地层同位素年龄论中国震旦地层年表。中国科学,(2):151～161。
中国科学院南京地质古生物研究所,1982,中国各纪地层对比表及说明书。北京:科学出版社。
钟富道,1984,鞍山铁甲山地区花岗片麻岩同位素年代学研究。地球化学,(3):195～205。
钟蓉,1987,大青山煤田石炭纪含煤建造形成条件与找煤方向。山西地质,8(2)。

周高志、康维国等，鄂北蓝片岩带研究。北京：地质出版社。

周慕林，1985，中国第四纪地层上新世/更新世界线的商讨。天津地质矿产研究所所刊，第 9 号，1～17。

周慕林等，1988，中国的第四系，中国地层(14)。北京：地质出版社。

周赞衡，1923，山东白垩纪之植物化石。地质汇报，5(2)。

朱兆玲等，1964，安徽淮南、定远、滁县、金椒一带震旦纪及寒武纪地层。中国科学院南京地质古生物研究所集刊，第 1 号。北京：科学出版社。

朱士兴、邢裕盛、张鹏远等，1994，华北地台中、上元古界生物地层序列。北京：地质出版社。

朱夏主编，1983，中国中新生代盆地构造和演化。北京：科学出版社。

庄军，1987，平朔矿区厚煤层形成条件及控制因素。见：中国石炭、二叠纪含煤地层及地质学术会议论文集。北京：科学出版社。

Barbour G B，1924，Preliminary observations in the Kalganarea(Note on the Late Cenozoic deposits of the Sangkan ho). Bull. Geol. Soc. China，Vol. 3，No. 2，PP. 167～168.

Grabau A W，1928，Stratigraphy of China，Pt. 2，mesoxoic，Peking：Geol. Surv. China.

Halle T G，1927，山西中部古生代植物化石。中国古生物志，甲种，第2号，第1册。

Huang X，Bai Z，Depaolo D J，1986，Sm-Nd isotope study of early Archaean rocks，Qianan，Hebei Province，China. Geochim. Cosmochim. Acta，Vol. 50.

Norin E，1922，山西太原地层详考。前中央地质调查所，地质汇报，4号。

Norin E，1924，The Lithological character of the Permian sediment of the angara series in Centrial Shanxi. N. China，Geol. Foren. Stockholm Forh. Bd. 46，H1～2.

Willis B，Blackwelder E，Sargen H，1907，Reaserch in China. Vol. l. Pel. Chapter 6.

Porada H，1987，根据地球动力学模型探讨纳米比亚晚元古代达马拉造山带地层的沉积相和对比。前寒武纪地质，第3号，37～56。北京：地质出版社。

附 录

华北区采用的岩石地层单位名称

序号	岩石地层单位名称		层型	代 号	地质时代	创名人（介绍人）	创名时间（介绍时间）	创名地所在省（市、区）
	英 文	汉 文						
1	Anding Fm	安定组		J*a*	J_2	M. L. Fuller F. G. Clapp	1926	陕西
2	Agulugou Fm	阿古鲁沟组	正	Ch*a*	Ch	内蒙古自治区区域地层表编写组	1978	内蒙古
3	Anshan Gr.	鞍山(岩)群	正	$Ar_{2-3}A$	Ar_{2-3}	斋藤林次	1939	辽宁
4	Anyao Fm	鞍腰组		J*a*	J_{1-2}	河南石油队	1960	河南
5	Badaojiang Fm	八道江组	正	Z*b*	Z_2	长春地质学院吉南区测队	1960	吉林
6	Baguamiao Fm	八卦庙组	副	$\in_2 b$	$\in_2$	陕西区测队	1959	陕西
7	Bahe Fm	灞河组	正	N_b	N_2	刘东生等	1960	陕西
8	Baoan Gr	保安群		JK*B*	J_3-K_1	潘钟祥	1934	陕西
9	Baicaoping Fm	白草坪组	正	Ch*b*	Ch	阎廉泉、韩影山	1952	河南
10	Baidafan Fm	白大畈组	正	JK*b*	J_3-K_1	安徽区测队	1974	安徽
11	Baifangzi Fm	白房子组		Qn*b*	Qn	吉林地质局通化队	1962	吉林
12	Bailongmiao Fm	白龙庙组	正	O_1b	O_1	河南省地质局	1966	河南
13	Bailuyuan Fm	白鹿原组	正	E*b*	E_3	刘东生等	1960	陕西
14	Baishangou Fm	白山沟组	正	D_2b	D_2	北京地质学院	1961	河南
15	Baishugou Fm	白术沟组	正	Qn*b*	Qn	河南地质三队	1978	河南
16	Baitoushan Fm	白头山组	正	Qp*b*	Qp^2	吉林区测队	1963	吉林
17	Bainuyangpan Fm	白女羊盘组		K*bn*	K_1	内蒙古区测一队	1965	内蒙古
18	Baiwan Fm	白湾组	正	K_1b	K_1	河南区测队	1978	河南
19	Baode Fm	保德组	正	N_2b	N_2	杨钟健、P. T. Chardin	1923	山西
20	Baogedawula Fm	宝格达乌拉组	正	N_2b	N_2	内蒙古自治区区域地层表编写组	1978	内蒙古
21	Baoshankou Fm	豹山口组	正	Z*b*	Z	山东省地质厅、长春地质学院	1960 (1961)	山东
22	Baoshuping Fm	抱树坪组	正	Pz_2b	Pz_2	河南区测队	1973	河南
23	Benxi Fm	本溪组	正	Cp*b*	C_2	李四光、赵亚曾	1926	辽宁
24	Beidajian Fm	北大尖组	正	Ch*b*	Ch_2	阎廉泉、韩影山	1952	河南
25	Beiguoshan Fm	背锅山组	正	$O_{2-3}b$	O_{2-3}	车福鑫	1963	陕西
26	Beipiao Fm	北票组	选层型	$J_{1-2}b$	J_{1-2}	谭锡畴	1931	辽宁
27	Bianqiao Fm	卞桥组	正	E_1b	E_1	徐宝政等	1982 (1986)	山东
28	Biegaizi Fm	鳖盖子组		Ch*bg*	Ch_2	（邱树玉、刘洪福）	(1982)	陕西
29	Bingmagou Fm	兵马沟组	正	Ch*bm*	Ch_2	河南区调队	1978	河南

序号	岩石地层单位名称		层型	代　号	地质时代	创名人 (介绍人)	创名时间 (介绍时间)	创名地所在 省(市、区)
	英　文	汉　文						
30	Caodiang Fm	曹店组	正	Qnc	Qn	安徽区调队	1978	安徽
31	Caozhuang Gr.	曹庄(岩)群	正	Ar_1C	Ar_1	李志忠、白益良、顾德林	1980	河北
32	Cuizhuang Fm	崔庄组	正	Chc	Ch_2	阎廉泉、韩影山	1952	河南
33	Cuijiatun Fm	崔家屯组	正	Zcj	Z_2	俞建章等	1964	辽宁
34	Changlingzi Fm	长岭子组	正	Zc	Z_1	松下进	1931	辽宁
35	Changhangou Fm	长汉沟组	正	J_2c	J_2	田本裕.(内蒙古自治区地矿局)	1950 (1991)	内蒙古
36	Changliangzi Fm	长梁子组		J_1c	J_1	稻井丰	1934	辽宁
37	Changlongshan Fm	长龙山组	正	Qncl	Qn	乔秀夫	1976	北京
38	Changlu Fm	常路组	正	E_2c	E_2	地质部一普.(地质部石油地质局综合队)	1961 (1962)	山东
39	Changzhougou Fm	常州沟组	正	Chc	Ch_2	蓟县震旦系现场学术讨论会	1964	天津
40	Changping Fm	昌平组	选	$\in_1c$	$\in_1$	张文佑	1935	北京
41	Chaomidian Fm	炒米店组	正	$\in Oc$	$\in_3-O_1$	B. Willis & E. Blackwelder	1907	山东
42	Chenjiajian Fm	陈家涧组		Chc	Ch_2	(邱玉树、刘洪福)	1982	陕西
43	Chenpeng Fm	陈棚组	正	K_1c	K_1	杨志坚	1961	河南
44	Chengshan Fm	城山组		Pt_3c	Pt_3	刘季辰、赵汝钧	1924	江苏
45	Chuandishan Fm	船底山组	正	Nc	N_2	刘毓初	1953	吉林
46	Chuanlinggou Fm	串岭沟组	正	Chcl	Ch_2	高振西	1934	天津
47	Daan Fm	大安组	选	N_2d	N_2	(河南地科所)	(1962)	河南
48	Dabeigou Fm	大北沟组		J_3d	J_3	河北第二区测队	1976	河北
49	Dabieshan Gr.	大别山(岩)群	正	$(Ar-Pt_1)DB$	$Ar-Pt_1$	吴磊伯	1956	豫、鄂、皖交界
50	Dacangfang Fm	大仓房组	正	E_2d	E_2	河南石油队	1961	河南
51	Dafengkou Fm	大风口组	正	P_2d	P_2	孙健初	1933	河南
52	Dagushi Fm	大古石组	正	Chd	Ch_1	河南区测队	1964	河南
53	Daguiping Fm	大贵坪组	副	S_1d	S_1	陕西区测队	1965	湖北
54	Dahe Fm	大河组	正	Chdh	Ch_2	武铁山	1988	山西
55	Dahongyu Fm	大红峪组	正	Chd	Ch_{2-3}	高振西等	1934	天津
56	Dalinzi Fm	大林子组	正	$\in_1d$	$\in_1$	张焕翘	1977	辽宁
57	Damiao Fm	大庙组	正	Pz_1d	Pz_1	河南区测队	1973	河南
58	Dangshanshi Gr	担山石群	正	Pt_1D	Pt_1	马杏垣	1959	山西
59	Dantazi Gr.	单塔子(岩)群	正	Ar_3D	Ar_3	程裕淇等	1992	河北
60	Daorenchong Fm	道人冲组	正	C_2d	C_2	河南区调队	1980	河南
61	Daposhan Fm	大迫山组		Chdp	Ch	辽宁地矿局第九地质大队	1989	辽宁

序号	岩石地层单位名称		层型	代号	地质时代	创名人（介绍人）	创名时间（介绍时间）	创名地所在省（市、区）
	英文	汉文						
62	Dapu Fm	大堡组		J_2d	J_2	稻井丰	1934	辽宁
63	Dasheng Gr	大盛群	正	K_1D	K_1	李庆平、赵风江	1992	山东
64	Daqingshan Fm	大青山组		J_3d	J_3	孙健初	1934	内蒙古
65	Datong Fm	大同组		J_2d	J_2	张席禔	1936	山西
66	Dawenkou Fm	大汶口组		$E_{2-3}dw$	E_{2-3}	山东省煤炭局121队、（山东省区域地层表编写组）	1959 (1978)	山东
67	Dayu Fm	大峪组	正	K_2d	K_2	王钰等	1954	辽宁
68	Dengying Fm	灯影组	副	Z_2dy	Z_2	李四光、赵亚曾	1924	湖北
69	Dengfeng Gr.	登封（岩）群	正	$ArDF$	Ar_3	马杏垣	1957	河南
70	Diaoyutai Fm	钓鱼台组	正	Qnd	Qn	青地乙治	1928	辽宁
71	Dingcun Fm	丁村组	正	Qp^3d	Qp^3	裴文中	1958	山西
72	Dingyuan Fm	定远组	正	$E_{1-2}d$	E_{1-2}	华东石油勘探局108队	1961	安徽
73	Dingynan Fm.	定远（岩）组	正	Pt_1dy	Pt_1	北京地质学院	1961	河南
74	Dongpo Fm	东坡组	正	Zdp	Z_2	关保德等	1980	河南
75	Donglanggou Fm	东狼沟组		JKd	J_3-K_1	陈凯、熊永生	1935	北京
76	Dongmengcun Fm	东孟村组		K_2d	K_2	焦作矿业学院	1982	河南
77	Dongye Gr	东冶亚群		Pt_1DY	Pt_1	B. Willis	1907	山西
78	Dongying Fm	东营组	正	E_3d	E_3	石油部华北石油勘探处、（山东省区域地层表编写组）	1961 (1978)	山东
79	Dongjia Fm	董家组		Qnd	Qn	关保德等	1980	河南
80	Doucun Gr	豆村亚群		Pt_1DC	Pt_1	B. Willis	1907	山西
81	Douling Gr.	陡岭（岩）群		Pt_1DL	Pt_1	河南区测队	1976	河南
82	Doushantuo Fm	陡山沱组	副	Z_2d	Z_2	李四光、赵亚曾	1924	湖北
83	Duanji Fm	段集组	正	J_3d	J_3	北京地质学院	1961	河南
84	Duguan Fm	杜关组	正	Jxd	Jx_1	秦岭区测队	1959	河南
85	Erdaogou Fm	二道沟组		Jxe	Jx	辽宁地矿局第九地质大队	1986	辽宁
86	Erdaahe Fm	二道河组		Che	Ch	（邱树玉、刘洪福）	(1982)	陕西
87	Erdaowa Gr	二道洼群	正	Pt_1ED	Pt_1	马秀等	1972	内蒙古
88	Erlangping Gr	二郎坪群		Pt_1EL	Pt_1	金守文	1976	河南
89	Erhagong Fm	二哈公组		Oe	O_1	林宝玉、邱洪荣等	1984	内蒙古
90	Ermaying Fm	二马营组		T_2e	T_2	刘鸿允等	1959	山西
91	Erqingshan Fm	二青山组	正	Qne	Qn	山东省地质局综合研究队、（游文澄）	1979 (1988)	山东
92	Fanggezhuang Fm	方戈庄组	正	K_1fg	K_1	山东区调队	1991	山东
93	Fangzi Fm	坊子组	正	$J_{1-2}f$	J_{1-2}	谭锡畴	1923	山东

序号	岩石地层单位名称		层型	代 号	地质时代	创名人（介绍人）	创名时间（介绍时间）	创名地所在省(市、区)
	英 文	汉 文						
94	Fanzhi Fm	繁峙组	正	$E_{2-3}f$	E_{2-3}	王竹泉，（山西省区域地层表编写组）	1926（1979）	山西
95	Fanghushan Fm	防虎山组	正	Jf	J_{1-2}	杨志坚	1959	安徽
96	Fangshenpao Fm	房身泡组		E_1f	E_1	孙镇诚等	1990	辽宁
97	Fengjiaao Fm	冯家凹组	副	$\in_2f$	$\in_2$	朱洪源、陶宝玉	1988	湖北
98	Fengjiawuan Fm	冯家湾组	正	Jxf	Jx	秦岭区测队	1959	河南
99	Fenghuangzhen Fm	凤凰镇组	正	Nf	N	周世全等	1975	河南
100	Fenzishan Gr	粉子山群	正	Pt_1F	Pt_1	杨博泉等，（中国地质学编委会、中科院地质所）	1949（1956）	山东
101	Fenfanghe Fm	芬芳河组		Jff	J_3	（陕西省区域地层表）	（1983）	陕西
102	Foziling Gr	佛子岭群		DF	D_{1-3}			安徽
103	Fulaishan Fm	浮来山组	正	Zf	Z	山东省地质局综合研究队，（游文澄）	1979（1988）	山东
104	Fuping Gr.	阜平（岩）群	正	Ar_3FP	Ar_3	杨杰	1947	河北
105	Fushun Gr	抚顺群	选	EF	E	远藤隆次	1949	辽宁
106	Fuxian Fm	富县组		J_1f	J_1	李德生	1951	陕西
107	Fuxin Fm	阜新组		K_1f	K_1	王竹泉、黄汲清	1929	辽宁
108	Fuzikuang Fm	辅子夼组	正	Zfz	Z	山东省地质厅、长春地质学院	1960（1961）	山东
109	Ganhegou Fm	干河沟组	正	N_2g	N_2	宁夏区测队	1975	宁夏
110	Ganjingzi Fm	甘井子组	正	Zg	Z	松下进	1931	辽宁
111	Gansu Gr	甘肃群	正	NG	N	杨钟健、卞美年	1937	宁夏
112	Gaofan Gr	高繁亚群		Ar_3G	Ar_3	沙河会议	1981	山西
113	Gaogou Fm	高沟组	正	K_2g	K_2	周世全、韩世敬	1975	河南
114	Gaojiawuan Fm	高家湾组	正	O_1g	O_1	鄂东北地质大队	1986	湖北
115	Gaoqiao Fm	高桥组	副	O_1gq	O_1	（陕西省区域地层表编写组）	（1983）	陕西
116	Gaoshanhe Gr	高山河群		ChG	Ch	西北地质局区测队	1965	陕西
117	Gaoyugou Fm	高峪沟组		E_1g	E_1	董永生、王景文	1980	河南
118	Gaoyuzhuang Fm	高于庄组	正	Chg	Ch	高振西等	1934	天津
119	Gengjiajie Fm	耿家街组	选	Egj	E_3	洪友崇	1974	辽宁
120	Getun Fm	葛屯组	正	$\in_1g$	$\in_1$	张焕翘	1977	辽宁
121	Gonganzhai Fm	公安寨组	正	K_2g	K_2	江汉石油勘探处	1962	湖北
122	Guan Fm	固安组	正	$(N_2-Qp^1)g$	N_2-Qp^1	河北地质局水文研究室	1976	河北
123	Gucheng Fm	固城组	正	E_1g	E_1	迟培星等	1994	山东
124	Guyang Fm	固阳组		K_1g	K_1	华北地质局 201 队	1957	内蒙古
125	Guyuan Gr	固原群	正	EG	E	J. G. Andersson	1923	宁夏

序号	岩石地层单位名称		层型	代　号	地质时代	创名人（介绍人）	创名时间（介绍时间）	创名地所在省（市、区）
	英　文	汉　文						
126	Gushan Fm	崮山组	正	$\in_3g$	$\in_3$	B. Willis & E. Blackwelder	1907	山东
127	Guandaokou Gr	官道口群	正	Jx*GD*	Jx	河南区调队	1981	河南
128	Guanzhuang Gr	官庄群	复合	$E_{1-3}G$	E_{1-3}	谭锡畴	1923	山东
129	Guanmenshan Fm	关门山组		Ch*gm*	Ch	辽宁地矿局第九地质大队	1989	辽宁
130	Guantao Fm	馆陶组	正	N_1g	N_1	贾中慧、（山东省区域地层表编写组）	1961 (1978)	河北
131	Guchengzi Fm	古城子组	选	E*g*	E_2	洪友崇	1974	辽宁
132	Guishan Fm.	龟山（岩）组	正	$Pt_{2-3}g$	Pt_{2-3}	北京地质学院	1961	河南
133	Guojiazhai Gr	郭家寨群		Pt_1GJ	Pt_1	白瑾等	1964	山西
134	Guozhuang Fm.	郭庄（岩）组	正	Pt_1gz	Pt_1	河南区调队	1981	河南
135	Haizhou Gr.	海州（岩）群		$Pt_{1-2}H$	Pt_{1-2}			江苏
136	Haifanggou Fm	海房沟组		J*h*	J_3	室井渡	1942	辽宁
137	Hanzhuang Fm	韩庄组		J_3h	J_3	河南石油队	1960	河南
138	Hangaoshan Gr	汉高山群	正	Ch_1HG	Ch_1	E. Norin	1924	山西
139	Hannouba Fm	汉诺坝组	正	EN*h*	E_2-N_1	G. B. Barbaur	1929	河北
140	Heichashan Gr	黑茶山群	正	$Pt_1H\dot{C}$	Pt_1	沈其韩	1959	山西
141	Heishanguan Fm	黑山官组	正	Qn*h*	Qn	山东省地质局综合研究队，（游文澄）	1979 (1988)	山东
142	Heishuihe Fm	黑水河组	副	$\in_3h$	$\in_3$	中国地质科学院	1963	陕西
143	Heishidu Fm	黑石渡组	正	JK*h*	J_3-K_1	杨志坚	1959	安徽
144	Heshanggou Fm	和尚沟组		T_1h	T_1	刘鸿允等	1959	山西
145	Hetaoyuan Fm	核桃园组	正	E_2h	E_2	河南石油队	1961	河南
146	Hongan Gr.	红安（岩）群		$Pt_{1-2}H$	Pt_{1-2}	湖北区测队	1975	湖北
147	Honghe Fm	红河组	正	E_2h	E_2	贾兰坡、张玉萍等	1966	陕西
148	Hongliugou Fm	红柳沟组	正	N_1h	N_1	宁夏区测队	1976	宁夏
149	Hongtuya Fm	红土崖组	正	K_2ht	K_2	刘明渭等	1994	山东
150	Hongshuizhuang	洪水庄组	正	Jx*h*	Jx	高振西	1934	天津
151	Houjiashan Fm	猴家山组		$\in_1h$	$\in_1$	徐嘉炜	1956	安徽
152	Houkuang Fm	后夼组		K_1h	K_1	山东区调队	1991	山东
153	Huadian Fm	桦甸组	选	E_2h	E_2	东北煤田第二地质勘探局112队	1957	吉林
154	Huaketou Fm	化客头组		P_1h	P_1	武铁山、萧素珍等	1988	山西
155	Huayuanqiang Fm	花园墙组	正	C_1h	C_1	聂宗笙等	1959	河南
156	Huanglianduo Fm	黄连垛组		Jx*h*	Jx	关保德等	1980	河南
157	Huangqikou Fm	黄旗口组	正	Ch*h*	Ch	宁夏区调队三分队	1978	宁夏
158	Huanghua Gr	黄骅群	复合	N*H*	N	地质部第一普查勘探大队，（山东省地矿局）	1960 (1991)	河北

序号	岩石地层单位名称		层型	代　号	地质时代	创名人（介绍人）	创名时间（介绍时间）	创名地所在省（市、区）
	英　文	汉　文						
159	Huangmailing Fm	黄麦岭组	正	Pt_1h	Pt_1	鄂东北地质队	1986	湖北
160	Huanhe Fm	环河组		K_1h	K_1	M. L. Fuller, F. G. Clapp	1926	陕西
161	Huishitun Gr	会试屯群		QnH	Qn	斋藤林次	1943	辽宁
162	Hujiacun Fm	胡家村组		Th	T_{2-3}	陕西省区域地层表编写组	1976	陕西
163	Hulushan Fm	葫芦山组	正	D_3h	D_3	北京地质学院	1961	河南
164	Hutian Men	湖田段		CPt	C_2-P_1	关士聪、李星学、张文堂等、（丁培榛等）	1952 (1961)	山东
165	Hutuo Gr	滹沱群	正	Pt_1H	Pt_1	B. Willis	1907	山西
166	Houtouling Fm	虎头岭组		Jxh	Jx	辽宁地矿局第九地质大队	1986	辽宁
167	Huwan Fm.	浒湾（岩）组	正	Pt_1h	Pt_1	北京地质学院	1961	河南
168	Huyoufang Fm	胡油坊组	正	C_2h	C_2	聂宗笙等	1959	河南
169	Hunjiang Gr	浑江群	正	ZHJ	Z	长春地质学院吉南区测队	1960	吉林
170	Huoshan Fm	霍山组	选	$\in h$	$\in_{1-2}$	山根新次	1924	山西
171	Huoshenmiao	火神庙组	正	Pz_1h	Pz_1	河南区测队	1973	河南
172	Ji'an Gr	集安群	正	Pt_1J	Pt_1	吉林地质局集安队	1961	吉林
173	Jining Gr.	集宁（岩）群	正	$ArJN$	Ar_{2-3}	李璞（苏君伯）	1964 (1993)	陕西
174	Jidanping Fm	鸡蛋坪组	正	$Chjd$	Ch	河南区测队	1964	山西
175	Jiapigou Gr.	夹皮沟（岩）群	正	Ar_3J	Ar_3	吉林区调大队	1985	吉林
176	Jiayuan Fm	贾园组	正	Pt_3j	Pt_3	江苏和安徽区测队	1976	安徽
177	Jianchang Fm	碱厂组	选	$\in_1j$	$\in_1$	张文堂	1964	辽宁
178	Jiangjiawan Fm	姜家湾组	正	O_3j	O_3	杜德民	1984	甘肃
179	Jianzhuba Fm	箭竹坝组	副	$\in jz$	$\in_1$	陕西区测队	1966	陕西
180	Jiangxian Gr	绛县群		Ar_3JX	Ar_3	白瑾	1962	山西
181	Jiaodong Gr.	胶东（岩）群	正	Ar_3J	Ar_3	郭文魁、（山东地质厅、长春地质学院）	1950 (1961)	山东
182	Jiaonan Gr.	胶南（岩）群		Pt_1JN	Pt_1	山东区调队	1982	山东
183	Jiyang Gr	济阳群	复合	$E_{2-3}JY$	E_{2-3}	地质部一普（山东地矿局）	50年代末 (1991)	山东
184	Jijuntun Fm	计军屯组	选	E_2j	E_2	洪友崇等	1974	辽宁
185	Jiehekou Gr.	界河口（岩）群	正	Ar_3JH	Ar_3	北京地质学院山西实习大队	1960	山西
186	Jiepai Fm.	界牌（岩）组	正	$Pt_{2-3}j$	Pt_{2-3}	秦岭区测队	1959	河南
187	Jieshou Fm	界首组	正	Ejs	E_{2-3}	安徽燃化局石油勘探队	1975	安徽

序号	岩石地层单位名称		层型	代　号	地质时代	创名人（介绍人）	创名时间（介绍时间）	创名地所在省（市、区）
	英　文	汉　文						
188	Jingchuan Fm	泾川组		Kj	K_1	张更、田在艺、中国科学院地质研究所	1952 (1956)	甘肃
189	Jingangkou Fm	金岗口组	正	K_2j	K_2	刘明谓等	1994	山东
190	Jingxian Gr	金县群	正	ZJ	Z	潘江	1959	辽宁
191	Jingshan Gr	荆山群	正	Pt_1J	Pt_1	曹国权、艾宪森、张成基，(山东区调队)	1986 (1987)	山东
192	Jingle Fm	静乐组	正	N_2j	N_2	P. T. Chardin、杨钟健	1923	山西
193	Jingeryu Fm	景儿峪组	正	Qnj	Qn	高振西等	1934	天津
194	Jiudingshan Fm	九顶山组	正	Zjd	Z_1	江苏和安徽区测队	1976	安徽
195	Jiuliqiao Fm	九里桥组	正	Zj	Z_1	朱兆玲等	1964	安徽
196	Jiulongkou Fm	九龙口组	选	$N_{1-2}j$	N_{1-2}	裘文中等	1963	河北
197	Jiulong Gr	九龙群	正	$\in_2-O_1J$	$\in_2-O_1$	B. Willis & E. Blackwelder	1907	山东
198	Jiulongshan Fm	九龙山组	正	J_2j	J_2	叶良辅等	1920	北京
199	Jiufutang Fm	九佛堂组		JKj	J_3-K_1	远藤隆次	1934	辽宁
200	Junjianshan Fm	军舰山组	正	Qpj	Qp^1	吉林省地矿局	1988	吉林
201	Kaidifang Fm	开地坊组	正	$E_{2-3}k$	E_{2-3}	张宽	1992	河北
202	Kangzhuangzi Fm	康庄子组		Chk	Ch	辽宁地矿局第九地质大队	1989	辽宁
203	Kehe Fm	匼河组	正	Qp^2k	Qp^2	贾兰坡	1960	山西
204	Kelimoli Fm	克里摩里组	正	Ok	O_{1-3}	关士聪、车树政	1955	内蒙古
205	Kongdian Fm	孔店组	正	$E_{1-2}k$	E_{1-2}	地质部一普、(山东省区域地层表编写组)	1964 (1978)	山东
206	Koujiacun Fm	寇家村组	正	N_1k	N_1	刘东生等	1960	陕西
207	Kuanping Gr.	宽坪(岩)群		Pt_2KP	Pt_2	秦岭区测队	1959	陕西
208	Lanjiafan Fm	兰家畈组	正	$O_{2-3}l$	O_{2-3}	湖北省第八地质队	1976	湖北
209	Lanling Fm	兰陵组		Pt_3l	Pt_3	江苏区测队	1976	江苏
210	Lanhe Gr	岚河群	正	Pt_1L	Pt_1	山西区测队(武铁山等)	1967	山西
211	Lantian Fm	蓝田组	正	N_2l	N_2	刘东生等	1966	陕西
212	Lashizhong Fm	拉什仲组	正	$O_{2-3}l$	O_{2-3}	关士聪、车树政	1955	内蒙古
213	Laohutai Fm	老虎台组	选	E_1l	E_1	洪友崇等	1974	辽宁
214	Laoling Gr	老岭群		Pt_1L	Pt_1	吉林区调队	1973	吉林
215	Laiyang Gr	莱阳群	正	K_1L	K_1	谭锡畴	1923	山东
216	Leigongjian Fm	雷公尖组	正	S_1l	S_1	湖北第八地质队	1977	湖北
217	Lenshuigou Fm	冷水沟组	正	N_1l	N_1	贾兰坡、张玉萍等	1966	陕西
218	Liguan Fm	李官组	正	$\in_1l$	$\in_1$	梁宗伟	1980	山东
219	Lijiaya Fm	李家崖组	正	E_2l	E_2	地质部石油地质局综合队、(山东区调队)	1962 (1991)	山东

序号	岩石地层单位名称		层型	代　号	地质时代	创名人（介绍人）	创名时间（介绍时间）	创名地所在省（市、区）
	英　文	汉　文						
220	Lisangou Fm	李三沟组		K_1ls	K_1	洪友崇等	1972	内蒙古
221	Lishugou Fm	梨树沟组		$K_1l\dot{s}$	K_1	辽宁区测队	1975	辽宁
222	Liqiuwan Fm	立秋湾组	正	$\in_3l$	$\in_3$	鄂东北地质大队	1986	湖北
223	Lishi Fm	离石组	正	Qp^2l	Qp^2	刘东生、张宗祜	1962	山西
224	Lizigou Fm	栗子沟组	选	Elz	E_{1-2}	洪友崇等	1974	辽宁
225	Lianggou Fm	梁沟组	正	C_1l	C_1	北京地质学院	1961	河南
226	Liangjiashan Fm	亮甲山组	选	O_1l	O_1	叶良辅、刘季辰	1919	河北
227	Liaohe Gr	辽河群	正	Pt_1L	Pt_1	斋藤林次	1938	辽宁
228	Linhe Fm	临河组	正	E_3l	E_3	张兴璟	1983	内蒙古
229	Linqu Gr	临朐群	复合	NL	N	迟培星等	1994	山东
230	Lingshan Fm	灵山组	正	E_3l	E_3	B. Willis & E. Blackwelder	1907	河北
231	Linjiazhuang Fm	林家庄组	正	K_1lj	K_1	山东区调队	1991	山东
232	Linsishan Fm	林寺山组	正	K_1ls	K_1	山东区调队	1992	山东
233	Liujiagou Fm	刘家沟组		Tl	T_1	刘鸿允等	1959	山西
234	Liulaobei Fm	刘老碑组	正	Qnl	Qn	谢家荣	1947	安徽
235	Liulinhe Fm	刘林河组	正	E_3l	E_3	山西区测队	1972	山西
236	Longgang Gr.	龙岗(岩)群	正	Ar_2LG	Ar_2	吉林区调大队	1985	吉林
237	Longjiayuan	龙家园组	正	$Jxlj$	Jx	秦岭区测队	1959	陕西
238	Longmen Fm	龙门组		Jl	J_2	王竹泉、计荣森	1954	北京
239	Longmendong Fm	龙门洞组		Ol	O_{2-3}	陈均远（张文堂）	1978（1979）	陕西
240	Longwangzhuang Fm	龙旺庄组	正	K_1lw	K_1	地质部一普（山东区调队）	1962（1991）	山东
241	Louzeyu Fm	楼则峪组	正	$Qp^1l\dot{C}$	Qp^1	王兴武、郭立卿	1975	山西
242	Luanchuan Gr	栾川群	正	$Pt_3L\dot{C}$	Pt_3	河南地研所	1962	河南
243	Luling Gr.	吕梁(岩)群	正	Ar_3L	Ar_3	北京地质学院山西实习队	1960	山西
244	Luoquan Fm	罗圈组	正	Z_2l	Z_2	刘长安、林蔚兴	1958	河南
245	Luohandong Fm	罗汉洞组	选	K_1lh	K_1	张更、田在艺	1952	甘肃
246	Luotuobozi Fm	骆驼脖子组		P_1l	P_1	E. Norin	1922	山西
247	Luohe Fm	洛河组	正	Nlh	K_1	M. L. Fuller、F. G. Clapp	1926	陕西
248	Luoyang Fm	洛阳组	正	N_1l	N_1	河南区测队	1964	河南
249	Luoyukou Fm	洛峪口组	正	Chl	Ch	阎廉泉、韩影山	1952	河南
250	Lushi Fm	卢氏组	正	El	E_2	周明镇、叶祥奎	1957	河南
251	Luwangfen Fm	潞王坟组	正	N_2l	N_2	山西区调队	1977	河南
252	Luzigou Fm	芦子沟组	正	N_2lz	N_2	O. Zdansky	1923	山西

序号	岩石地层单位名称		层型	代　号	地质时代	创名人 （介绍人）	创名时间 （介绍时间）	创名地所在省（市、区）
	英　文	汉　文						
253	Maao Fm	马凹组		J_2m	J_2	河南石油队	1960	河南
254	Majiacun Fm	马家村组	正	K_2m	K_2	周世全等	1975	河南
255	Majiagou Fm	马家沟组	正	Om	O_{1-2}	A. W. Grabau	1922	河北
256	Majiahe Fm	马家河组	正	Pt_2m	Pt_2	河南区测队	1964	山西
257	Majiatun Fm	马家屯组	正	Zm	Z	松下进	1931	辽宁
258	Malan Fm	马兰组	正	Qp^3m	Qp^3	J. G. Andersson	1923	河北
259	Malanggou Fm	马朗沟组	正	K_1m	K_1	李庆平、赵凤江	1992	山东
260	Mashan Fm	马山组	正	$Zm\dot{s}$	Z	《中国地层典》新元古代部分厘定	1996	山东
261	Mashiping Fm	马市坪组	正	K_1m	K_1	曹美珍等	1986	河南
262	Mantou Fm	馒头组	正	$\in m$	$\in_{1-2}$	E. Blackwelder	1907	山东
263	manziying Fm	蛮子营组	正	$O_{2-3}m$	O_{2-3}	北京地质学院	1961	河南
264	Maobaguan Fm	毛坝关组	副	$\in_2m$	$\in_2$	陕西区测队	1966	陕西
265	Maotanchang Fm	毛坦厂组	正	JKm	J_3-K_1	杨志坚	1959	安徽
266	Meihe Fm	梅河组	选	E_2m	E_2	吉林煤田地质勘探公司102队	1966	吉林
267	Meiziya Fm	梅子垭组	副	Sm	S_{1-2}	陕西区测队	1965	湖北
268	Meiyaogou Fm	煤窑沟组	正	Pt_3m	Pt_3	河南地质三队	1978	河南
269	Menli Fm	门里组	正	$E_{1-2}m$	E_{1-2}	山西区测队	1972	山西
270	Mianao Fm	棉凹组	正	N_2m	N_2	曹照垣	1985	河南
271	Minghuazhen Fm	明化镇组	正	N_2mh	N_2	贾中惠等、（山东省区域地层表编写组）	60年代初（1978）	河北
272	Nandaling Fm	南大岭组		$J_{1-2}n$	J_{1-2}	北京地质学院	1961	北京
273	Nanfen Fm	南芬组	正	Qnn	Qn	青地乙治（俞建章）	1928（1964）	辽宁
274	Nanguanling Fm	南关岭组	正	Zn	Z	松下进	1931	辽宁
275	Nannihu Fm	南泥湖组	正	Pt_3n	Pt_3	阎廉泉	1959	河南
276	Nantai Gr	南台亚群		Pt_1N	Pt_1	B. Willis	1904	山西
277	Nantianmen Fm	南天门组		K_2n	K_2	G. B. Barbaur	1924	河北
278	Nanwan Fm	南湾组	正	Dn	D	北京地质学院	1961	河南
279	Nanzhao Fm	南召组	正	J_3n	J_3	曹美珍等	1986	河南
280	Nieerku Fm	聂尔库组		K_1n	K_1	辽宁区测队	1975	辽宁
281	Nihewan Fm	泥河湾组	正	Qpn	Qp^{1-2}	G. B. Barbaur	1924	河北
282	Niushan Fm	牛山组	正	N_1n	N_1	地质部一普、（地质部石油地图集编委会）	1960（1961）	山东
283	Niuweibashan Fm	牛尾巴山组	正	O_1n	O_1	刘印环	1985	河南
284	Niyuan Fm	倪园组	正	Zn	Z	江苏和安徽区测队	1976	江苏
285	Ouzhuan Fm	欧庄组	正	Qp^3o	Qp^3	河北地质局水文地质研究室	1976	河北

序号	岩石地层单位名称		层型	代号	地质时代	创名人（介绍人）	创名时间（介绍时间）	创名地所在省（市、区）
	英文	汉文						
286	Penglai Gr	蓬莱群	正	ZP	Z	中国地质学编委会、中科院地质所	1956	山东
287	Pindingshan Fm	平顶山组		P_2p	P_2	中南地质局平顶山勘探队	1956	河南
288	Pinglu Gr	平陆群	正	$E_{2-3}P$	E_{2-3}	三门峡勘探总队	1959	山西
289	Podi Fm	坡底组	正	E_2p	E_2	山西区测队	1972	山西
290	Qianxi Gr.	迁西（岩）群	正	Ar_2Q	Ar_2	河北区测二队	1979	河北
291	Qianxian Fm	乾县组	选	Qp^3q	Qp^3	王永焱	1961	陕西
292	Qijiaoshan Gr.	七角山（岩）群		Pt_1Q	Pt_1	湖北区测队	1975	湖北
293	Qiaotou Fm	桥头组	正	Qnq	Qn	青地乙治（俞建章）	1928（1964）	辽宁
294	Qinggouzi Fm	青沟子组	正	Z_2q	Z_2	长春地质学院吉南区测队	1965	吉林
295	Qingshan Gr	青山群	正	K_1Q	K_1	谭锡畴	1923	山东
296	Qingshila Fm	青石砬组		K_1q	K_1	河北区测队	1959	河北
297	Qingshuiying Fm	清水营组	正	Eq	E_3	杨钟健、周明镇	1956	宁夏
298	Qinling Gr.	秦岭（岩）群	正	Pt_1QL	Pt_1	赵亚曾、黄汲清	1931	陕西
299	Quanhekou Fm	权河口组	副	O_1qh	O_1	（陕西省区域地层表编写组）	（1983）	陕西
300	Renjianao Fm	任家堖组	正	N_2r	N_2	王兴武、郭立卿	1975	山西
301	Ruyang Gr	汝阳群	正	ChR	Ch	金守文	1976	河南
302	Sanchazi Gr	三岔子群		ChS	Ch	斋藤林次	1943	辽宁
303	Sanchuan Fm	三川组	正	Qns	Qn	秦岭区测队	1965	河南
304	Sangeling Fm	三个岭组		$J_{1-2}s$	J_{1-2}	稻井丰	1934	辽宁
305	Sanguanya Fm	三关垭组	正	C_2s	C_2	阎国顺、王德有	1988	河南
306	Sanjiaotang Fm	三教堂组	正	Chs	Ch	阎廉泉、韩影山	1952	河南
307	Santai Fm	三台组	正	$J_{2-3}s$	J_{2-3}	F. Solgar，谭锡畴	1923	山东
308	Sanmen Fm	三门组	正	Qp^1s	Qp^1	丁文江	1918	陕西
309	Sanshanzi Fm	三山子组	正	$\in O_1s$	$\in_3—O_1$	谢家荣	1932	江苏
310	Seertengshan Gr	色尔腾山群	正	Ar_3S	Ar_3	梁玉左，（内蒙古自治区地矿局）	1988（1991）	内蒙古
311	Sidingshan Fm	四顶山组	正	Zsd	Z	徐嘉炜等	1958	安徽
312	Sigou Fm	寺沟组	正	K_2s	K_2	周世全等	1975	河南
313	Sikouzi Fm	寺口子组	正	E_2s	E_2	袁复礼	1925	宁夏
314	Sishilichangshan Fm	四十里长山组	正	Zss	Z	杨志坚	1960	安徽
315	Songjiagou Fm	宋家沟组		$Jxsj$	Jx	常绍泉等	1982	辽宁
316	Songshan Gr	嵩山群	正	Pt_1S	Pt_1	张伯声	1951	河南
317	Sujiahe Gr.	苏家河（岩）群		Pt_1SJ	Pt_1	北京地质学院	1961	河南
318	Sunjiagou Fm	孙家沟组	正	PTs	$P_2—T_1$	刘鸿允等	1959	山西

序号	岩石地层单位名称		层型	代　号	地质时代	创名人（介绍人）	创名时间（介绍时间）	创名地所在省(市、区)
	英　文	汉　文						
319	Sunjiawan Fm	孙家湾组		Ksj	K_2	森田义人	1939	辽宁
320	Suqian Fm	宿迁组	正	$N_2\dot{s}$	N_2	江苏地质局淮阴地质队,(全国地层委员会)	1960 (1978)	江苏
321	Susong Gr.	宿松(岩)群		$Pt_{1-2}S$	Pt_{1-2}	宁崇质	1959	安徽
322	Shahai Fm	沙海组		$K_1\dot{s}$	K_1	室井渡	1940	辽宁
323	Shahejie Fm	沙河街组	正	$E_{2-3}\dot{s}$	E_{2-3}	石油部华北勘探处(山东省区域地层表编写组)	1960 (1978)	山东
324	Shaping Fm	沙坪组	正	$N\dot{s}$	N	湖北十三地质队	1973	湖北
325	Shanwang Fm	山旺组	正	$N_1\dot{s}$	N_1	杨钟健	1936	山东
326	Shanxi Fm	山西组	正	$Cp\dot{s}$	$C_3—P_1$	B. Willis & E. Blackwelder	1907	山西
327	Shenyan Fm	神岩组		$P_2\dot{s}$	P_2	武铁山、萧素珍等	1988	山西
328	Shicaogou Fm.	石槽沟(岩)组	正	$Pt_1\dot{s}$	Pt_1	河南地质四队	1987	河南
329	Shiguai Gr	石拐群		$J_{1-2}\dot{S}$	J_{1-2}	王竹泉	1928	内蒙古
330	Shihezi Gr	石盒子群		$P\dot{S}H$	P	E. Norin	1922	山西
331	Shimenchong Fm.	石门冲(岩)组	正	$Pz_1\dot{s}$	Pz_1	河南地质十队	1976	河南
332	Shimen Fm	石门组		$Jx\dot{s}$	Jx	辽宁地矿局第九地质大队	1986	辽宁
333	Shiqianfeng Gr	石千峰群		$PT\dot{S}$	$P_2—T_1$	E. Norin	1922	山西
334	Shiwangzhuang Fm	石旺庄组	正	$Z\dot{s}$	Z	山东省地质局综合研究队、(游文澄)	1979 (1988)	山东
335	Shiwengzi Fm	石瓮子组	副	$\in O\dot{s}$	$\in_3$	赵亚曾等	1931	陕西
336	Shiqiancun Fm	寺前村组	正	$K_1\dot{s}$	K_1	李庆平、赵凤江	1992	山东
337	Shiqianzhuang Fm	石前庄组	正	K_1sq	K_1	山东区调队	1991	山东
338	Shixia Fm	石匣组	正	$N_2\dot{s}$	N_2	黄宝玉、郭书元	1981	河北
339	Shizui Gr	石咀亚群		$Ar_3\dot{S}$	Ar_3	B. Willis	1907	山西
340	Shijia Fm	史家组	正	$Z_2\dot{s}$	Z_2	江苏和安徽区测队	1976	安徽
341	Shinagan Gr	什那干群	正	$Ch\dot{S}N$	Ch	孙健初	1934	内蒙古
342	Shisanlitai Fm	十三里台组	正	$Z\dot{s}$	Z	松下进	1931	辽宁
343	Shishuyuan Fm	柿树园组	正	$Pz_2\dot{s}$	Pz_2	河南区调队	1986	河南
344	Shiyu Fm	峙峪组	正	$Qp^3\dot{s}$	Qp^3	贾兰坡	1972	山西
345	Shuangfu Fm	双浮组	正	$E_{1-2}\dot{s}$	E_{1-2}	安徽省燃化局石油勘探队	1964	安徽
346	Shuangjianshan Fm	双尖山组	正	$\in_2\dot{s}$	$\in_2$	湖北区调队	1982	湖北
347	Shuangshanzi Gr	双山子群	正	$Pt_1\dot{S}$	Pt_1	张树业	1960	河北
348	Shuidong Fm	水洞组	正	$\in_1\dot{s}$	$\in_1$	彭玉鲸、刘尔义	1983	吉林
349	Shuigoukou Fm	水沟口组	副	$\in_1\dot{s}$	$\in_1$	(卢衍豪)	(1964)	陕西

序号	岩石地层单位名称		层型	代号	地质时代	创名人 （介绍人）	创名时间 （介绍时间）	创名地所在 省（市、区）
	英文	汉文						
350	Shujigou Fm	书记沟组	正	Chs	Ch	内蒙古区域地层表编写组	1973	内蒙古
351	Shuyatun Gr	树芽屯群		$Jx\hat{S}$	Jx	李学鲁	1962	辽宁
352	Taergang Fm.	塔尔岗（岩）组	正	Pt_1te	Pt_1	湖北区测队	1975	湖北
353	Taihuai Gr	台怀亚群		Ar_3T	Ar_3	杨杰	1936	山西
354	Taihua Gr.	太华（岩）群	正	Ar_3TH	Ar_3	秦岭区测队、阎廉泉	1959	豫陕交界
355	Taishan Gr.	泰山（岩）群	正	Ar_3T	Ar_3	F. V. Richithofen	1882	山东
356	Taishanmiao Fm	太山庙组	正	T_3t	T_3	焦作矿业学院	1982	河南
357	Taiyuan Fm	太原组	正	CPt	C_2-P_1	翁文灏、A. W. Grabau	1922	山西
358	Taizishan Fm	太子山组	正	T_3tz	T_3	河南煤田五队	1971	河南
359	Tantou Fm	谭头组	正	$E_{1-2}t$	E_{1-2}	秦岭区测队	1959	河南
360	Tianchihe Fm	天池河组		J_2t	J_2	山西省区域地层表编写组	1979	山西
361	Tianlongsi Fm	天龙寺组		P_2t	P_2	山西省地矿局212地质队	1991	山西
362	Tiantaishan Fm.	天台山（岩）组	正	Pt_1t	Pt_1	湖北区测队	1973	湖北
363	Tianjialou Fm	田家楼组	正	K_1t	K_1	李庆平、赵凤江	1992	山东
364	Tiaojishan Fm	髫髻山组		J_3t	J_3	叶良辅	1920	北京
365	Tieling Fm	铁岭组	正	Jxt	Jx	高振西等	1934	天津
366	Tietonggou Fm	铁铜沟组	正	Pt_1t	Pt_1	陕西区测队	1966	陕西
367	Tongbaishan Gr.	桐柏山（岩）群		$(Ar-Pt_1)TB$	$Ar-Pt_1$	河南区测队	1967	河南
368	Tongjiazhuang Fm	佟家庄组	正	Zt	Z	山东省地质局综合研究，（游文澄）	1979 （1988）	山东
369	Tongjiajie Fm	佟家街组		Jxt	Jx	辽宁地矿局第九地质大队	1989	辽宁
370	Tongchuan Fm	铜川组	正	Tt	T_{2-3}	中国地质科学院地质研究所	1965	陕西
371	Touli Fm	坨里组		K_1t	K_1	谢家荣	1933	北京
372	Tuanshanzi Fm	团山子组	正	Cht	Ch	陈晋镳	1962	天津
373	Tupo Fm	土坡组	正	C_2t	C_2	斯行健、李星学	1954	宁夏
374	Tuchengzi Fm	土城子组		Jtc	J_{2-3}	林朝棨	1942	辽宁
375	Tujingshan Fm	土金山组		Etj	E_{2-3}			安徽
376	Tumen Gr	土门群	正	Pt_3T	Pt_3	王良忱等，（山东省地质厅、北京地质学院）	1959 （1961）	山东
377	Tumenzi Fm	土门子组	选	N_1t	N_1	冈目重光	1940	吉林
378	Wawukuang Fm	瓦屋夼组		K_1w	K_1	山东区调队	1987	山东
379	Wayaobao Fm	瓦窑堡组	正	Tw	T_3	潘钟祥	1934	陕西

序号	岩石地层单位名称		层型	代号	地质时代	创名人（介绍人）	创名时间（介绍时间）	创名地所在省（市、区）
	英文	汉文						
380	Waimiao Fm.	歪庙（岩）组	正	Pz_1w	Pz_1	河南区调队	1980	河南
381	Wangguangou Fm	王冠沟组	正	D_2w	D_2	北京地质学院	1961	河南
382	Wangquankou Fm	王全口组	正	Jxw	Jx	宁夏区调队三分队	1978	宁夏
383	Wangshi Gr	王氏群	正	KEW	K_1-E_1	谭锡畴	1923	山东
384	Wangshan Fm	望山组	正	Zws	Z	江苏和安徽区测队	1975	安徽
385	Wanlong Fm	万隆组	正	Zwl	Z	长春地质学院吉南区测队	1960	吉林
386	Weiji Fm	魏集组	正	Zwj	Z	江苏和安徽区测队	1976	江苏
387	Wucheng Fm	午城组	正	Qp^1w	Qp^1	刘东生、张宗祜	1962	山西
388	Wudangshan Gr.	武当山（岩）群		Pt_2W	Pt_2	李捷、朱森	1931	湖北
389	Wuhangshan Gr	五行山群	正	ZW	Z	青地乙治	1928	辽宁
390	Wulashan Gr.	乌拉山（岩）群		ArW	Ar_{2-3}	内蒙古区测一队	1973	内蒙古
391	Wulalike Fm	乌拉力克组	正	$O_{2-3}w$	O_{2-3}	关士聪、车树政	1955	内蒙古
392	Wulanhudong Fm	乌拉胡洞组	正	O_2wl	O_2	林宝玉等	1984	内蒙古
393	Wulate Fm	乌拉特组	正	E_2w	E_2	张兴璟	1983	内蒙古
394	Wulantuke Fm	乌兰图克组	正	N_2w	N_2	张兴璟	1983	内蒙古
395	Wudanggou Fm	五当沟组		J	J_{1-2}	李星学	1954	内蒙古
396	Wushan Fm	伍山组	正	Qnw	Qn	李四光	1952	安徽
397	Wutai Gr	五台群	正	Ar_3WT	Ar_3	Richithofen	1871	山西
398	Wutu Gr	五图群	复合	E_2W	E_2	山东省煤炭局121队（山东省区域地层表编写组）	1960（1978）	山东
399	Wuyuan Fm	五原组	正	N_1w	N_1	张兴璟	1983	内蒙古
400	Wumishan Fm	雾迷山组	正	Jxw	Jx	高振西等	1934	天津
401	Xiacaowan Fm	下草湾组	正	N_1x	N_1	杨钟健	1955	江苏
402	Xiadian Fm	下店组		J_3xd	J_3	河北区测队	1957	河北
403	Xiafuqiao Fm	下符桥组	正	$(J_3-K_1)x$	J_3-K_1	安徽省地质矿产局	1987	安徽
404	Xiaji Fm	下集组	正	C_1x	C_1	北京地质学院	1961	河南
405	Xiamaling Fm	下马岭组	正	Qnx	Qn	叶良辅等	1920	北京
406	Xiatuhe Fm	下土河组	正	N_2x	N_2	张士亚等	1975	山西
407	Xiahe Gr.	峡河（岩）群		$Pt_{2-3}XH$	Pt_{2-3}	河南区调队	1993	河南
408	Xiahuayuan Fm	下花园组		J_1x	J_1	田本裕、杨志甲	1950	河北
409	Xiazhuang Fm	夏庄组		K_1x	K_1	谢家荣	1933	北京
410	Xiangkuang Fm	香夼组	正	Zx	Z	山东省地质厅、长春地质学院	1960（1961）	山东
411	Xianghongdian Fm	响洪甸组	复合	$JKxh$	J_3-K_1	安徽省区调所	1990	安徽
412	Xiaoan Fm	小安组	正	$E_{2-3}x$	E_{2-3}	张仁杰	1974	山西
413	Xiaobai Fm	小白组	正	N_2xb	N_2	张士亚等	1975	山西

序号	岩石地层单位名称		层型	代　号	地质时代	创名人 (介绍人)	创名时间 (介绍时间)	创名地所在省(市、区)
	英　文	汉　文						
414	Xiaochangcun Fm	小常村组	正	Qp^1x	Qp^1	山西区调队,俞正麒等	1976	山西
415	Xiaodukou Fm	小渡口组	正	Qp^2x	Qp^2	陈茅南	1984	河北
416	Xiaodonggou Fm	小东沟组		J_2xd	J_2	王钰等	1954	辽宁
417	Xiaoling Fm	小岭组		JKx	J_3-K_1	王钰等	1954	辽宁
418	Xiaolou Fm	小楼组	正	E_2x	E_2	地质部石油地质局综合队,(山东区调队)	1962 (1991)	山东
419	Xiaozhai Fm	小寨组	正	Pz_2x	Pz_2	河南区测队	1973	河南
420	Xiehu Fm	泄湖组	选	Qp^2x	Qp^2	贾兰坡	1964	陕西
421	Xiewan Fm.	谢湾(岩)组	副	Pt_2x	Pt_2	(陕西区调队)	(1982)	陕西
422	Xihe Gr	细河群	正	QnX	Qn	青地乙治	1928	辽宁
423	Xijiadian Fm	习家店组	正	$\in_2x$	$\in_2$	朱洪源、陶宝玉等	1988	湖北
424	Xilutian Fm	西露天组	选	$E_{2-3}x$	E_{2-3}	洪友崇等	1974	辽宁
425	Xinglonggou Fm	兴隆沟组		$J_{1-2}x$	J_{1-2}	谭锡畴	1931	辽宁
426	Xingmincun Fm	兴民村组	正	Zx	Z	俞建章等	1958	辽宁
427	Xingezhuang Fm	辛格庄组	正	K_2x	K_2	刘明渭等	1994	山东
428	Xinji Fm	辛集组	正	$\in_1x$	$\in_1$	河南省地质研究所	1962	河南
429	Xinxing Fm	新兴组		Pt_3x	Pt_3	江苏区测队	1974	山东
430	Xingshikou Fm	杏石口组		$J_{1-2}x$	J_{1-2}	杨杰	1957	北京
431	Xionger Gr	熊耳群	正	$ChXE$	Ch	秦岭区测队	1959	河南
432	Xipoli Fm	西坡里组	正	$E_{2-3}x$	E_{2-3}	蔡乾忠等	1960	河北
433	Xiuzigou Fm	秀子沟组	正	$(\in_3-O_1)x$	$\in_3-O_1$	北京地质学院	1961	河南
434	Xuehuashan Fm	雪花山组	正	N_1x	N_1	丁文江等	1914	河北
435	Xunjiansi Fm	巡检司组	正	Jxx	Jx	秦岭区测队	1959	陕西
436	Xushan Fm	许山组	正	Chx	Ch_1	河南区测队	1964	河南
437	Yanchang Gr	延长群		TYC	T_{2-3}	潘钟祥	1934	陕西
438	Yangjiabao Fm	杨家堡组	正	$\in_1y$	$\in_1$	朱洪源、陶金宝等	1988	湖北
439	Yangjiazhuang Fm	杨家庄组	正	K_1y	K_1	山东区调队	1995	山东
440	Yangliuqing Fm	杨柳青组	正	Qp^2y	Qp^2	河北地质局水文地质研究室	1976	河北
441	Yangshan Fm	杨山组	正	C_1y	C_1	聂宗笙等	1959	河南
442	Yangshitun Fm	杨士屯组		$Jxy\check{s}$	Jx	常绍泉等	1982	辽宁
443	Yangxiaozhuang Fm	杨小庄组	正	$\in_3y$	$\in_3$	北京地质学院	1961	河南
444	Yangzhuang Fm	杨庄组	正	Jxy	Jx	高振西	1934	天津
445	Yangcaogou Fm	羊草沟组		TJy	T_3-T_1	金维静等	1962	辽宁
446	Yanlinggou Fm.	雁岭沟(岩)组	正	Pt_1y	Pt_1	阎廉泉	1959	河南
447	Yanwugou Fm	岩屋沟组	正	$\in_1yw$	$\in_1$	朱洪源、陶金宝	1988	湖北

序号	岩石地层单位名称		层型	代号	地质时代	创名人（介绍人）	创名时间（介绍时间）	创名地所在省（市、区）
	英文	汉文						
448	Yaolinghe Fm	耀岭河组	正	Pt_3y	Pt_3	阎廉泉	1959	陕西
449	Yaoshan Fm	尧山组	正	$N_{1-2}y$	N_{1-2}	山东省地质厅磷矿队（地质部石油地质图集编委会）	1966（1966）	山东
450	Yaoweitaichong Fm	腰未台冲组		$Qnyw$	Qn	常绍泉等	1982	辽宁
451	Yaopo Fm	窑坡组		$J_{1-2}y$	J_{1-2}	王竹泉、计荣森	1933	北京
452	Yejishan Gr	野鸡山群	正	Pt_1Y	Pt_1	北京地质学院山西实习队	1960	山西
453	Yeli Fm	冶里组	正	O_1y	O_1	A. W. Grabau	1922	河北
454	Yingchengzi Fm	营城子组	正	$Zy\hat{c}$	Z	松下进	1931	辽宁
455	Yishui Gr.	沂水（岩）群	正	Ar_2Y	Ar_2	山东省地矿局第八地质队（程志忠等）	1989（1990）	山东
456	Yidiehe Fm	文牒河组		JKy	J—K	王守文	1988	山西
457	Yima Fm	义马组		$J_{1-2}y$	J_{1-2}	河南煤田104队	1960	河南
458	Yixian Fm	义县组		JKy	$J_3—K_1$	室井渡	1940	辽宁
459	Yijiun Fm	宜君组		$JKyj$	$J_3—K_1$	M. L. Fuller、F. G. Clapp	1926	陕西
460	Yianan Fm	延安组		Jya	J_{1-2}	M. L. Fuller、F. G. Clapp	1926	陕西
461	Yianchang Fm	延长组		$Ty\hat{c}$	T_{2-3}	王竹泉、潘钟祥	1933	陕西
462	Yongdingzhuang Fm	永定庄组		J_1y	J_1	山西省区域地层表编写组	1975	山西
463	Yongning Fm	永宁组	正	Qny	Qn	F. V. Richithofen	1882	辽宁
464	Yongping Fm	永坪组		T_3y	T_3	王竹泉、潘钟祥	1933	陕西
465	Yuantongshan Fm	圆筒山组	正	$J_{1-2}y$	J_{1-2}	安徽地矿局328队	1962	安徽
466	Yuejiaping Fm	岳家坪组	副	$\in_{1-2}y$	$\in_{1-2}$	陕西区测队	1966	陕西
467	Yuemengou Gr	月门沟群		$CPYM$	$C_2—P_1$	E. Norin	1922	山西
468	Yubeigou Fm	于北沟组		$Qnyb$	Qn	常绍泉等	1982	辽宁
469	Yudi Fm	峪底组		Ty	T_2	武铁山、萧素珍等	1988	山西
470	Yuhuangding Fm	玉皇顶组	正	$E_{1-2}y$	E_{1-2}	河南石油队	1961	河南
471	Yujiachong Fm	余家冲组	正	$\in_1y$	$\in_1$	湖北区调所	1982	湖北
472	Yushe Gr	榆社群	正	NQY	$N_2—Q_1$	德日进	1942	山西
473	Yungang Fm	云岗组		J_2y	J_2	森田日子次	1944	山西
474	Yunmengshan Fm	云梦山组	正	Chy	Ch	阎廉泉、韩影山	1952	河南
475	Zenglongchang Fm	增隆昌组	正	Chz	Ch	内蒙古自治区区域地层表编写组	1978	内蒙古
476	Zhunhua Gr.	遵化（岩）群	正	$Ar_3\dot{Z}H$	Ar_3	谭应佳、李舜贤、赵温霞	1983	河北
477	Zuoyun Fm	左云组		$K_{1-2}z$	K_{1-2}	森田日子次	1944	山西

序号	岩石地层单位名称		层型	代　号	地质时代	创名人 （介绍人）	创名时间 （介绍时间）	创名地所在省（市、区）
	英　　文	汉　文						
478	Zhaertaishan Gr	渣尔泰山群	正	Ch*ZE*	Ch	内蒙古区测一队	1972	内蒙古
479	Zhaigen Fm.	寨根（岩）组	正	$Pt_{2-3}z$	Pt_{2-3}	河南区调队	1993	河南
480	Zhangcun Fm	张村组	正	N_2z	N_2	王兴武、郭立卿	1975	山西
481	Zhangjiacun Fm	张家村组	正	E_2z	E_2	河南区调队	1989	河南
482	Zhangjiakou Fm	张家口组	正	JKz	J_3-K_1	R. Pumpelly	1866	河北
483	Zhangqiao Fm	张桥组	正	K_2z	K_2	地质部第一普查大队	1964	安徽
484	Zhangqu Fm	张渠组	正	Zz	Z	江苏和安徽区测队	1976	安徽
485	Zhangwan Fm	张湾组	正	S_1z	S_1	阎国顺等	1981	河南
486	Zhangxia Fm	张夏组	正	$\in_2z$	$\in_2$	B. Willis & E. Blackwelder	1907	山东
487	Zhaojiazhuang Fm	赵家庄组	正	Chz	Ch	杜汝霖	1977	河北
488	Zhaolaoyu Fm	赵老峪组	正	$O_{1-2}z$	O_{1-2}	（梅志超）	（1986）	陕西
489	Zhaowei Fm	赵圩组	正	Zz	Z	江苏和安徽区测队	1976	江苏
490	Zhaqu Fm	岞岨组	正	$O_{1-2}z$	O_{1-2}	北京地质学院	1961	河南
491	Zhengmuguan Fm	正目观组	正	Z*zm*	Z	西安地质矿产研究所	1978	内蒙古
492	Zhiluo Fm	直罗组	正	Jz	J_2	李德生	1951	陕西
493	Zibo Gr	淄博群	正	JZ	J_{1-2}	刘明渭等	1994	山东
494	Zhifengzhuang Fm	止凤庄组	正	K_1z	K_1	地质部一普 （山东区调队）	1962 （1991）	山东
495	Zhongtiao Gr	中条群	正	Pt_1Z	Pt_1	王植等	1956 （1957）	山西
496	Zhougongshan Fm	周公山组	正	J_3z	J_3	安徽地质局328队	1962	安徽
497	Zhoujiawan Fm	周家湾组	正	K_2z	K_2	地质部一普	1963	河南
498	Zhoujingou Fm.	周进沟（岩）组	正	Pz_1z	Pz_1	河南区测队	1976	河南
499	Zhuanshanzi Fm	转山子组		$J_{1-2}z$	J_{1-2}	稻井丰	1934	辽宁
500	Zhubidian Fm	朱壁店组	正	$E_{2-3}z$	E_{2-3}	地质部石油地质局综合队（山东区调队）	1962 （1991）	山东
501	Zhuji Fm	朱集组	正	J_2z	J_2	北京地质学院	1961	河南
502	Zhujiagou Fm	朱家沟组	正	$E_{2-3}zj$	E_{2-3}	地质部一普 （迟培星等）	1961 （1994）	山东
503	Zhumabao Fm	助马堡组		K_2z	K_2	内蒙古区测队	1973	山西
504	Zhushadong Fm	朱砂洞组	选	$\in_1z$	$\in_1$	冯景兰、张伯声	1952	河南
505	Zhuxi Fm	竹溪组	副	S_2z	S_2	陕西区测队	1965	湖北
506	Zhuzhangzi Gr	朱仗子群	正	Pt_1Z	Pt_1	张树业等	1960	河北

The Regional Stratigraphy in North China
(Abstract)

1 Introduction

The perpose of this project is to summerize the regular recognization, to deepen the regional stratigraphy research in the mentioned region in order to guide both the scientific research and prospecting work, applying the up to date stratigraphic concept on the basis of final stratigraphic reports of different Provinces, municipalities and autonomous regions of North China.

The task of the project are settle and coordinate the contradictory and knotty problems in between Provinces, municipalities and regions; to improve and perfact the lithostratigraphic division sequence in North China; to carry out the division and correlation by multiple discipline the regional stratigraphy in the bigsized region on the basis of natural division periods; to give more detail analysis and research on the depositional pattern, depositional systems and time-space distributional regular of each stratigraphic periods, to research on the time space distribution and evolutional regularity of each period's stratigraphy from point of dynamic geology.

2 The comprehensive stratigraphic Regionalization, stratigraphic sequence and stratigraphic development characteristics of North China

2.1 The Scope of North China Region

The north boundary of the North China's region lies at Huadian-Chifeng-Bayanobo, while the south periphery is bounded by the line from Hanzhong through Xianfen to Wuhan; the north section of west end is bounded by the line from Hangjinhouqi through Suhaitu to Cahanchi, while the south section of west boundary lies at line from Todouhu lake, through Qingtongxia to Pingliang; the south section of east boundary lies at line from Lujiang to Sihong, extending to north to Huanghai sea, including whole shanxi, Hebei, Shandong and Henan Provinces, or most part of them. It also includes most part of Ningxia Autonomous Region, Liaoning, Shanxi and An'hui Provinces, part or small section of Inner Mongolia Region, Jiansu, Jilin and Gansu Provinces.

2.2 The stratigraphic region alization of North China's Region

The name, scope and sequence number of comprehensive lithological stratigraphic regions are shown in fig. 2-1.

2.3 The lithological stratigraphic development of North China's Region

The stratigraphic complehensive sequences in Shanxi, Hebei, Shandong and Henan Province's Regions of North China are shown in Table 2-2, while the lithostratigraphic divisions in Qinling-Dabieshan region are shown in Table 2-3. The focus of discription is put on the Shanxi, Hebei, Shandong and Henan stratigraphic Region.

3 Early Precambrian (Archaean-Early Proterozoic Era)

The Early Precambrian stratigraphic sequence constitutes the main consistant part of crystalline basement in North China's Region. The Shanxi-Hebei-Shandong-Henan Region of North China is characterized by the wide spread and cropped out on vast territory.

3.1 Lithological stratigraphic division, correlation and geological characteristics

On the basis of lithostratigraphy compined with complehensive stratigraphic supperposition, deformation and metamorphic level and isotopic dates, the early Precambrian stratigraphy, cropped out in different regions of North China include five litho-stratigraphic divisions of group level, that may be correlable each with other. The division and correlation of these stratigraphic units are shown in Table 3-1.

3.1.1 Caozhuang Group. petrologically it composed of plagiohornblede finegrained biotite sillimonite, that occur in inclusions of different size, spreaded widely in quartz-biotite diorite and granite, related to high degree hornblande facies metamorphism, superposed by granulite metamorphizm of super crust. The congruous drag folds and ductile searing zone characterize their deformation pattern. The geochronologic dates are at≥3 500Ma, belonged to Early Archaean Era. The Caozhuang Group in Eastern Hebei is the most old basement known in China at present.

3.1.2 Qianxi (stratigraphic) Group and its equivalent stratigraphy. Lithologically it is mainly the granulite, bistagite, gneiss and magnetite silicate, that occur as inclusions of different size in different kind of granites, represented by hypersthene granite, related to hornblende-granulite metamorphose supper crust system. The main deformation pattern is the diorite of diapiric origin and granite-gneiss archs and accompanied with periphery fold's bundles. Their isotopic dates (upper limit) are at 2 900Ma±, related to medium Archaean. The equivolent stratigraphic units are Longgang (Lithological) Group and Yishui (lithological) Group.

3.1.3 Fuping Group and its equivalent stratigraphic unit. In the lower part there is granulite, but the hornblende facies in the upper part. The metamorphosed rocks are mainly the gneiss, linophyre, plagio-hornblende and marble. Its deformational pattern is mainly of the arch conform folded structure. The geochronological age of Fuping Group (upper limit) is at 2 600 Ma, related to early stage of late Archaean. The equivalent stratigraphic units are the Jiehekou Group, Upper Jining Group and Wulashan Group.

3.1.4 Wutai Group and its equivalent stratigraphic units. It is mainly the volcano-sedimentary series, experienced with multiple metamorphism of greenschist-hornblende level. It is mainly of metamorphosed basic volcanic rock in the middle and lower parts of the group, characterized by magnetic-quartzite. But its upper part consists of mainly metamorphosed argillaceous rocks, that related to turbidity current deposits. The deformation pattern of the group shows mainly blanket folds, closed twist-glide folds and ductile-shearing zones. The geochronologic age of its upper limit is at 2 500Ma±, related to later stage of Late Archaean Era. The equivalent stratigraphic units are mainly Zunhua Group, upper An'shan Group and She-ertengshan Group.

3.1.5 Hutuo Group and its equivalent stratigraphic units. The croase fregmental rock, argillaceous rocks and carbonate rocks consist its main part, sandwiching with small amount of basic volcanic rock complex, constituting the multiple cycle of metamorphosed series, with thickness over 10 thousand m. and related to low greenshist facies of metamorphosed level. It is subdivided into four subgroups, namely Nantai, Doucun, Dongye and Guojiazhai subgroups, in arsending order. The Doucun and Dongye subgroups are rich in stromatolites and microbiota fossils. Its main regional structural pattern is of the linear folds and series of nappe. The latest metamorphism age of the group and equivalent stratigraphic units dated at 1 850Ma±, so that it is belonged to Early Proterozoic Era. The equivalent stratigraphic units: Luanhe Group, Yejishan Group, Heichashan Group, Erdaowa Group and Songshan Group.

Another set of volcano-sedimentary strata is represented by Liaohe Group, consisting of metamorphosed volcano-sedimentary rocks in the lower part, but in the upper part, it is composed of metamorphosed fregmentary-carbonate rocks. Its regional structure is of mainly folded deformation of multiple superpositions, showing multiple types of structure patterns. The geochronologic age of the upper formation on the top limit dated at about 1990Ma. The Ji'an Group and Fenzishan Group in the east border of the platform can be correlated with the mentioned group.

4. Late Precambrian (Middle and Late Proterozoic Era)

Late Precambrian strata are served as the first super strata over the crystalline basement in North China. The lower part (Middle Proterozoic age) mainly spread on the north slope of Qinling Mt and Yanliao (Yanshan-Liaodong) stratigraphic region, as well as in the mediun zone-Wanwushan Mt-Taihang Mt and Jixian county between the above mentioned regions. The upper part of the strata (Late Proterozoic period) is mainly distributed in south and east margin of North China's stratigraphic region, namely western Henan-Xuhuai (Xuzhou-Huaibei), Eastern Liaoning and South Jilin Provinces.

4.1 The Division, Correlation and Geological characteristics of Litho-stratigraphic Unit

The Late Precambrian stratigraphic unit division and correlation each other are seen in table 4-1.

4.1.1 Early stage of Late Precambrian Era (Changcheng System). The lower part is represented by Xiong-er Group (mainly composed of medium valcanic rocks) sandwiches with acid volcanic rocks, but in the base part it is of sedimentary detrital rock. The overlaying are the Changzhougou Formation, Chuanlinggou Formation, Tuanshanzi Formation (the Lower and Middle parts are composed mainly of detrital and argillaceous rocks, but the upper part is mainly of carbonate rocks), as well as Dahongyu Formation and Gaoyuzhuang Formations (the lower part is mainly composed of detrital rocks sandwiching with carbonate rock and Potassium-rich trachyte, while the upper part is of magnesium carbonate rocks).

4.1.2 Medium stage of Late Precambrian period (Jixian System) upward it subdivided into Yangzhuang Formation, Wumishan Formation, Hongshuizhuang Formation and Tieling Formation. It is mainly composed of carbonate rocks, characterized by red dolomite with argillaceous crystals in the basement, and the dolomite in lower and middle part bears more flint layers and sandwiches with grey-black and grey-green shales.

4.1.3 Late Period of Late Precambrian Era (Qingbaikou System and Sinian System). The basement is mainly of grey, grey-green and grey-black shale and siltstone, that may be represented by Xiamaling Formation, in some localities it is of thick detrital rocks, that may be represented by Yongning Formation: The lower is composed of sandstone sandwiching with shale and siltstone, variegated shale and marble, that may be represented by Xihe Group (Diaoyutai Formation, Nanfen Formation): the middle part composed of detrital rocks, argillaceous, carbonite, which may be represented by Wuhangshan Group, Changlingzi Formation, Nanguanling Formation and Ganjingzi Formation), and the upper part is mainly of carbonite, sandwiching with shales layers, occationally with sandy shale and sandstone layers, that may be represented by Jinxian Group (Yingchengzi Formation, Shisanlitai Formation, Majiatun Formation, Cuijiatun Formation and Xingmincun Formation). The top is mainly of glacial conglomerate and silty shale, shale, that may be represented by Luoquan Formation and Dongper Formation.

4.2 **Biostratigraphy and Chronostratigraphy**

4.2.1 Medium Proterozoic (Changchen period and Jixian period) palaeontology is generally predominated by protocryote, consisting of blue algae and bacterium. At the same time the eucaryotes fossils, dominated by green algal, also started to appear. In Late Proterozoic Qingbaikou microfossil flora both varigated and the size of individuals inlarged, while the sculpture of the fossils is trend to be complicated. The macroalgae (the brown algae) appearance in great amount indicates the eucaryotes entered into flourishing period. The Sinian Period is best characterized first appearance of metazoa, represented by vermes, coelenterata and sponge. In late stage of Sinian period appeared also metazoa with inner skeleton, that is regarted as ancestors of multiple categories of Palaeozoic period.

4.2.2 The chronological ages of Late Proterozoic stratigraphic units are mainly determind by isotopic dates compined with stratigraphic correlation and stratigraphic superposition relations.

4.3 **A Discussion on Time-space Distribution of Stratigraphy and Geodynamic Mechenism**

4.3.1 In Late Proterozoic age the North China platform is characterized by rift and its further development- the rift- subsidence trough. The deposition is limited in rift in the early stage, and in rift-subsidence-trough in late stage basically. But in middle stage the tremendous thick continental margin sea deposits that overlaping and cover vast territory, but both the start point of transgression and end point of sea regression are also located in the rift subsidence trough.

4.3.2 After Zhongtiao movement (2 000—1 850Ma), under both the mantle uprising and continental crust stretching conditions relative stable cratons in North China platform turned out into three orientational rifts, spread in different parts of the same platform, such as the rift systens in Shanxi-Henan and Shaanxi regions and rifts in Yanshan-Liaodong region. At the same time the Qinling ocean crust was underthrusting beneath North China's plate (slab), as result, arch back rift basins established in the Xuhuai-Jiaoliao (Xuzhou-Huaibei-East Shandong-Eastern Liaoning).

5 Early Palaeozoic period (Cambrian period and Ordovician period)

The Early Paleozoic period includes carboniferous period, Ordovicion lithological strata, but the Silurian strata are absent. Their original deposits spread all over North China region. However, under the subsequent orogeny earth crust deformation they were denudated in numorousc regions.

5.1 Lithostratigraphic Division and Correlation and Geological Characteristics

The united division of Cambrian and Ordovician lithostratigraphy may be seen in table 5-2.

Xinji Formation, composed of P-bearing detrital and detrital rocks, 60m thick, maximum, is distributed in east, south and west borders of the platform, but in the central zone of North China's platform, it overlaped and pinch out.

Zhushadong Formation is composed mainly of grey-lightgrey carbonite, its distribution area and thickness change are similar to Xinji formation. It is 300m thick, maximum.

In Yanliao (Yanshan-Liaodong) stratigraphic region, the Zhushadong Formation is also termed as Changpin Formation, when the marlite in the lower part of Zhushadong Formation is absent.

Huoshan Formation (sandstone) mainly composed of quartzitoit sandstone, is distributed in east periphery and North periphery of Ordos highland, namely in Huoshan area of Western Shanxi Province and Liuliang mountain region, 60m thick, maximum.

Mantou Formation, composed mainly of violet-red shale, and argillaceous rock, sandwiches limestone, dolomite sandstone and siltstone layers of different thickness. It is more thick in east, south and west peripheries of the region, 500m thick, maximum, but it is thinning in central zone, even pinch out there.

Zhangxia Formation, composed of limestone and oolitic limestone in east part of the region, it sandwiches green shale in middle part of the formation, but in north region it sandsiches multiple layers of green shales, thin plate limestone, edgewise conglo-fregmental limestone. It is 200—400m thick in east, south and west peripheries, and become thinning to Ordos highland till to pinchs out there.

Ghushan formation, composed mainly of dark-grey thin slaty and knotty limestone sandwiching with edgewise conglo-fregmental limestone, grey-green shale layers and middle thick layers of limestone, oolitic limestone and eophyton limestone. In general it is 100—200m thick, but on Ordos highland it is less than 30m thick. In south part the limestone is mostly dolomitzed.

Chaomidian Formation composed mainly of medium-thick layer limestone, is lithologically monotonous. It contains algae reef, occationally contains conglo-fregmental lemestone. It thins to the north and the thickness varies in the range from 25m through 60m to 100m, in south part, it is dolmitzed . Yeli Formation, lithologically it is of thinlayer limestone, sandwiching eophyton conglofregmental limestone and grey-green shale. It is thinning from north to south and varies in the range from 328m to 50m thick.

Liangjiashan Formation, lithologically it is of thick-middle thick layers of limestone and flintlimestone, 150—220m thick in north-east part. It is gradually dolomitzed to west and south direction. In central region and to south diraction it is entirely delomitzed.

Sannshanzi Formation is a peculiar lithological stratigraphic unit of Early Paleozoic age in North China. It is the results of dolomifzation of Zhangxia Formation and Liangjiashan Formation. The more to the south, the dolomitzation horizont lower and the more top layers were denudated and erosioned. It is overlayed by Majiagou Formation with paraunconformity.

Majiagou Formation is of Carbonite complex, dominated by thick layered limestone, underlayed by Liangjiashan Formation or Sashanzi Formation, but under the paraunconformity surface of Late Paleozoic stratigraphy. The general thickness is 500—600m in everage.

Kelimoli Formation is the black thinlayer of limestone sandwiches with grey-green shale, over Majiagou Formation in west border of North China. The thickness of the formation varies in the range from 240m to 300m.

Longmendong Formation is mainly composed of black and grey-green shale, sandwiching with silty shale, thinlayer of limestone, tuffy sandstone and sandstone, overlaying over Kelimoli Formation. The thickness varies in the range from 147m to 1 470m.

Beiguoshan Formation composed of grey, red thicklayered-massive limestone, flint striped limestone and knotty limestone sandwicking small amount of shale, is overlaying above Longmendong Formation with paraunconforminty. The thickness varies in the range from 140m to 400m.

5.2 The multiple division and correlation of the stratigraphy

The stratigraphic units are grouped by multiple division and correlation including biostratigraphy represented by trilobite, cephalopoda and conodontophovidia, and chronological stratigraphic units are shown in table 5-4 and fig5-1, 2, 3. The Cambria and Ordovision lithostratigraphic units are mostly diachronoous.

5.3 Stratigraphic framework and geodynamic mechanizm

In Cambria and Ordovision early stage, the sea water in North China transgressed from south to north direction, while in Zhangxia stage the sea water regressed to north, while in Majiagou period, the sea water returned to south gradually, just passed throuth a whole round of balance oscillation.

Geodynamic mechanizm: After Jinning movement, the earth crust was being in tensile-drawing state, and the sea water transgreesion progressed from south to north. But owing to Jinning movement a arch-back depression established in south part of south China and the water current toured to north, while the south part of North China was gradually uprising relatively. In Early Cambrian stage the north border of North China as result of tensile stression the Asian paleoocean was established, but before the Caledonian movement, the sea water returned to south , after that the region was massively raised owing to squeese.

6 Late Palaeozoic (Carboniferous-Permian period) -Early Mezozoic (Trias)

Era

In Late Palaeozoic period the Carboniferous and Permian strata vastly developed, but Devonion system is absent in North China's Region. The carboniferous-Trias original deposits developed widely in all parts of the stratigraphic region, but owing to crust deformation thereafter, most part of the strata on most territory of the region were erosioned and denudated, but that in Shanxi and Shaanxi Provinces were reserved on vast territoty.

6.1 **Lithostratigraphic Division, Correlation and Geological characteristics**

The united division of Carboniferous, Permian and Trias lithostratigraphy is shown in table 1.

6.1.1 Yuemengou Group overlaying on Ordovision system with paraunconformity, is of ocean-continental-alternate facies of lower part in paleozoic age, but the continental strata in it, are of coal-bearing strata. In general it is subdivided into Taiyuan Formation and Shanxi Formation. But in east and west peripheries of the destributed region the Taiyuan Formation is underlayed by Benxi Formation and Tupo Formation , respectively. The base part is isolated as Hutian member composed of specially the pedalfer. The Taiyuan Formation composed of shale sandwiching with sandstone-coal and carbonate suit cycle, or several sycles, while Shanxi Formation is of shale with sandstone and coal layers, that constitute one or several sedimentary cycles (sandwiches several unnormal marine beds). The strata of Taiyuan formation are thicking to the south direction from north, while Shanxi formation is thicking to the north direction, showing mutual growth and decline relation.

The Benxi Formation is mainly of yellow sandstone with violet sandstone and sandy shales. Tupo Formation is composed of grey-white quartz sandstone, grey-black silty shale and argillaceous rocks, constituting cyclothem.

6.1.2 Shihezi Group underlayed by Yuemengou Group, is composed mainly of grey-green, grey-white sandstone and yellow green, apricot-yellow, chocolate, grey-violet and dark-violet silty shales, sandwiching black shale, coal line (bed), related to coastal plain facies deposits. The formational level stratigraphic units are the luotuobozi Formation (yellow-green, grey-yellow with grey, black coloured silty shale, argillaceous rock and coal line, thickness from 50m to 80m). Huaketou Formation (composed of grey-green sandstone sandwiching argillaceous rocks, 30—40m thick). Tianlongsi formation of grey-green, opricot-yellow sandstone sandwiching scarse violet-red argillaceous rock, shale and multiple layers of yellow-green, grey-green sandstone, with gravel sandstone, the thickness varies in the range from 40m to 400m. It is thin in the north, but thick in the south. But in the south part of North China, it is termed as Dafengkou Formation, when it sandwiches coal layer, flint layer and marine shale, the thickness to 620m maximum in the south and thin in the north, that even all round facially changed into Tianlongsi Formation. Shenyan Formation composed of chololate grey-violet, blue-violet and dark-violet-red argillaceous rock, silty argillaceous rocks with apricot yellow, yellow-green argillaceous rock, sandstone and sandstone with gravels, 380m thick, maximum. It is thick in the north but thinning to the south, even facially changed and pinch out. Pingdingshan Formation is composed of grey-green yellow-white middle-coarse fieldspar-quartz sandstone with gravels sandwiching with yellow-grey, grey-violet and violet-red argillaceous rock and shale. Its thickness varies in the range from 30 to 100m. It is thin in north and thick in the south.

6.1.3 Shiqianfeng Group underlaid by Shihezi Group. It is mainly of fresh-red argillaceous rock, light grey fieldspar sandstone constituting dry river fluviale deposite is subdivided into three formations, namely Sunjiagou Formation, Liujiagou Formation and Heshanggou Formation. Sunjiagou Formation, composed of red and brick-red argillaceouss rock, silty argillaceous rock sandwich fieldspar sandstone containing calcium concretions and argillo-calcareous inclusions, 110—170m thick. Liujiagou Formation is of grey-red fieldspar sandstone sandwiching thinlayer of silty shale, thickness varies in the range from 350m to 600m. Heshanggou Formation is composed of red argillaceous sandstone, with thickness in the range from 110m to 160m.

6.1.4 Ermaying Formation overlaying above Shiqianfeng Group is composed of grey-green fieldspar sandstone and red argillaceous rock, its thickness varies in the range from 340m to 700m.

6.1.5 Yanchang Group: overlaying above Ermaying Formation, is composed of grey-green, light-red fieldspar sandstone, sandwiching with grey-grey-black shale, argillaceous rock and coal layer (line), that is related to fluviolacustrine deposits. It is subdivided into Yudi Formation, Yidiche Formation, Hujiacun Formation, Yongping Formation and Wayaopao Formation. Yudi Formation is of grey-green thicklayered fieldspar sandstone with less grey-violet argillaceous rocks, 100—130m thick. Yidiche Formation is composed of grey-red and grey-green fieldspar sandstone and grey-green argillaceous rocks altered with shales, 300—380m thick. Hujiacun Formation is of grey-pale, grey-green fieldspar sandstone sandwiching with green and black shale, argillaceous rock and coal line, 300m thick. Yongping Formation consists of grey-green medium-grained and finegrained fieldspar sandstone with small amount of siltrock, its thickness varies in the range from 95m to 190m. Wayaopao Formation composed of grey-yellow and grey-black shale alternated with siltstone and fine sandstone sandwiching many thin layers of coal.

6.2 Multiple Division and Correlation of the stratigraphy

The lithostratigraphic units division and correlation of Carboniferous and Permian periods compined with biostratigraphic units based on conodontophoridia and flora are shown in table 6-1, while the lithostratigraphic units and biostratigraphic units based on flora, vertabrata and estheria, and the chronostratigraphic units of Trias division and correlation are seen in table 6-2. From the regional point of view the formational level of Carboniferous and Permean periods are distributed in oblique sequence arrangement in space and in time they are characterized by diachronous age.

6.3 Stratigraphic framework

The Carboniferous and Permian deposits in North China in verticle direction from early stage to late stage it experienced with evolusion from continental margin sea envilonment through transition environment to continental environment, but from horizontal direction, the above mentioned depositional environments are distributed in stripes from south to north and from old to yanger, they migrate to south subsequently, entill to the end of Permian Period it changed to continental envilonment. As result, formed the terrigenous barriers-lagoon system, carbonate terrace system and continental margin sea delta system, river system and lacustrine system stratigraphic framework that arranged from north to south in horizontal and from upper to lower in verticle direction (see fig. 6-3).

The geodynamic mechanizm forming the above mentioned stratigraphic framework may be multiple factors, such as spindle rotation speed rate of the earth become faster, the mutual action of North China plate and palaeoqinling ocean crust in the south side and yinshan paleoocean crust in the north side. In the end of Early Carboniferous stage, the North China plate was subsided because the tensile stress and accepted the continental-ocean alternate deposits. But there after, owing to the yinshan ocean trough closed earlier, that made the sea water and ocean-continental altenate facies and coastal delta deposits facies migrated to south. Until to the closure of Qinling Palaeoocean trouth, the North China's region turned out completely into intercontinental basins.

7 Middle and Late Mesozoic period (Jurassic period and Cretaceous period)

The Jurassic and Cretaceous strata in North China were formed in continental basins of different kind. The depositional basins, located west of Taihang Mt were stable and big-sized, but east of Taihangshan Mountain the basins are of middle-small size and unstable volcano-sedimentary basins.

7.1 Division, Correlation of Lithostratigraphic Units and their Geological Characteristics

Owing to the deposit basins in Jurassic and Cretaceous periods do not connected each other, so that the lithostratigraphic division could not unitedly and difficult to be correlable one by one. However, on the basis of unconformity surface between stratigraphic assemblage it is divided into four generations that may be correlable each with other (see table 7-1).

7.1.1 The First Generation Deposits. It is mainly composed of continental coal-bearing detrital system, separately termed as Yan'an Formation, Datong Formation, Wudanggou Formation (Shiguai Group), Yaoper Formation, Longmen Formation, Xiahuayuan Formation, Beipiao Formation, Zhuanshanzi Formation, Dabao Formation, Fangzi Formation and Fanghushan Formation. Below them, developed variegated sandstone, sandy conglomerate, argillaceous rocks and silty argillaceous rocks in certain areas, that are termed as Fuxian Formation, Yongdingzhuang Formation, Xingshikou Formation, Yangcaogou Formation and Cangliangzi Formation in differ localities, separately; However in west of Beijing and northern Hebei Province, Xingshikou Formation and Yangcaogou Formation in western Liaoning are overlaid by medium-basic volcanics, that are termed Nandaling Formation and Xinglonggou Formation. Above the coal-bearing system, lays the grey-green with violet-red sandstone, siltstone, argillaceous rock and limestone lenses, that were termed as Zhiluo Formation, Anding Formation, Yungang Formation, Tianchihe Formation, Changhangou Formation (Shiguai Group), Shangeling Formation Xiaodonggou Formation and Shantai Formation, Zhuji Formation. Yuantongshan Formation; in west of Beijing, Northern Hebei and western Liaoning area. It contains much more volcanic detrital rocks and termed as Jiulongshan Formation and Haifanggou Formation, separately.

7.1.2 The Second Generation Deposits: In stable basins it is mainly of brown-red, grey-violet conglomerate, sandy conglomerate, sandwiching with sandstone, siltstone, and termed Fenfanghe Formation, Daqingshan Formation, Hang Zhuang Formation. Zhougongshan Formation in separate localiteis. In unstable Yangshan-liaodong basins, the lower part is composed of medium-basic volcanic lava, breciie tuff and duffy sandstone, that is termed Tiaojishan Formation in general. The upper part is mainly of variegated coarse fregmental rocks, sandwiching with liparite-dacite breccia tuff and termed Tuchengzi Formation in general.

7.1.3 The third Generation Deposits. In stable and bigsized basins it is a set of grey-violet coarse-medium grained sandstone and yellow-green, grey-green siltrock and argillaceous rock assemblage, termed as Zitan Group and Guque Formation. In unstable medium-small sized basins in the lower part developed two set of basic-acid volcanic assemblages mainly seen in west part of Yan-Liao stratigraphic subregion. That is generally termed Hangjiakou Formation and Dabeigou Formation; In some localities middle part is of a set of valcanic assemblage, that is generally called Yixian Formation in Yan-Liao subregion, but in other regions it separately termed Xiaoling Formation, Qingshan Group, Maotanchang Formation, Baidafan Formation and Xianghongdian Formation. In some localities deposited mainly grey-green argillaceous rocks, shale and siltstone, that is termed as Jiufutang Formation in western Liaoning region and Laiyang Group in Shandong region. The upper part is mainly of black shale, argillaceous rock, siltstone and transitioned into coal-bearing detrital rocks, that is termed Shahai Formation, Fuxin Formation, Xiadian Formation, Qingshila Formation, Lisangou Formation, Guyang Formation, Lisugou Formation and Nie-erku Formation.

7.1.4 The Fourth Generation Deposits, it is mainly of violet-red argillaceous rocks, silty argillaceous sandstone, and conglomerate, termed Sunjiawan Formation, Nantianmen Formation, Zuoyun Formation, Zhumabao Formation, Dayu Formation, Wangshi Group, Zhangqiao Formation and Zhoujiawan Formation, separately.

7.2 Multiple division and correlation of the stratigraphy

The lithostratigraphic division and correlation was carried out on the basis of biostratigraphy including bevolve, estheria, gastropoda, ostracoda, reptilia, insecta, fish, flora and palynology, and chronostratigraphic division. The division and correlation of the stratigraphy are seen in Table 7-2.

7.3 The time-space Distribution of Stratigraphy and the Depositional Basin Evolusion

During Jurassic and Cretaceous periods North China Platform experienced with twice major techtonic regime changes, that resulted in formation of above-mentioned four generations in inner condinental basins. their development and distribution determined the time-space distributional character of the lithostratigraphic units of the mentioned geological periods.

7.3.1 The first generation basins in Early-middle Juressic stages were established in the stress release stage after Indo-china strong-south-north techtonic movement, occurred in Late Triassic period. During that time, in Ordos and Shanxi stratigraphic subregions in west part of North China's platform developed bigsized Inner continent depressisnal basins, where the deposition was stable and the stratigraphic sequence complete, but in east part of the platform, namely east of Zhijinguan frecture the size of basins was small, and unstable, while the east-south segment of the platform, such as eastern Shandong Province and Northern Jiansu Province was all along exposed at air and surved as denudated region. During the first episode of Yanshan movement occurred between Medium Jurassic and Late Jurassic stages made the first generation of deposits in these basins folded or upraised.

7.3.2 The second generation basin developed in late Jurassic stage. During this period the north China platform was in entirely upraise and denudate environment. And under the stress release action after the compression folding occurred in the first episode of Yanshan techtonic movement the fault-subsidence basins developed only in north, west and south segments of the platform, and accepted deposits. The sediments are mostly of coarse detrital deposits, and the coal-bearing system do not developed. The volcanic activities are limited to Northern Hebei, Beijing, North-eastern Shanxi and Western Liaoning regions. The mentioned generation basins were in entirely unstable and serious oxygen environment and sustained only in a short period of time, until to slight late stage of late Jurassic stage the deposition in these basins stoped and tend to vanish.

7.3.3 The third generation basins were established and developed in the regional tecktonic background controlled by NNE bigsized wrench fracture systems in east part of China and completed in the techtonic transitional period from Indo-china's south-north compression regional techtonic stression field into Yanshan movement, when the Western passive paleocontinent came to obliguely collission with east border of Asian continent, when the active stression direction turned into NWW-SEE direction. In the moment, the west part of the platform, the Shanxi region continued to uprising, while the Ordos region was entirely subsided and in the east part of the platform developed a series of volcano-depositional basins of middle and small size. The basins in this generation were mostly new emerged where the volcanic activity occurred frequently and seriously. In late stage of accumulation in these basins some coal-bearing strata developed.

7.3.4 In the end of Early Cretaceous period the deposition in these basins complated, and experienced again with a big techtonic regime transition. The main regional compressional direction turned into NE-SW direction, so that the previously present NNE direction fractures changed into right slip faults, that controlled the development of fourth generation's fault-subsidence basins of late Cretaceous and Early Tertiary period. The basins of the mentioned generation are mainly developed east of Zhijingguan fracture, when the west part of the platform, such as Shanxi and Ordos regions were obviously uprised, and did not accept the sediments.

8 Cainozoic Era

The Shanxi-Hebei-Shandong-Henan Stratigraphic Region of north China Platform the Cainozoic stratigraphy vastly destributed. However, under the techtonic condition and geomorphological enviroment control, the develop level in differ lecalities varies seriously. The Early Tertiary stratigraphy concentrically distributed in the graben type basins surrounding Ordos hightand, Xia-Liaohe-North China plain depression basins and graben type basins, in JiaoLiao massive border, accumulated coal bearing deposits. In these basins a set of evaporate rocks, oil-bearing and coal-bearing continental fragmental series of multiple origins developed. Among them the basic volcanic activity occurred in Pohai gulf basins and surrouding regions. Late Tertiary and Quarternary stratigraphic units are distributed in more vast territory. Among them the loess deposits spread vastly in Shanxi and Shaanxi highlands. In Bashan highland, east slope of Taihang Range, Chengbaishan mountain, Pohai Gulf suroundings the basic volcanic activities frequently occurred in late Cainozoic age, give the stratigraphic series in these regions peculiar character.

8.1 Lithostratigraphic Division and Geological Characteristics

8.1.1 Lithostratigraphic regionalization and stratigraphic developed characteristics.

The Cainozoic stratigraphic regionalization in Shanxi-Hebei-Shandong-Henan stratigraphic region is shown in fig. 8-1, and the major characteristics of lithostratigraphy of differ regions are shown in table 8-1.

8.1.2 The lithostratigraphic units and sequence of the subregion (Table 8-2).

(1) Shanxi-Hebei-Mongolia subregion. Cainozoic stratigraphic units developed uncompletely.

Among them it is well developed in Yanshan region, including Tertiary Kaidifan Formation, Hannoba Formation, Shixia Formation and Quarternary alluvio-lacustrine deposits, namely Nihewan Formation, Xiaodukou Formation and Qianan Formation.

(2) Ordos surrounding subregion. In the mentioned subregion developed a series of continental basins of rift type graben and half-graben type in which accumulate alluvio-lacustrine deposits of great thickness. The stratigraphic series represented by Weihe Basin, in which the Early Tertiary is of red evaporite alluvio-lacustrine detrital deposits, that is termed Honghe Formation and Bailuyuan Formation. In Late Tertiary the basin scale enlarged, and the strata is subdivided into Lenshuigou Formation, Koujiacun Formation, Bahe Formation, Lantian Formation; In Quarternary basin center deposited mainly alluvio-lacustrine deposits, that were subdivided into Youhe Formation, Yangge Formation (Sanmen Formation), Xiehu Formation, Qianxian Formation, Banpo Formation, but in periphery of basins deposited earthy like deposits, in some region the alluvio-lacustrine deposits superposed by earthy like deposits.

(3) Shanxi-Shaanxi subregion. In the region the Early Tertiary strata are absent, while the Late Tertiary stratigraphy is seen only in east slope of south segment of Taihengshan Mountain. In mentioned subregion the Pliocene of upper Tertiary-Quaternary earthy like de-

posits are stable in lithology and spread vastly. That is more typical in North China region. The lithological stratigraphic series is subdivided into Luzigou Formation, Baode (laterite) Formation , Jingle (laterite) formation belonged to Pliocene of late Tertiary, and the Quarternary Wucheng (loess) formation, Lishi (loess) Formation, Malan (loess) formation, Qinqigou Formation. The Medium-Pleistocene-Holocene alluvial terrace deposits divided into Kehe formation, Dingcun Formation, Chiyu Formation, Xuanren Formation and Tuoyang Formation, are more typical in the stratigraphic subregion.

(4) Xialiaohe-North China plain subregion. According to traditional division programme the Cainozoic stratigraphy is subdivided from bottom to top as: Jiyang Group of Early Tertiary, includes Kongdian Formation (divided into 4 lithological members) and Dongying Formation. Among them the third member of Kongdian Formation deposited, the strong basalt eruptions occurred, and a paraunconformity lies between third member Shahejie and fourth member, and the similar unconformity recognozed between second member and third member. Dongying Formation in some localities overlaps on third member of Shahejie Formation and even more old strata. The biostratigraphy biological assemblage of Early Tertiary in the mentioned subregion is shown in Table 8-3. The Huanghua Group of Late Tertiary includes Guantao Formation and Minghuazhen Formation. Among them the lithological character of Guantao Formation is stable and spread vastly, in most parts it overlaps on Dongying Formation or even more older strata. It continuely deposited to overlaying Minghuazhen Formation. The Quarternary deposits have defferent types of origin, but mainly of alluvial and diluvium, sandwiching with oceanic deposits, eolian deposit and volcanic rocks, from bottom to top it includes Pleistocene Gu-an Formation, Yangliuqin Formation, Aozhuan Formation and Holocene Yangjiashi Formation, Gaowan Formation and Qikou Formation. Among them the Gu-an Formation contacts with underlaying Minghuazhen Formation with paraunconformity. The Gu-an Formation is subdivided into two members by lithological character. The M /G palarity change surface lies near the lithological boundary surface between upper member and lower member. In this way the mentioned formation is a trans-chronous stratigraphic unit.

(5) West Henan subregion. It is composed of several small sized intermountaineous basins separated each form other. The stratigraphic sequence from bottom to top is as: Early Tertiary strata including Gaoyugou Formation of Palaeocene Epoch (in Tantou basin), Zhangjiacun Formation, Lushi form. and Dayu Formation (in Lushi Basin) of Eocene-Qligocene. This is a set of red evaborate rock of terrigenous debris deposit, that is similar to the stratigraphic units in Ordos highland surrounding basins. The late Tertiary stratigraphy includes Medium-Miocene Luoyang formation, Pliocene Luwangfen Formation, Shaanxian Formation, Huixingzhen Formation. This is a set of alluvio-lacustrine deposits. The Pinglu Group in Sanmenxia-yuanqu basin is subdivided into Menli Formation, Pordi Form, Xiao-an Form. and Liulinhe Form. The stratigraphic character of this set of strata has transitional type between Yuxi (western Henan) subregion and Ordos surrounding stratigraphic subregion.

(6) Suluwan (Jiansu, Shandong, Anhui) subregion: The Early Tertiary strata is termed to Guanzhuang Group which is subdivided into (from bottom to top) Gucheng Form, Bianqiao form, Changlu Form and Dawenkou Formation. It is a set of evaporate rock-bearing terrigeneous debris deposits. Late Tertiary strata mainly spread in south segment of the mentioned subregion, represented by Xiacaowen Form and Suqian form of Xu-huai subregion. The Quarternary stratigraphic deposition is obviously controlled by geomorphologic conditions. In western Shandongregion is subdivided into Xiaofuling Form, Yuquan Form, Dafu Form, and the Helominated by alluvial facies. The Pleistocene developed in the subregion is divided into Douchong Form, Bogang Form, Qizui Form and Fenglozhen Form of Holocene age.

(7) Jiaoliao (Jiaozhou-Liaodong) subregion: Early Tertiary strata termed as Guanzhuang Group is divided into Gucheng Form, Biangqiao Form, Changlu Form and Dawenkou Form.

Jiaoliao (Jiaodong-Liaodong) stratigraphic subregion: The Early Tertiary is developed and wide spread in a series of fault-subsidence basins in Fushun, Qinghe, Meihe, Huadian, as well as in Wutu and Longkou along Pohai Gulf coastal zone. It is a set of coal-bearing and oil shale of continental detrital deposits. The basic effusive rocks also developed in the early stage. It's stratigraphic series is represented by Fushun Group in faulted subsidence basin in Fushun (divided into Laohutai Form, Lizigou Form, Guchengzi Form, Jijungtun Form, Xilutian Form and Gengjiajie Form). By the lithological assemblage and series structure, the Meihe Form, Huadian Form and Wutu Group (Zhubidian Form Lijiaya Form and Xiaolou Form are similar to Fushun Group. Late Tertiary stratigraphy is characterized by development of basalt and tripolite. The Tumenzi Form. and Chuandishan Form of Changbaishan, Huadian stratigraphic subregion are correlable with Lingui Group found in North segment of Yishu fracture zone which is divided into Niushan form, Shanwang Form, and Yaoshan Form): In Quarternary in the mentioned region frequent volcanic activity occur and accumulation types are complex. Pleeistocene earthlike deposits (Lishi Form and Malan Form) glaciofluvial-moraine deposits (such as Shidenfang Form, Bulock Form and Erdougan Form) and volcanic deposits (such as Jungjianshan Form, Baitoushan Form), that may superpose each other. The volcanic activity also occur in Holocene, that may divided into Bingchang Form, Shihai Form and Tinlongdingzi Form.

8.2 The multible division and correlation of stratigraphy

8.2.1 The geological age and regional correlation of Cainozoic lithostratigraphic units in Shanxi-Hebei, Shandong, Henan stratigraphic region may be seen in table 8-2.

8.2.2 The Late Tertiary Pliocene-Quarternary stratigraphic multiple division and correlation in Shanxi-Hebei-Shandong-Henan stratigraphic subregion of north China are seen in table 8-4.

8.3 A Discusion on the Cainozoic depositional basin evolusion and geodynamic mechanizm

After uprising and denudation in the end of Cretaceous period the North China platform in Cainozoic age entered into a new techtonic-deposition cycle. The appearanes of continental border of isoland-arch periphery sea makes the mentioned region divide into east relative subsidence region and west relative uprising region, and probably the Taihang mountain may be the division baundary. The east part was in drawing and stretching subsidence environment and the basins from the baulted small-sized basins in early stage developed into depressional bigsized basins in late stage, while the west part was in compression and aprising state, and the basin scope tend to shrink. So that in the mentional period the establishment of Xialiaohe-North China plain-rift basin system, development of Shanxi-Shaanxi massif and Jiao-Liao massif, their development and evolusion lay down the foundation of the basic techtonic framework of the stratigraphic region, that was controlled by united geodynamic background.

8. 3. 1 In Early Tertiary the underthrust speed of pacific ocean plate decelarate and underthrust direction changed from NNW of Middle-Late Jurassic age to NWW into this period, as well as the compression stress, resulted from collision of India plate with Euro-Asian continental crust involved in the mentiond stratigraphic region. As result the Asian continent decompositioned, established Xialiaohe-North China plain rift basins, that perpendicular to the pacific ocean underthrust direction and formed graben type coal-accumulation basins surrounding Jiao-Liao massif, as well as graben basins developed surrounding Ordos highland. The deposition in these basins are characterized by serious change in both lithology and facies, and gigantic thickness of deposits. In some basins the crevasse basalt-tholeiite erupted in the early stage of the basins, and the strata series may classified into basalt, red terrigenous detrital rocks, evaporate rock, oil shale, and basalt, red terrigenous rock, coal-bearing system, and oil shale, as sell as red terrigenous debris-evaporate rock and oil shale, all together there are three types of depositional assemblage. The depositional characters reflect whole process from rift basin formation, through developing to vanishing.

8. 3. 2 In late Tertiary the Indo-China plate collicted again with Euro-assian plate, that resulted further fractured surrounding Shanxi-Shaanxi massive, located in between Himalaya mountain and Pacific ocean ring techtonic area. As result, the Hetou, Yinwu, Weihe and Jinzhong inner-continental rift graben systems were formed surround Ordos high land. In these basins, the deposition characterized by red epicontinental debris systems, the thickness of deposits is rather great. During this time period the pacific ocean kula plate underthrust speed accelerated, and the drawing stress field in back arch region was replaced by NNE compression stress field. So that the Xialiaohe-North China plain's rift basins transitioned from rift subsidence basins into heat depressional heat subsidence and depression basins of big size. The established sodium basult eruption activity obviously accelatated in east region, that concentrically spread in Pohai gulf, Yanshan-Liaohe and Changbaishan mountain subregions.

8. 3. 3 In Quarternary, the depositional center in depresional basins of big size in Xialiaohe-North China plain, migrated to east, at the same time, the differential uprising-subsidence continued in graben type of basins surrounding Ordos highland, while the basic vol-

canic eruption center also tend to migrate to east with time progressing.

In summery, during the Cainozoic era the arch-back expension of west Pacific ocean plate, the push and press of India plate to Euraasian continent as well as tension rift subsidence in great scale occurred in east periphery of Asian continent, all together, constitute the geodynamic background of Cainozoic depositional basins in North China.

9 Qinling-Dabieshan Orogenic Belt

9.1 Stratigraphic Regionalization and Lithstratigraphic Sequence

The lithological regionalization in Qinling-Dabieshan orogenic zone separatedy belonged to Qilian-North Qinling stratigraphic subregion, Qinqikun stratigraphic region of North China stratigraphic super-region and Diebu-Xunyang, Shiyan-Suizhou, Tongbai-Dabie stratigraphic region, of south Qinling-Dabieshan stratigraphic region, South China super-region.

According to the development charateristics of stratigraphy, it may be divided into six perods of time, namely Early Precambrian, Late Precambrian, Sinian-Silurian period, Devonian-Permian period Trias-Cretaceous period and Tertiary-Quarternary. The lithostratigraphic unit series of each stratigraphic subregions are shown in table 2-3.

9.1.1 Qinqikun stratigraphic region

The oldest stratigraphic unit is the Qinling Group of Early Proterozoic age deposited in active periphery, the Middle Proterozoic is the Kuanping group deposited in periphery riftes, and Xiahe Group deposited in continental border. In Early paleozoic the Erlangping Group deposited in Arch-back frecture-subsidence basins (similar to ophiolite). The Late-Paleozoic is represented by turbidity deposits of Xiaozhai Formation and Baoshuping Form, along south periphery of Erlangping Group and Shishuyuan Formation of flysch deposits, orranged along north periphery of Erlangpin Group. At the same time on the north slope of Dabieshan mountain developed the Carboniferous deposits in intermountaineous faulted subsidence basins. In Trias, Jurassic-Cretaceous period deposited alluviolacustrine deposits in faulted basins. In Dabieshan region recognized the Cretaceous volcanic rocks . The terrigenous detrital deposits in Tertiary basins spread segmentary. The Quarternary deposits are mostly of fluvio lacustrine deposits and alluvio proluvial deposits.

9.1.2 South Qinling-Dabieshan stratigraphic Region

In the mentioned stratigraphic region, the Middle Proterozoic stratigraphy in general have been metamorphosed, while in Late Proterozoic developed Yaolinghe Formation. Doushantuo Formation and Dengying Formation. Among them, the Doushantuo Form and Dengying Form are belonged to late Sinian system of South China's type. Silurian and Devonian deposits are peculiar strata for the mentioned stratigraphic region.

(1) Tongbai-Dabie stratigraphic subregion. The oldest strata in the mentioned subregion is the Archean-Early stage of Early Proterozoic Dabieshan Group and Tongbaishan Group of metamorphosed volcano-depositional system, and Jiaonan Group, destributed in east periphery of Tanlu fracture zone. In late stage of Early Proterozoic (may continue to Middle Proterozoic period) the strata are developed vastly and mostly related to active periphery deposits, including Hong'an Group, Susong Group, Douling Group and Haizhou

Group destributed in east periphery of Tanlu fracture zone. In Late Proterozoic period developed turbidity deposits, termed Guishan Formation, while in Devonian period developed the Nanwan formation and Fuziling Group; the Cretaceous system is destributed segmently, and Tertiary system distributed in small amount, while the Quarternary is of fluvio-proluvial deposits.

(2) Shiyan-Suizhou stratigraphic subregion: there absent the Early Proterozoic and previous strata in the mentioned subregion. In Middle Proterozoic developed inner-continental rift deposits, termed Wudangshan Group. In Late Proterozoic developed Yaolinghe Formation composed of active continental border deposits and Doushantou Formation and Dengying Formation of shallow sea deposits. In Early Palaeozoic period the active type of marine deposits were relative developed, that may grouped into three stratigraphic subregions, namely Yunxian-Xichuan stratigraphic subregion (where developed Cambrian, lower Silurian series) and Danjiang stratigraphic subregion where developed Cambrian-lower Ordovision series) and Suizhou subregion (where developed Cambrian system-Medium Silurian series). In Late Palaeozoic period, developed only Devonian-Carboniferous marine deposits. The Cretaceous deposits spread only in limited basins. The Tertiary deposits spread segmentary, while in Quarternary deposited only fluvio-proluvial deposits.

(3) Xunyang-Diebu stratigraphic subregion: The strata from Middle Proterozoic to Early Palaeozoic age are very similar to that in Shiyan-Suizhou stratigraphic subregion. However, the Cambrian strata gradually transitioned to Yangtze stratigraphic region. In the mentioned subregion absent Late Palaeozoic deposits. The Cretaceous system spread fregmentely and Tertiary was undeveloped; the Quarternary consists of fluvio-proluvial deposits.

9.2 **Stratigraphic Multiple Division and Correlation**

9.2.1 In Shiyan-Suizhou stratigraphic subregion, South Qinling-Dabieshan Stratigraphic Region, the Early Paleozoic bio-stratigraphic division and lithostratigraphic units and chronostratigraphic units correlation are shown in table 9-1.

9.2.2 In Xichuan small region, Shiyan-Suizhou stratigraphic subregion, the Devonian-Carboniferous biostratigraphic division and correlation with lithostratigraphic units and chronostratigraphic units are shown in table 9-2.

9.2.3 In Nanyan-Xiangfan depression, South Qinling-Dabieshan stratigraphic region, the correlation of lower Tertiary biostratigraphic division with lithostratigraphic units, chronostratigraphic units are shown in table 9-3.

9.3 **Qinling-Dabieshan mountains orogenic zone's Establishment and Evolution**

Qinling-Dabieshan Mountain Orogenic zone strides across North China plate and South China plate, and the Shangnan-Zhenping-Guishan frecture (Chen Yuqi et al., 1994) is regarded as main suture line. North of the suture stretches the North Qinling folded zone in North China plate's south margin, while south of the fracture extends the south Qinling folded zone on the north end of Yangtze Plate. The mentioned orogenic zone experienced with preorogenic, main orogenic and postorogenic three major crust evolution stages.

9.3.1 The preorogenic stage. In Qinling Dabieshan region the Dabieshan Group and

Tongbaishan Group formed in Archean-Early stage of Early Proterozoic, while Jiaonan group established at the same time in Jiaonan region, Shandong. All of them experienced with tectonico-heat event, and turned out into basement of these regions. In late stage of Early Proterozoic the rifts developed in the border of basement, In these rifts deposited Hong-an Group, Susong Group, Douling Group and Haizhou Group, respectively. In Qinqi-kun region absent Archaean deposits, but in Early Proterozoic the Qinling Group deposited in the active continental periphery. But in the end of Protetozoic age the group was folded and formed the basement.

9.3.2 The main orogenic stage: the trident form rifts formed in the south part of North China continental massif in early stage of Middle Proterozoic (1 800Ma) (Sun Shu et al., 1982) when the South Qinling region, north border of Yangtze continental massif changed to passive continental margin. In Late Proterozoic period, the Yangtze plate started to underthrust beneath Qinling palaeocean, resulted in palaeoqinling ocean underthrusted beneath Qinling Group and north China plate. In early paleozoic period, North Qinling became the south active continental border of North China plate, while the south Qinling situated in north passive continental border of Yangtze plate. During Caledonian movement Yangtze plate continued to underthrust to north beneath North China plate, as result the North China sea was entirely upraised and turned to continent in Late Devonian period, while south Qinling uprised to continent in Silurian period. During Devonian-Trias period the Yangtze plate continued to underthrust beneath North China plate, that resulted in Qinling ocean nerrower and butted with Dabieshan mountain region. The Variscian orogeny made the south Qinling folded strata into synclinore and made the North Qinling sea trough folded too (Feng Qinglai et al., 1995). The Indo-China orogeny made closure of Qinling sea trough and the North China plate completely butted with Yangtze plate and formed the united China plate (Wang Hongzhen et al., 1982).

9.3.3 Postorogenic stage. The Inner continental orogeny occurred in Jurassic-Cretaceous period, that resulted in further uprising of Qinling orogenic zone, and the fault-subsidence basins established in some localities.

The Inner continental orogenic movement completed in Yanshan movenment, that layed down the foundation of present tectonic framework. In Cainozoic period the Nanyang-Xiangfan depression was the only bigsized continental basin in the mentioned stratigraphic region.